3DCGで再現する帝国海軍特殊潜航艇

甲標的甲型～丁型&試製Y標的

資料提供＝奥本 剛　ＣＧ制作＝渡部 篤

甲標的甲型

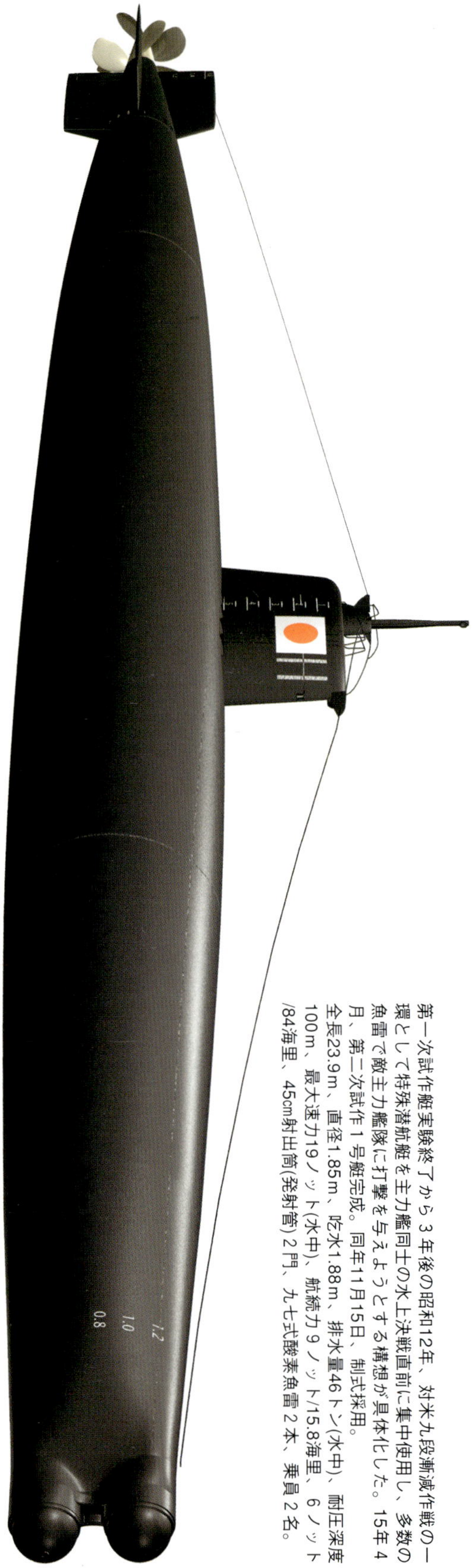

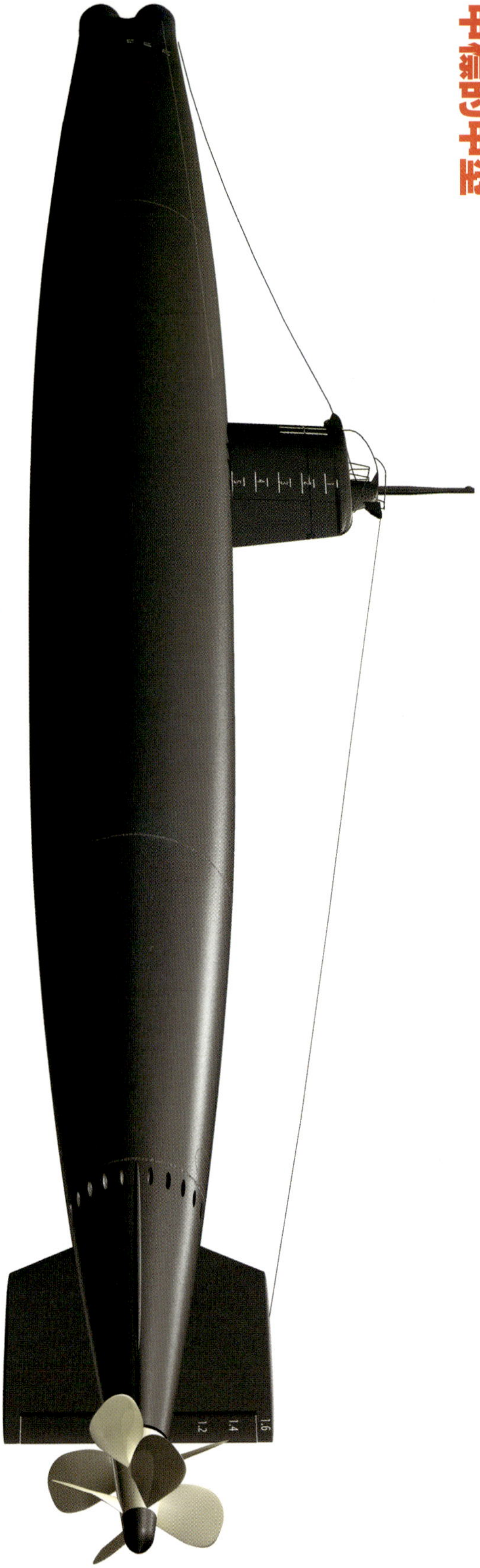

第一次試作艇実験終了から3年後の昭和12年、対米九段漸減作戦の一環として特殊潜航艇を主力艦同士の水上決戦直前に集中使用し、多数の魚雷で敵主力艦隊に打撃を与えようとする構想が具体化した。15年4月、第二次試作1号艇完成。同年11月15日、制式採用。
全長23.9m、直径1.85m、吃水1.88m、排水量46トン(水中)、耐圧深度100m、最大速力19ノット(水中)、航続力9ノット/15.8海里、6ノット/84海里、45cm射出筒(発射管)2門、九七式酸素魚雷2本、乗員2名。

甲標的甲型“潜水艦搭載、港湾襲撃用”

FRONT VIEW

「特型格納筒」
真珠湾特別攻撃隊仕様

「特型格納筒改一」
シドニー、ディエゴスアレス特別攻撃隊仕様

昭和16年８月末以降、各艇長たちによる甲標的の効果的用法の討議の結果「軍港奇襲案」が固まる。同年10月上旬、山本連合艦隊長官がハワイ作戦での甲標的の使用を承認。隠密発進上、搭載母艦は「千代田」「日進」から潜水艦に変更され、真珠湾侵入対策として防潜網カッターの装備、潜航航続力の増加対策等が緊急実施された。また機密保持上、名称は「特型格納筒」、あるいは単に「筒」と呼ばれた。

甲標的甲型"潜水艦搭載、港湾襲撃用"
BACK VIEW

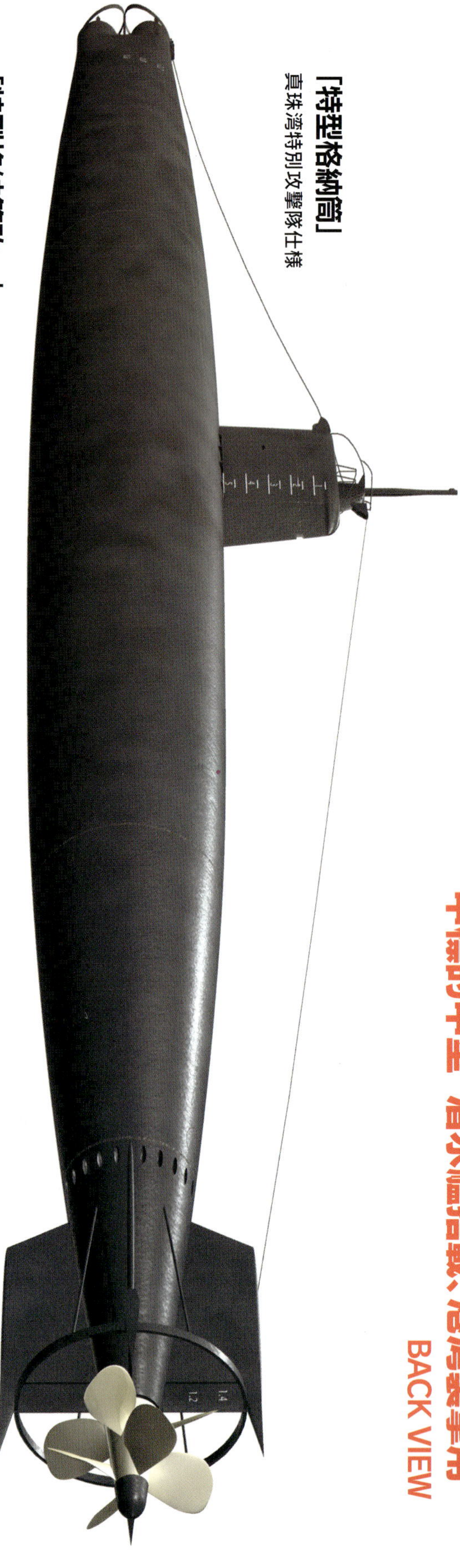

「特型格納筒」
真珠湾特別攻撃隊仕様

「特型格納筒改一」
シドニー、ディエゴスアレス特別攻撃隊仕様

真珠湾奇襲の第一次特別攻撃に続く、シドニー、ディエゴスアレス軍港奇襲の第二次特別攻撃計画では、参加艇の防潜網カッターやプロペラ・ガードを強化したほか、発進にあたって母潜水艦が潜航したまま乗員が艇に乗り移れるように潜水艦に交通筒が新設され、甲標的の艇底には搭乗ハッチが設けられた。

甲標的丙型

「甲型」には充電装置がなかったため「甲型」を改造して司令塔後部で艇体を1メートル延長し、40馬力25キロワットの発電機を搭載した「乙型」が造られた（この折に、従来型に「甲型」の名称が与えられた）。結局、「甲型」改造の「乙型」は5基にとどまり、量産型の「丙型」の試作艇に位置づけられる。「丙型」は甲標的各型中もっとも活躍したタイプで、特に、甲標的母艦「千代田」元艦長の原田覚司令官率いるセブ島の第三十三特別根拠地隊所属の8基の丙型の活躍は目覚ましく駆逐艦、タンカーを20隻撃沈している（日本側戦果判定）。全長24.9m、直径1.88m、排水量49.09トン（水中）、速力＝水上6ノット、水中18.5ノット、航続力＝水上6ノット/500海里、水中8.5ノット/15.4海里、同4ノット/120海里、乗員3名。

IN ACTION
潜航中の甲標的丙型

69

甲標的甲型練習艇

甲標的丙型練習艇

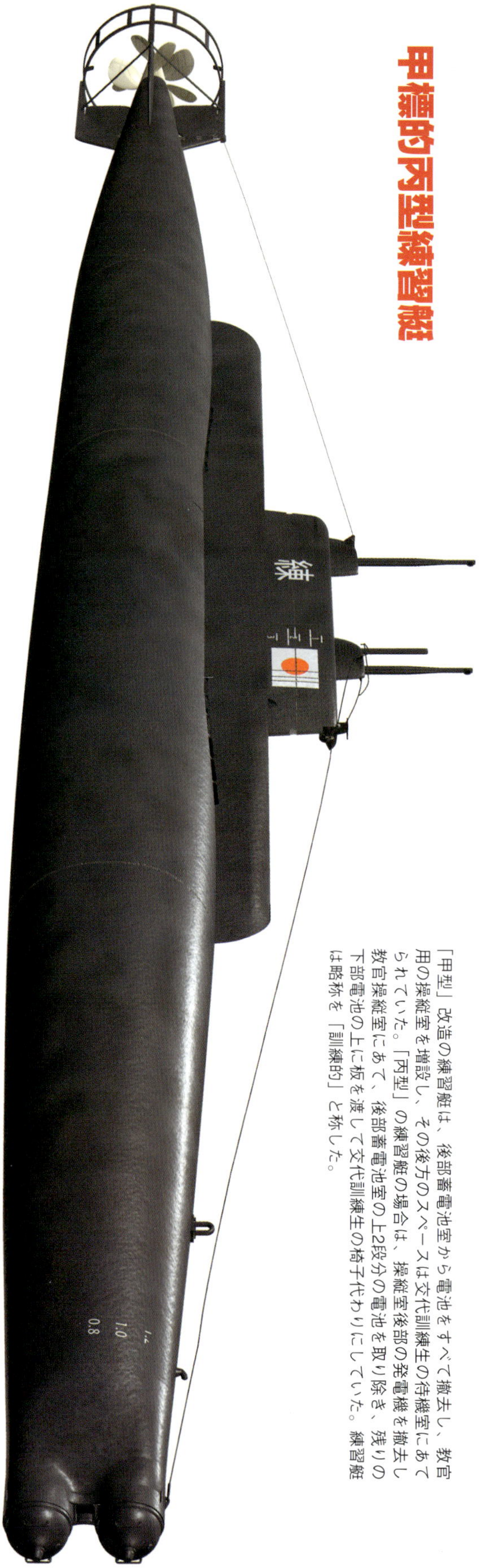

「甲型」改造の練習艇は、後部蓄電池室から電池をすべて撤去し、教官用の操縦室を増設し、その後方のスペースは交代訓練生の待機室にあてられていた。「丙型」の練習艇の場合は、操縦室後部の発電機を撤去し教官操縦室にあて、後部蓄電池室の上2段分の電池を取り除き、残りの下部電池の上に板を渡して交代訓練生の椅子代わりにしていた。練習艇は略称を「訓練的」と称した。

試製Y標的(計画のみ)

機雷敷設潜水艇であるが、特殊潜航艇および回天の開発に多大な貢献をした黒木博司大尉は、戦局打開のためにはミッドウェー島を再攻撃する必要があるとして、その際、真珠湾からの空母の出撃を阻止する手段として、この「Y標的」で真珠湾に潜入し頭上を空母が通過するとき自爆させ、沈没空母で湾を封鎖することを考えたという。「Y標的」は「丙型」を改造して2基造られたが、搭載機雷の振動を解決できず計画は中止された。

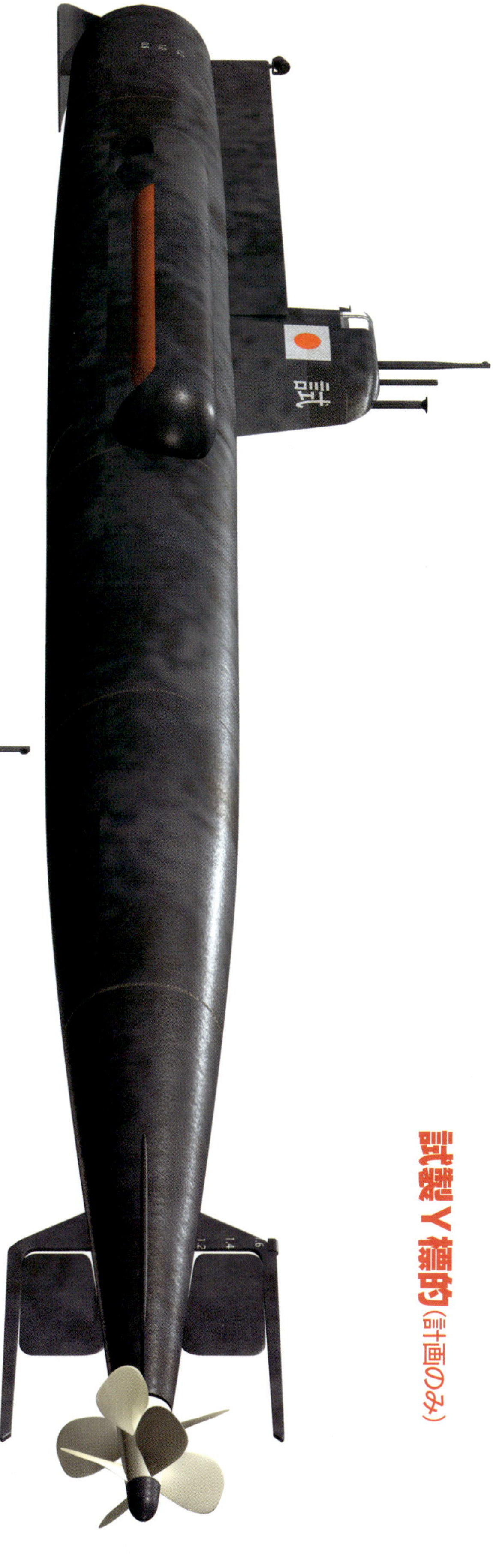

IN ACTION
潜航中の試製Y標的

1.0
0.8

甲標的丁型「蛟龍」 試作および初期生産型

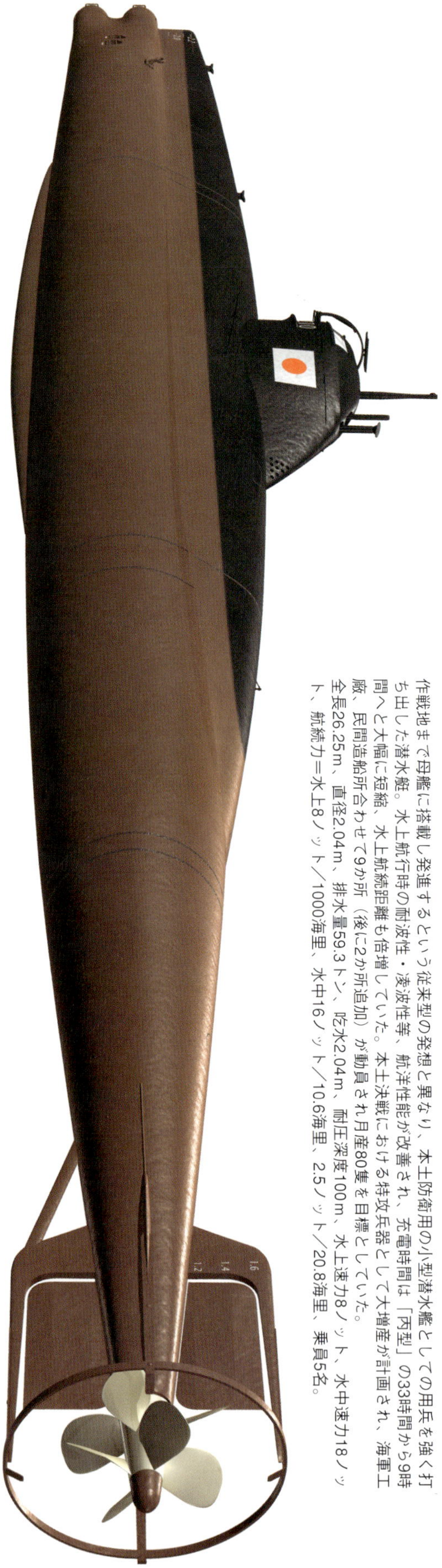

作戦地まで母艦に搭載し発進するという従来型の発想と異なり、本土防衛用の小型潜水艦としての用兵を強く打ち出した潜水艇。水上航行時の耐波性・凌波性等、航洋性能が改善され、充電時間は「丙型」の33時間から9時間へと大幅に短縮、水上航続距離も倍増していた。本土決戦における特攻兵器として大増産が計画され、海軍工廠、民間造船所合わせて9か所（後に2か所追加）が動員され月産80隻を目標としていた。

全長26.25m、直径2.04m、排水量59.3トン、吃水2.04m、耐圧深度100m、水上速力8ノット、水中速力18ノット、航続力＝水上8ノット／1000海里、水中16ノット／10.6海里、2.5ノット／20.8海里、乗員5名。

甲標的丁型「蛟龍」量産型

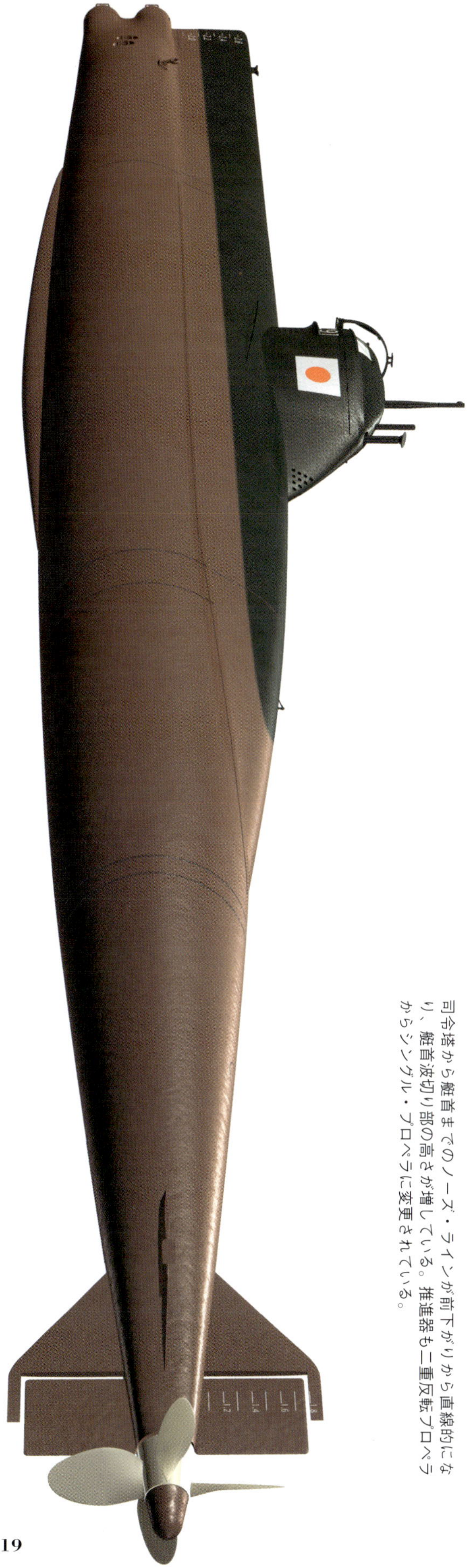

司令塔から艇首までのノーズ・ラインが前下がりから直線的になり、艇首波切り部の高さが増している。推進器も二重反転プロペラからシングル・プロペラに変更されている。

1.8
1.6
1.4

IN ACTION

着底沈座に向け沈下中の「蛟龍」

甲標的丁型「蛟龍改一」(計画のみ)

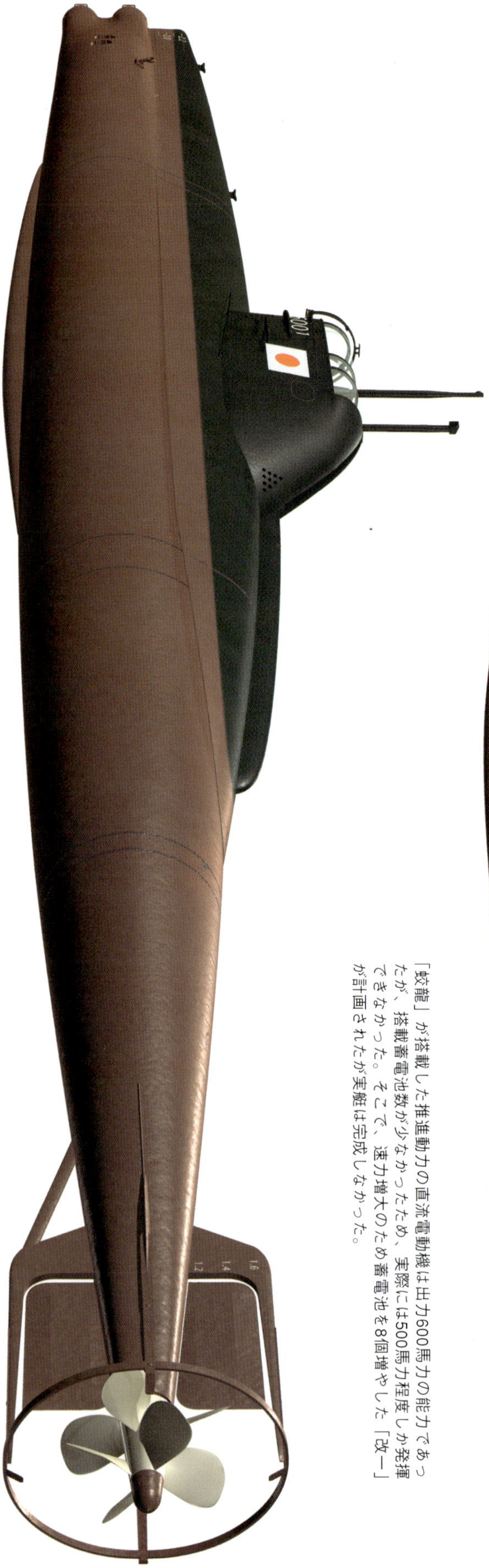

「蛟龍」が搭載した推進動力の直流電動機は出力600馬力の能力であったが、搭載蓄電池数が少なかったため、実際には500馬力程度しか発揮できなかった。そこで、速力増大のため蓄電池を8個増やした「改一」が計画されたが実艇は完成しなかった。

「蛟龍」の司令塔

設計時の「蛟龍」の司令塔トップは前から後ろまですべて透明ガラス張りであったようだが、残存写真を見るとほとんどが前方のみガラス張りとなっている。ただし、一部の写真に中央の開閉部もガラス張りに見えるものがある。

IN ACTION
浮上中の「蛟龍」

最前列左から3番目と右端の司令塔前面には菊水マークが描かれている。また、最前列左から2番目の司令塔前面には「5」、右側から3番目には「9」の数字が描かれている。これらの数字は所属部隊での番号であろうか。さらに右から2番目の艇には司令塔側面に製造番号と考えられる「224」あるいは「274」の数字が記入されている。なお、2列目以降の艇の司令塔前面にも菊水マークが描かれているものが多く見られる。

呉工廠ドック内の「蛟龍」(昭和21年2月)

江田島の甲型「特型格納筒」

一九六〇年七月、ハワイで引き揚げられ日本に返還、江田島第一術科学校に展示中の甲標的の詳細。

この甲標的甲型「特型格納筒」は、一九六〇年（昭和三五）六月一三日、米海軍潜水隊の学生によって、真珠湾湾口の東側にあるケーヒ礁湖の珊瑚礁外側の海底で発見され、七月一五日に米海軍救難隊によって引き揚げられたものである。

艇首には二本の魚雷が装塡されたままであった。艇内に乗員の遺体はなく、司令塔ハッチは内側から閉められてはいなかった。遺留品としてボロボロになった戦闘服一着、片方だけの飛行用ブーツ、飛行手袋一つ、ゴム底スリッパ一足、一本の一升ビン等が発見された。この艇は古野艇の公算が大きいと推定されている。

右舷側から見た司令塔（右が艇首方向）。搭乗用ハッチが開いている。

修復された艇首前方に突き出た防潜網突破用のネット・カッター。

撮影＝奥本 剛

後方から見た司令塔トップ。ハッチの両側に手すりが付いている。

[左]は、司令塔前側基部にある保護索の張り具合の調節ボルト。
[右]は、司令塔ハッチを前方から見たところ。

特眼鏡の外筒に沿って操縦室から司令塔を見上げたところ。

操縦室内部。写真上端に特眼鏡と昇降梯子が見える。下方の箱は、爆雷被害により開いたと思われる破口を利用した出入口部分。

全長は23.9メートル、艇体の最大直径はわずか1.85メートル。乗員の艇内での移動はきわめて窮屈であった。

艇の外に展示してある600馬力電動機。

操縦室後部隔壁で仕切られた後部蓄電池室から艇首方向を見る。

艇尾の縦ひれ、横ひれと縦・横の舵の部分。

電動機室より艇尾方向を見る。隔壁中央がプロペラシャフト孔。

頭部の窓の内径は45ミリ。ガラス越しにプリズムが見える。

特眼鏡頭部を真横から見たところ。「改四」の全長は321センチ。

「九七式特眼鏡改四」

保管・展示＝海上自衛隊呉潜水艦訓練教育隊資料館／撮影＝奥本 剛

下部正面で銘板のすぐ上が接眼レンズ。その両側は旋回把手。

特眼鏡下部の右側を真横から見たところ。

テーパー部の長さは19.5センチ、頭部外筒長は30.5センチ。

頭部を上から見たところ。ネジ止めの蓋の直径は54ミリ。

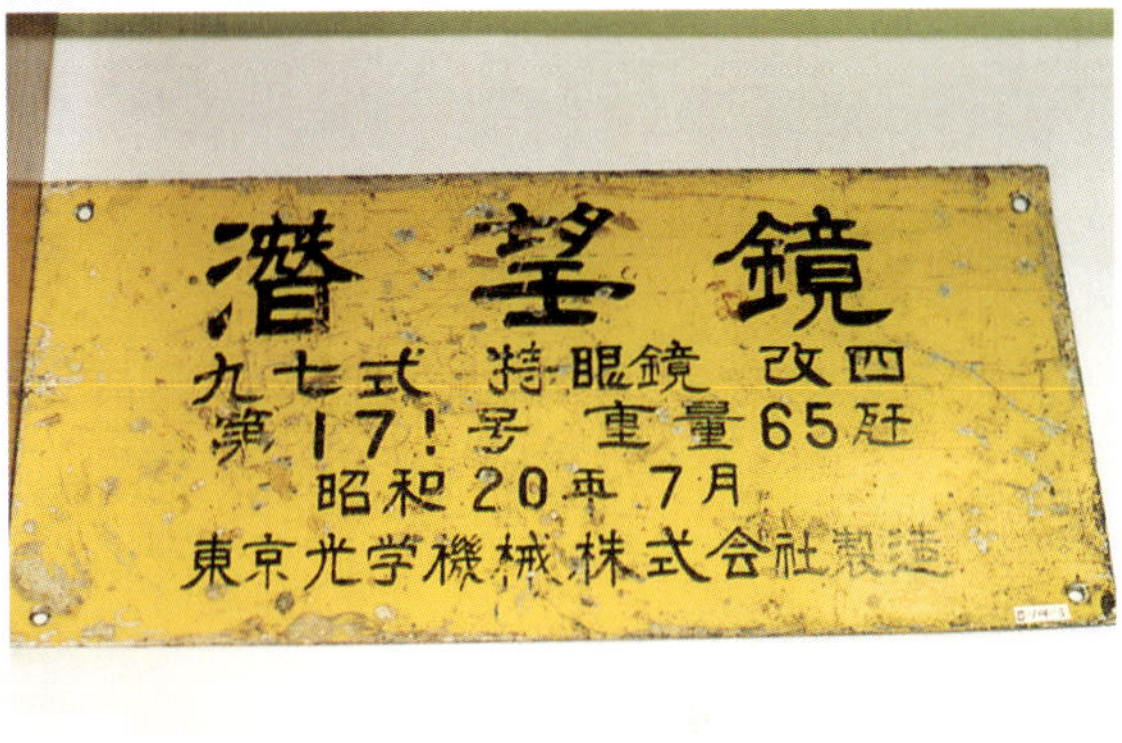

展示の銘板には昭和20年７月、東京光学機械製造とある。

丁型「蛟龍」の潜望鏡

下部の背面側。ひもで固定されているものが格納位置の旋回把手。

懸垂用ロープ取付部を下方から見たもので旋回目盛が付いている。

特眼鏡の底部。画面上側が接眼レンズ、下側左右が旋回把手。

ガダルカナル島タサファロンガ海岸の

甲標的と「山月丸」

この写真はプリント裏面にタイプされた説明によると、第三次ソロモン海戦（昭和17年11月12日～15日。米側呼称、第二次サボ島沖海戦）の間に乗員によって破棄されたものとあり、海没地点は海岸から300フィート、水深20フィートで、これを米海軍設営隊（シー・ビーズ）が引き揚げたものだという。この甲標的は「甲型」と見なされ、しかも「特型格納筒改一」と同様の司令塔前方と艇首にネット・カッターを有している。ただし、司令塔前面と艇首上面の鋸歯状カッターは付いていない。後方の「山月丸」は、11月15日、「廣川丸」「山浦丸」「鬼怒川丸」と共に陸軍将兵、兵器・弾薬、糧食の擱座揚陸を強行した輸送船で、揚陸作業中、空襲により全船が火災を起こしたが、人員2000名のほとんどと兵器、糧食の一部の揚陸を成功させた後、放棄されたものである。

YAMAZUKI

特潜四勇士慰霊祭

ディエゴスアレス湾から湾口のオランジア水道を望む。秋枝艇と岩瀬艇もインド洋からこの水道を通過して湾内に潜入したのであった。

昭和一七年五月三〇日、
甲標的「特型格納筒改一」の秋枝艇と岩瀬艇は、
マダガスカル島ディエゴスアレス湾に潜入、
英戦艦「ラミリーズ」とタンカーの雷撃に成功する。
しかし、岩瀬勝輔少尉と高田高三二曹は行方不明、
秋枝三郎大尉と竹本正巳一曹は座礁した艇を捨て、
陸路、会合点を望むマ島北西岸を目指すが、
英軍捜索隊と交戦、戦死した。

2001年7月3日、海上自衛隊の練習艦隊による四勇士の慰霊祭。慰霊碑脇にはマダガスカル政府の好意で引き揚げられた甲標的のプロペラが供えてある。沖合の艦影は練習艦「かしま」。

ディエゴスアレス

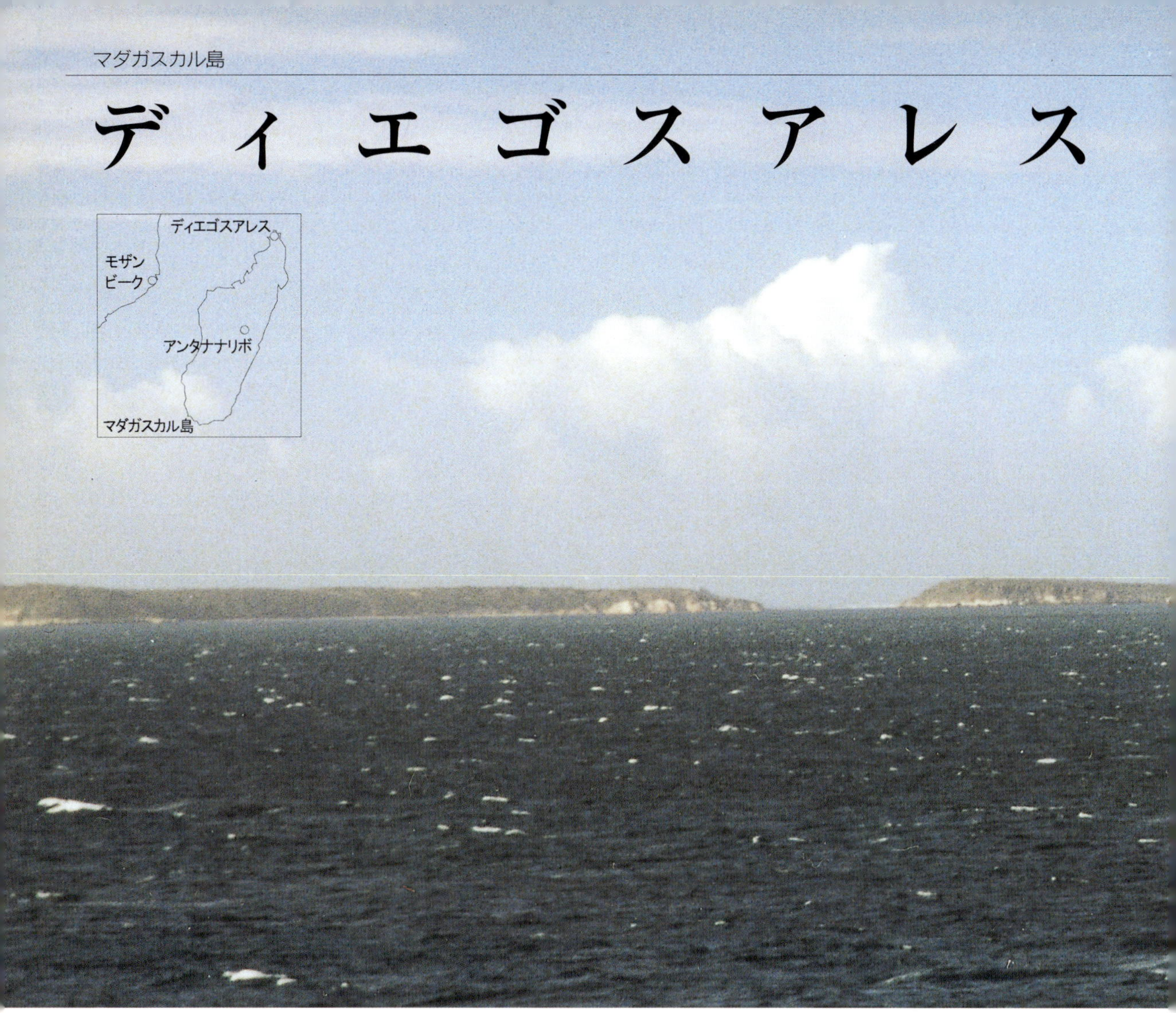

秋枝三郎大尉　竹本正巳一曹　岩瀬勝輔少尉　高田高三二曹

艦首に被雷した英戦艦「ラミリーズ」(上)と、沈没したタンカー「ブリティッシュ・ロイヤルティ」(右)。

司令官・保井信治海将補による「慰霊の言葉」奉読。

『命をすてて』の吹奏が流れるなか、弔銃発射。

マダガスカル島北部を横断し母潜水艦との会合海域を見下ろす丘で戦死した秋枝、竹本両名の墓標があるベタヘタ地区の丘。

ベタヘタ地区の海の見える丘に日本大使館が建立した二人の墓標。

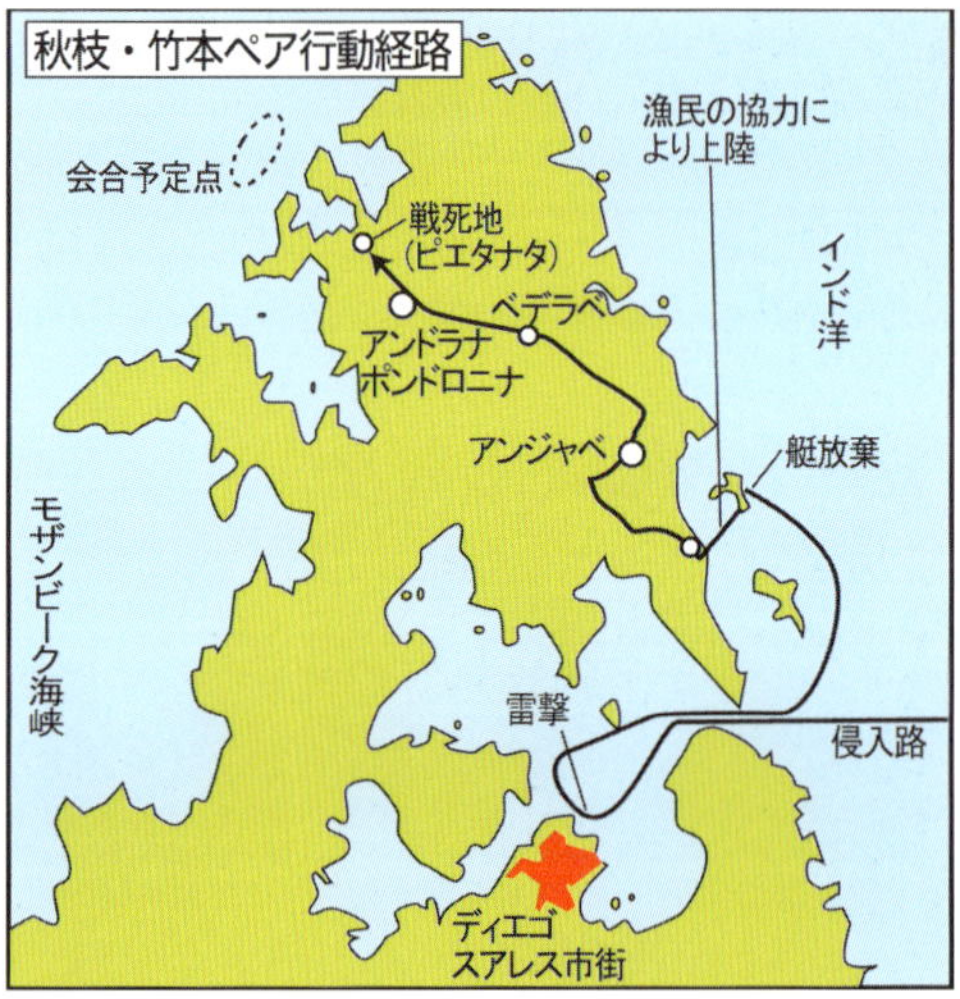

昭和17年5月30日の午後8時半頃（現地日時）、秋枝艇と岩瀬艇はディエゴスアレス軍港で攻撃後、岩瀬艇の消息は不明だが、秋枝艇は湾を脱出し沿岸を北上、マダガスカル島北西岸沖の会合点を目指した。しかし、31日早朝、浅瀬で座礁し小島に上陸。そこで漁師の協力を得て本島に上陸、会合点側の海岸を目指し陸行横断したが、英軍捜索隊に追尾され、ついにベタヘタ地区の丘で捕捉された。英側の降伏勧告を拒否した秋枝大尉、竹本一曹は拳銃で応戦したがかなわず、目的の海を見下ろすその丘で戦死した。6月1日あるいは2日のこととされる。

［甲標的］各型と要目表

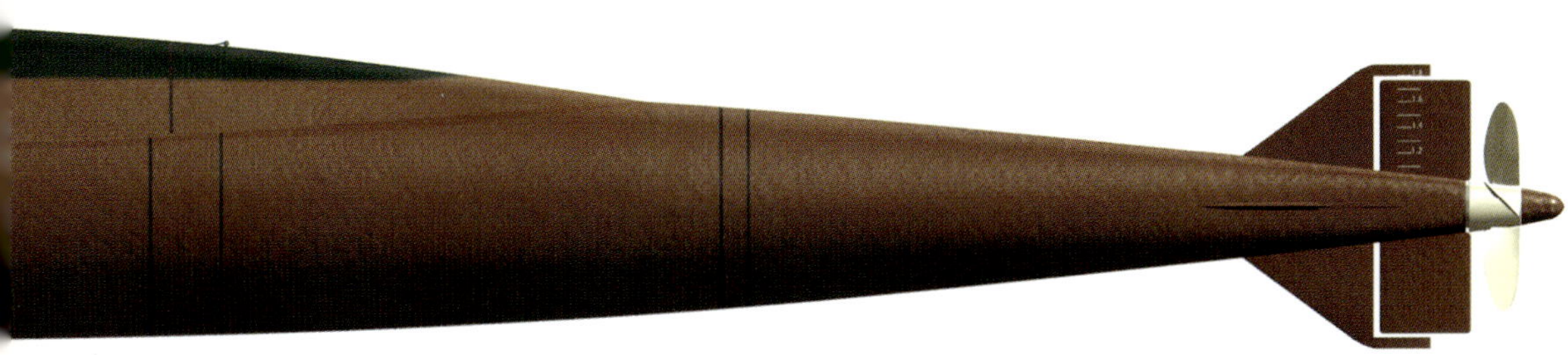

甲標的各型要目

	甲標的甲型	甲標的乙型	甲標的丙型	甲標的丁型「蛟龍」
	23.9	24.9	24.9	26.25
	1.85	1.85	1.88	2.04
	3.4	3.4	3.43	3.81
	46	47	49.09	59.3
	1.880	1.850	1.88	2.04
	100	100	100	100
	19	6	6	8
		4	3.5	3
		6	5	4.6
		8	7	6
		9	8	9.5
		11	10.5	12
		19	18.5	18
	空気圧式操舵機使用460m 油圧式操舵機使用　300m （速度は不明）	-	-	150
		-	-	170
		-	-	185
		-	-	190
	9kt-15.8nm	6kt-500nm	6kt-500nm	8kt-1000nm
	6kt-84nm	9kt-15.8nm	8.5kt-15.4nm	16kt-10.6nm
		6kt-84nm	4kt-120nm	2.5kt-20.8nm
	45cm×2	45cm×2	45cm×2	45cm×2
雷	九七式酸素魚雷	九七式酸素魚雷	九七式酸素魚雷	二式魚雷
	-	-	-	五一号丁型内燃機関
	-	40	40	150
	-	-	-	1500
	-	-	-	特G型直流発電機
	-	-	-	50～100
	-	25	25	75～100
	-	-	-	1380
	-	-	33	9
	直流	直流	直流	半閉自己通風型他励複巻
	600	600	600	直流600
	-	-	-	165
	-	-	-	2400
	-	-	-	1800
	-	-	-	1/2
	-	-	-	6
	-	-	-	2160
4	特D型×224	特D型×224	特D型×208	特H型×200
	2	2	3	5

ワイド折込み〔1〕

ミンダナオ海を征く[甲標的]丙

標的 丁型「蛟龍」後期生産型

甲標的の塗装について

甲型の塗装

甲標的は丙型まで黒に近いグレーで塗られていた。ダークグレーかそれ以上に黒かったのかもしれない。ただし、フラットブラック（つや消し黒）ではなかったそうである。

また、セイルに艇番号、日の丸、艇首とセイル側面に喫水標が書かれていたが、艇によって艇番号と日の丸を書かなかったものもあり、一概には言えない。特にハワイ作戦時には、国籍を秘匿するためにマーク類はすべて塗り潰されていた。また、真珠湾における米軍兵士の目撃証言の中には、甲標的の艇体の色をはっきりダークグリーンと断言しているものもある。母潜に積まれての長期間にわたる海中行動により、塗装面が変質した可能性も否定できない。

乙型、丙型の塗装

乙／丙型の色は、甲型と同じ黒に近いダークグレーであり、船体前後に喫水マークが描かれていたが、セイルに艇番号、日の丸が記入されていたかどうかは不明である。

丁型「蛟龍」の塗装

「蛟龍」の色は、ダークブラウン（焦茶色）であった。カラー写真が残っているので、その色が確認できるのだが、わずかに三菱長崎造船所で量産されていた「蛟龍」の中に、艇体をダークグリーン（暗い緑）に、上部構造物をフラットブラック（つや消し黒）で塗った艇も見られる。

セイル正面には菊水マーク、船体前後に喫水マークが描かれていた。ちなみに艇番号、日の丸は記入されている艇とされていない艇がある。

		一次試作	二次試作
全長(m)		23.3	23.9
直径(m)		1.824	1.85
深さ(m)		3.074	3.1
全没排水量(t)		41.525	44.150
吃水(m)		1.854	1.880
耐圧深度(m)		100	100
水上速力(kt)		25	25
水中速力	最微速(kt)	-	-
	微速／低出力時(kt)	-	-
	微速／高出力時(kt)	-	-
	半速／低出力時(kt)	-	-
	半速／高出力時(kt)	-	-
	原速(kt)	-	-
旋回径	最微速(m)	-	-
	微速(m)	-	-
	微速(m)	-	-
	半速(m)	-	-
航続距離	水上	-	-
	水中	-	-
		-	-
魚雷発射管		53cm×2	45cm×
搭載魚雷		八九式魚雷	九七式酸素
内燃機関		-	-
	馬力(hp)	-	-
	重量(kg)	-	-
発電機		-	-
	電流	-	-
	発電量(kw)	-	-
	重量(kg)	-	-
充電時間(h)		-	-
電動機		直流	直流
	馬力(hp)	600	600
	電圧(w)	-	-
	電流(A)	-	-
	回転数(rpm)	-	-
	定格	-	-
	極数	-	-
	重量(kg)	-	-
蓄電池		特B型×224	特D型×22
搭乗員（名）		2	2

型

甲

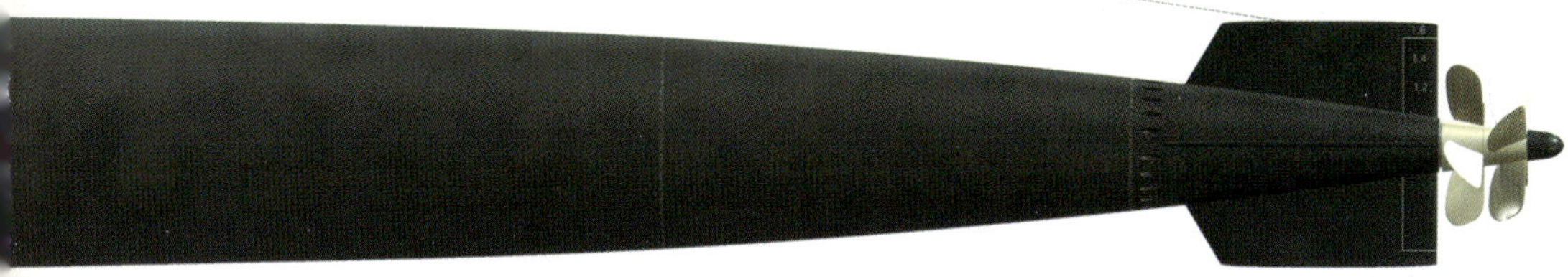

1.0
0.8

甲標的 甲型

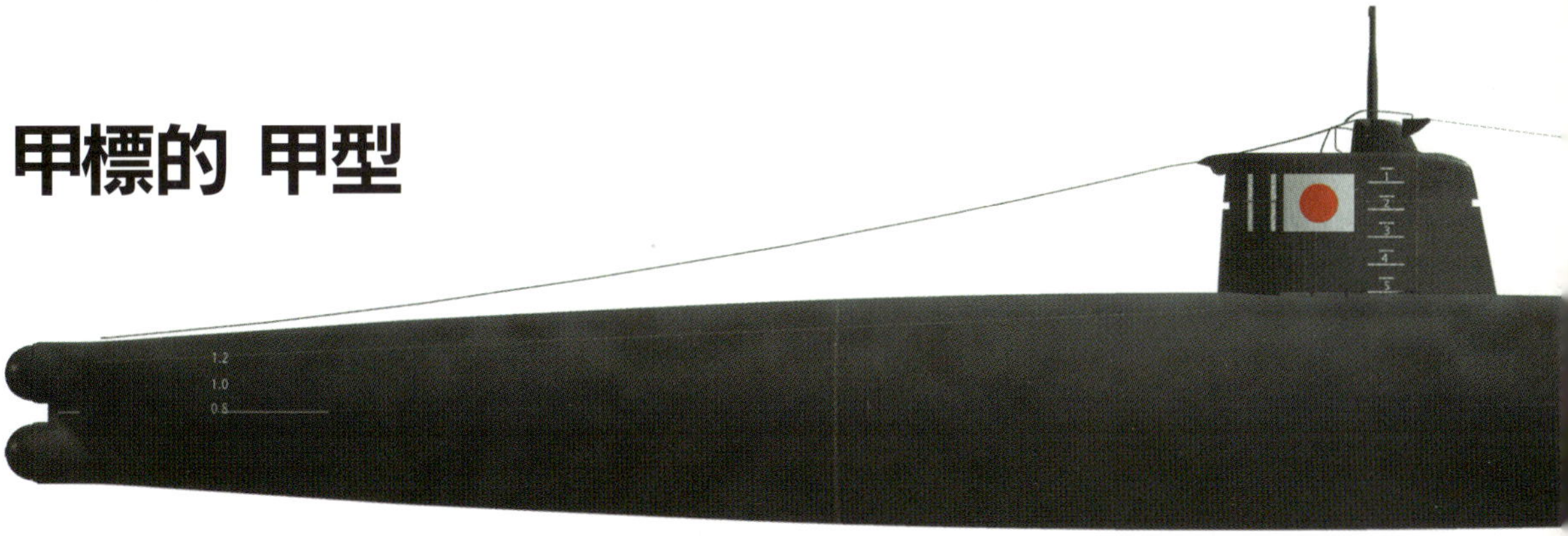

甲標的 乙型

甲標的 丙型

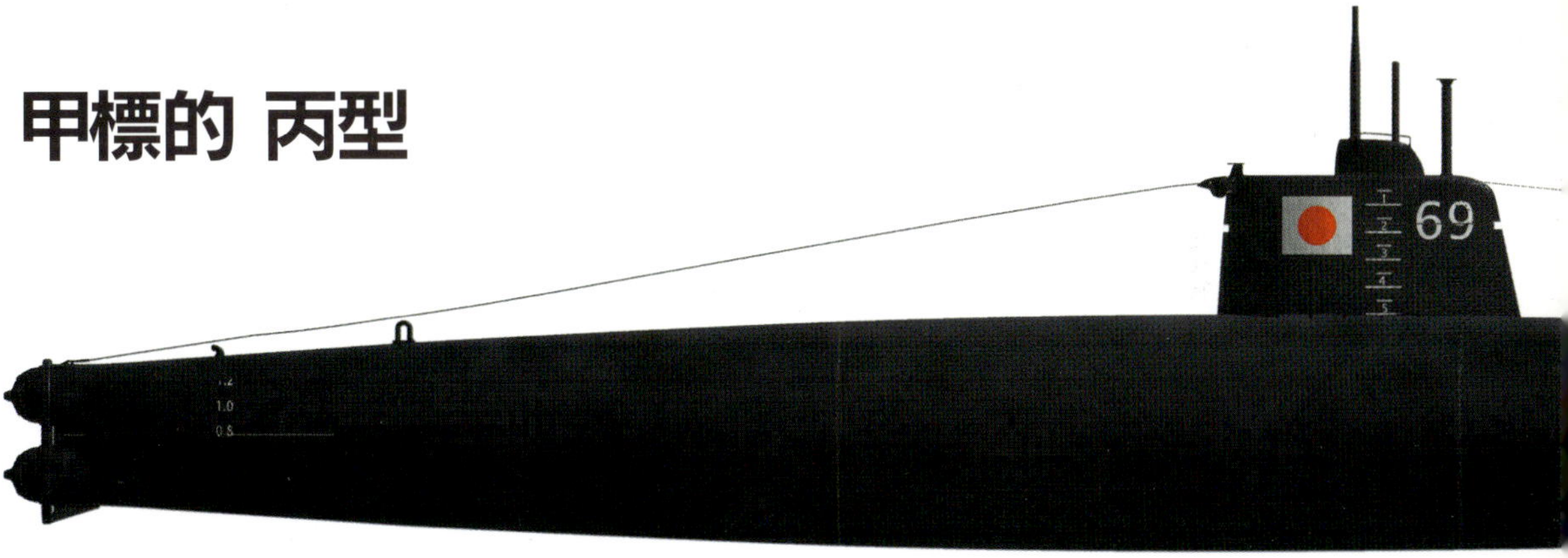

甲標的 丁型「蛟龍」初期生産型

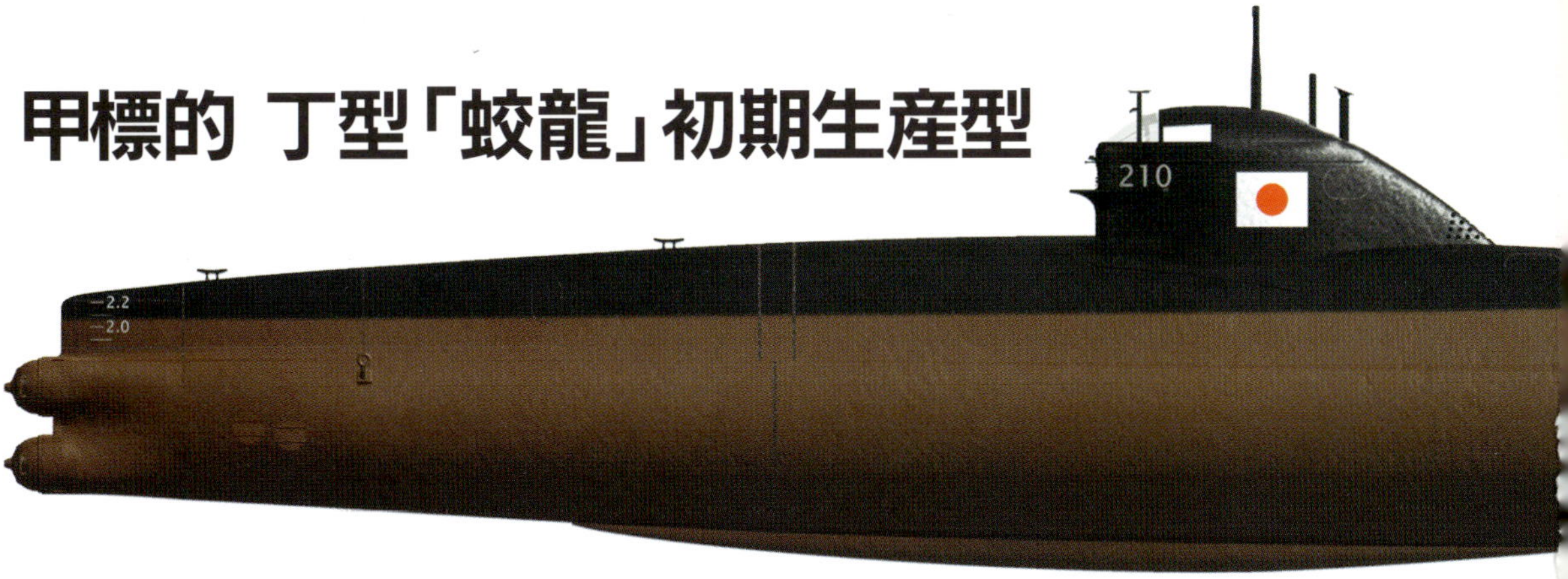

CG制作＝渡部 篤

CG制作＝渡部 篤

PHOTO DOCUMENT

「甲標的」記録写真

日本海軍の秘密兵器、特殊潜航艇「甲標的」各型、その母艦と艇員の記録。

写真提供＝奥本　剛・上農達生・田村俊夫・原　勝洋・H.P.S.・雑誌「丸」編集部・雑誌「世界の艦船」編集部・防衛研究所戦史部図書室・呉市企画部海事博物館推進室・U.S. NAVAL HISTRICAL CENTER ・U.S. NATIONAL ARCHIVES

サンフランシスコのシビック・センターに到着した「甲標的」第19号の「酒巻艇」。「酒巻艇」はアメリカ国民の戦意高揚と戦時国債募集のため国内各地を巡回し一般公開された。

PHOTO DOCUMENT PART-1

甲型：真珠湾攻撃仕様「特型格納筒」

第19号酒巻艇の詳細

この見開き頁で理解できるが、「甲標的」の艇体は３つのセクションで組み立てられている。魚雷射出筒２本と発射用気蓄器を収める前部セクション、前部蓄電池室・操縦室・後部蓄電池室からなる中央セクション、そして電動機室の後部セクションである。相互の接合部には孔開きフランジがあり、前部と中央部セクションの場合、フランジ上に70個の結合ボルト孔が写真で数えられる。

PHOTOGRAPH
NOT FOR PUBLICATION
UNLESS OFFICIALLY RELEASED
RELEASED
CENTER SECTION
Forward Battery - Control Room - After Battery.
Conning tower hatch (open)
U-Frame.
Radio mast housed.
Periscope sheers.
Battery ventilation exhaust.
Screened white light.
White light.
2 of the 3 sound gear stuffing boxes.

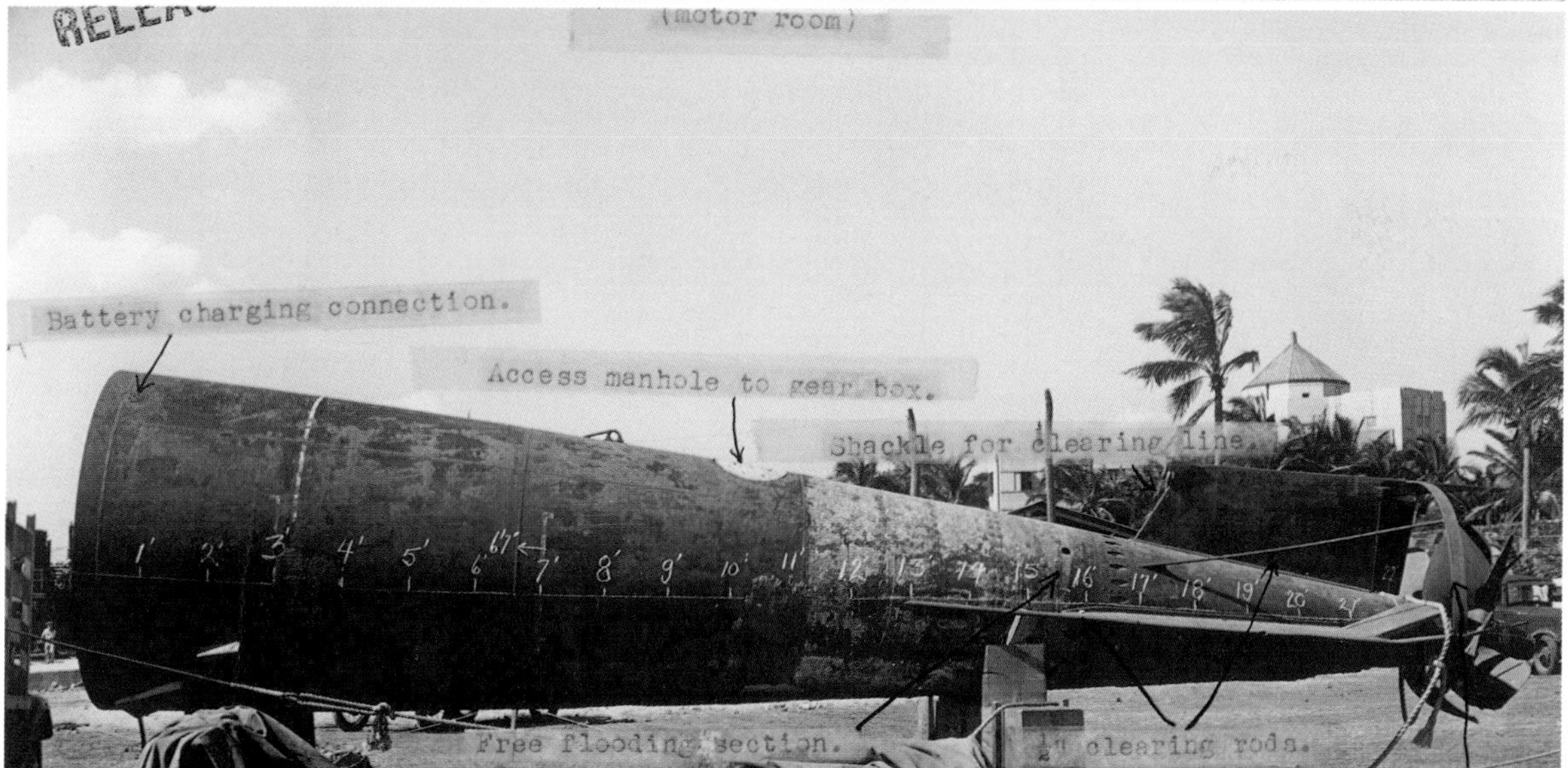
(motor room)
Battery charging connection.
Access manhole to gear box.
Shackle for clearing line.
Free flooding section.
½" clearing rods.
Propellor guard hoop.
NOTE
Lower rudder and skeg lost when grounded.
Picture of complete assembly obtained from ,15.
DIMENSIONS
Length to end of propeller nut 24' 10½"
Diameter forward (bolted) end 5' 5"

［上］前部セクション内部。魚雷射出筒の銘板には上が「呉37」、下が「呉38」と刻印され、さらに名称は「発射管」ではなく「射出筒」と刻印されている。
［左］酒巻艇は数度の座礁の影響で艇首のネット・カッターがひどく歪んでいる。下部射出筒キャップが失われたおかげで魚雷頭部にもネット・カッターを付けたことが分かる。

TORPEDO – warhead detached
Bow Section of Sub

TORPEDO RECOVERED FROM HA-19 Midget SUBMARINE – AT SUB BASE Pearl HARBOR T H
66

〔上〕甲標的搭載用の直径四五センチの「九七式酸素魚雷」。全長五・六メートル、全備重量一〇五〇キロ、炸薬量約三五〇キロ、速力／航続距離、四一ノット／五〇〇〇メートル。〔左〕は本体から外された実用頭部。貼り付けてある諸元によると、頭部は昭和一〇年八月製造、炸薬充填一〇年一一月、頭部総重量四〇九キロ五一〇グラム。

[上] 司令塔トップの無線アンテナ内蔵マスト（実測高32インチ）と防潜網絡み避け用の保護索の滑車。司令塔前部下端に索張りのターンバックルがある。[下] 乗降ハッチ、特眼鏡（潜望鏡）根元カバーの蓄電池換気排気孔等が分かる。

右舷側真横から見た司令塔（右手が前方）。前部保護索用滑車のすぐ下に索のテンション（引っ張る強さ）を調節するターンバックルが見える。同じく滑車のすぐ下に艇首灯（透明覆付）がある。後部にも艇尾灯があるが、こちらには透明カバーは付いていない。側面中央付近の「Eye port」は、乗降用の足掛で幅は10センチ。司令塔トップの「U-frame」は乗降時の手掛とハッチ回りの手すりを兼ねたものと考えられるが、さらに防潜網の絡み避けにもなっていると思われる。特眼鏡の高さ4フィート（約1.22メートル）は露出部分の寸法。特眼鏡下方の司令塔側面には、電話線のソケットがある。電話は母潜水艦と潜航艇搭乗員との連絡用で、ハワイ作戦直前の緊急工事で新設されたもの。潜航艇発進時にどうやって外すのかは分からないが、多分、潜航艇が離脱する際、引っ張られてプラグが抜けるのであろう。

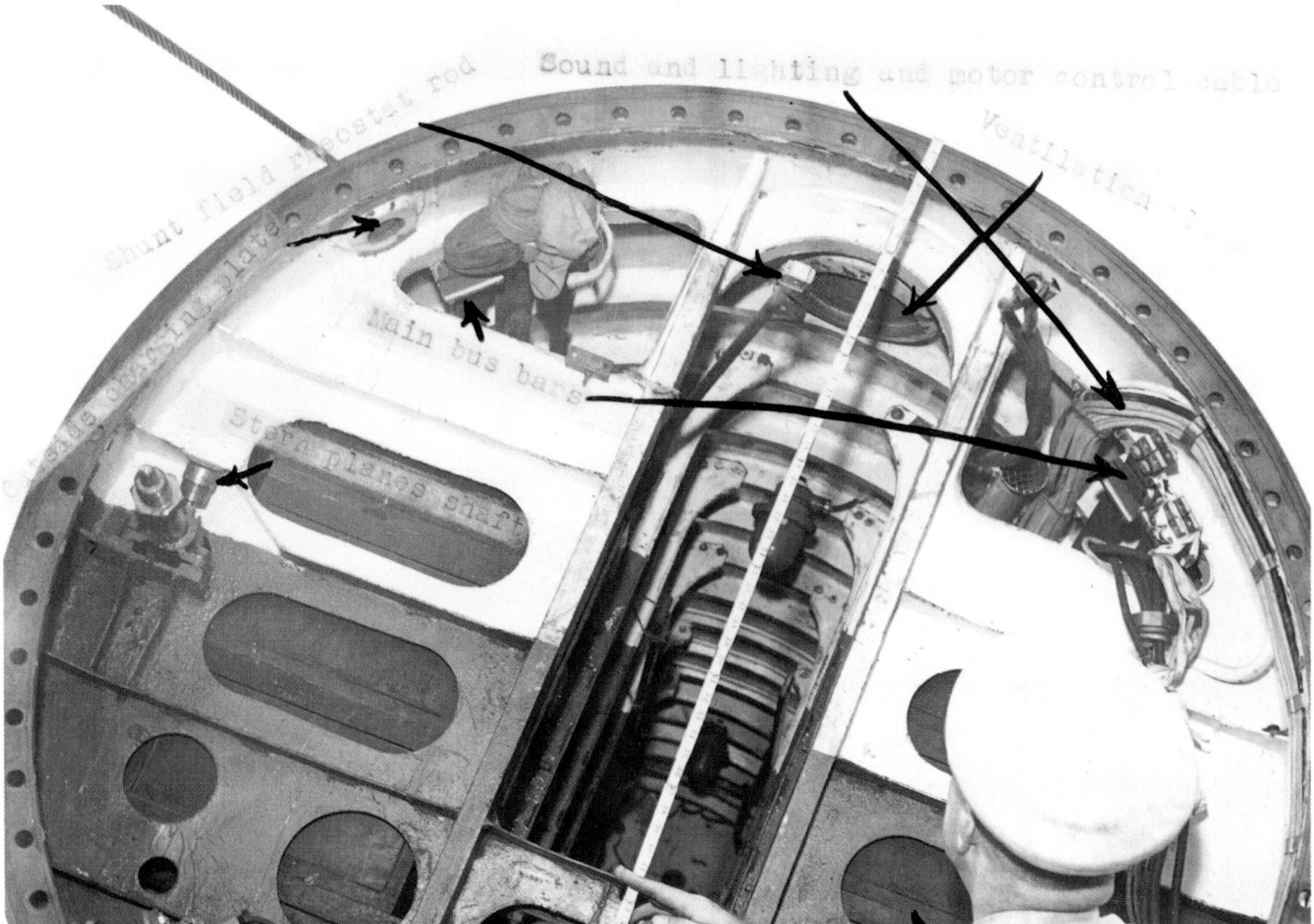

[上] 中央セクションの後端、後部セクションとの結合部、巻き尺の目盛りを読むと外径は約64.85インチ、約1.647メートル。ちなみに50頁上の写真の前部セクション後端の外径は67インチ、約1.70メートルである。なお、最大直径は1.85メートル（日本側資料）。通路の高さは89～90センチ、幅は28～30センチで、人が通るには非常に窮屈そうだ。[右] 操縦室の内部の様子。[次頁] 上は操縦室前方の前部蓄電池室、下が後部蓄電池室である。

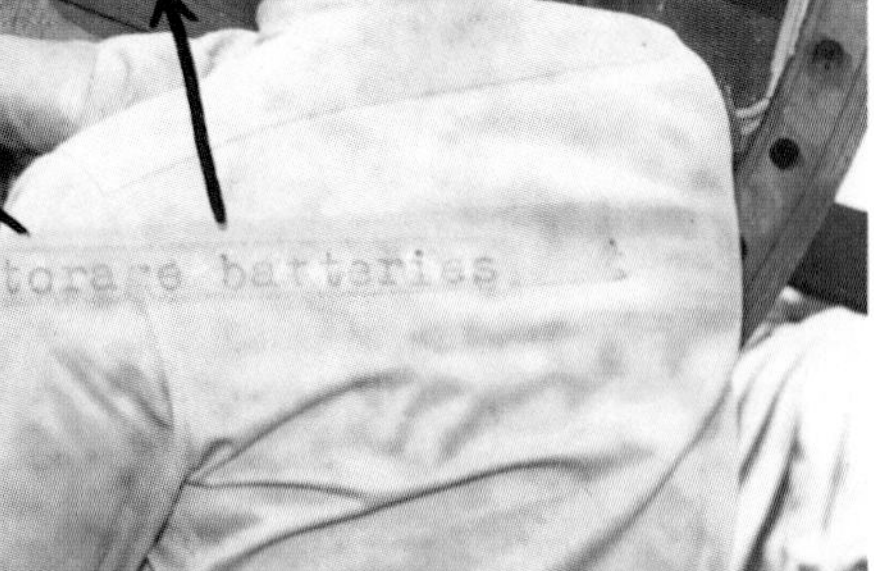

OFFICIAL U. S. NAVY
PHOTOGRAPH
NOT FOR PUBLICATION
UNLESS OFFICIALLY RELEASED

PHOTO
NOT FOR PUBLICA
UNLESS OFFICIALLY RELEASE
58
RELEASED

甲標的の推進動力部。酒巻艇のものと岩佐艇（甲型第15号）のパーツを使用して復元されている。左から600馬力電動モーター、減速ギア、二重反転ギア、二重反転プロペラ。

酒巻艇のプロペラ部。座礁を繰り返したせいか損傷が激しい。

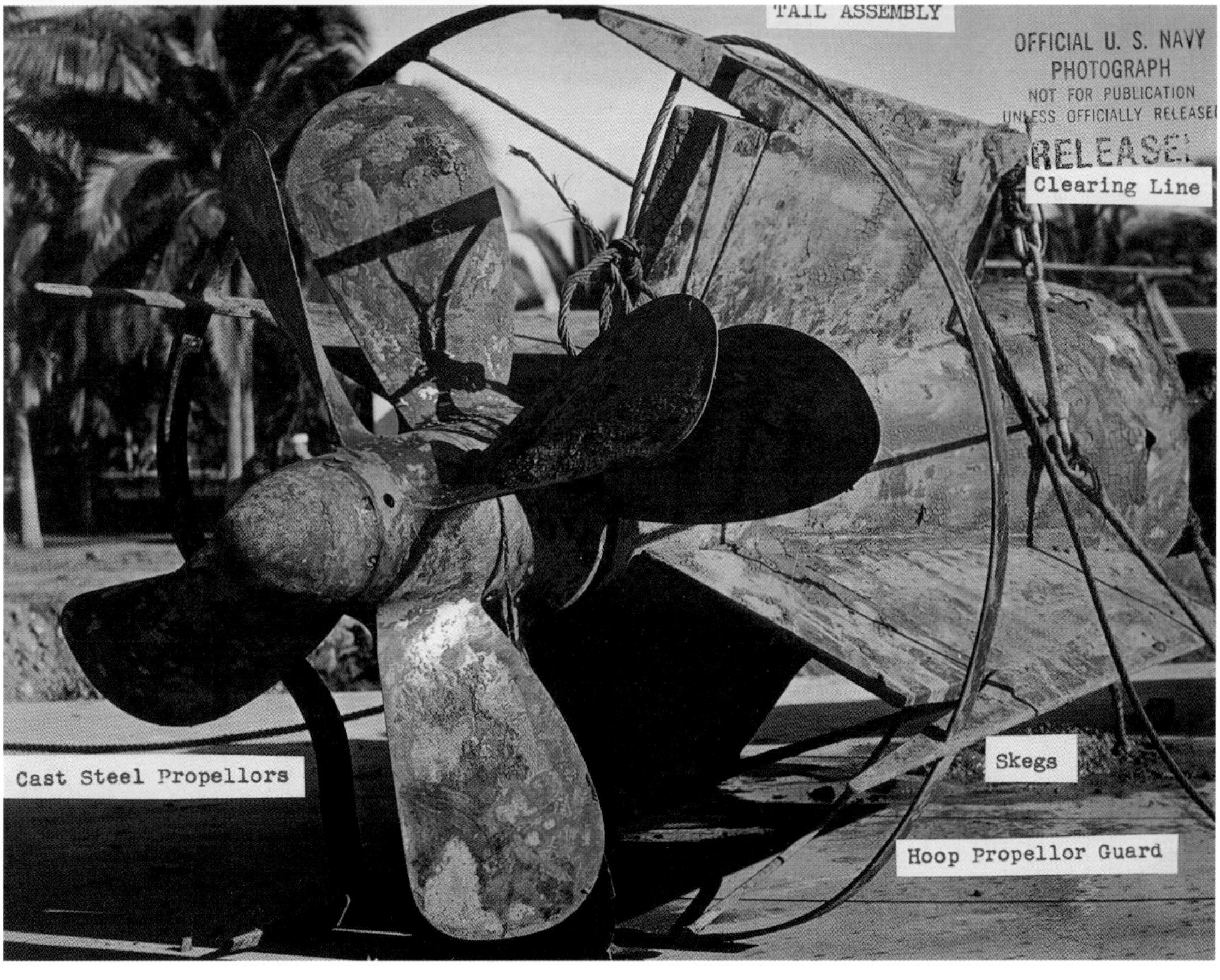

岩佐艇の艇尾部。岩佐艇は艇前部は大破したが、尾部に目立った損傷はない。

PHOTO DOCUMENT PART-2

甲型：シドニー、ディエゴスアレス攻撃仕様「特型格納筒改一」

第14号中馬艇、第21号松尾艇

［上・下］松尾艇の司令塔（但し上は推定）。「特型格納筒改一」は、真珠湾攻撃タイプより防潜網突破能力が強化され、司令塔にも鋸歯型カッターが追加された。乗降ハッチの開き方も前方開きから後方開きに変更され、手すりのUフレームも形状が異なっていた。

［上2点］松尾艇の司令塔を左右両舷から見る。司令塔位置の艇体側面に「21」の製造番号が読み取れる。司令塔正面の艇首灯はネットカッターがついたためか、懐中電灯のような円筒形状が突き出たものに替わっている。司令塔トップの特眼鏡根元のカバーは、乗降ハッチが後方開きになったのに伴い形状も変わっているはずだが、損傷しているため形は分からない。［左］松尾艇の操縦室。潜望鏡である「九七式特眼鏡」の基部接眼部が見える。

［上２点］艇首部を修理後の松尾艇。［左］引き揚げ時の松尾艇。上部射出筒キャップが脱落しているため、魚雷頭部のネットカッターを見ることができる。
射出筒キャップは、真珠湾仕様の「格納筒」では魚雷の力で押し外す方式だったが、「格納筒改一」では圧搾空気をネットカッター上部枠下側のピストンに送って、キャップ付属の金具を押して外す方式に変更されている。さらに「改一」では一筒に付き４か所にキャップ固定爪が装備されている。

[上][下]とも中馬艇のプロペラ・ガードリング。但し、[下]の写真は展示のため松尾艇も利用して修復した艇のもの。真珠湾攻撃仕様「格納筒」に対して「格納筒改一」はガードリングの数が増加している。また、縦舵・横舵の操作も「格納筒」の圧搾空気式から「格納筒改一」では油圧式に変えられ、縦舵が非常に大型化していた。

PHOTO DOCUMENT PART-3

甲標的各型中、もっとも実戦で活躍。

第54号～第100号の「丙型」

「丙型」は「乙型」の量産型といえるタイプで、艇体を1メートル延長して発電装置を装備した点が「甲型」と大きく異なる点であった。

「丙型」の浮上航走状態。浮上状態といっても「甲標的」は通常の潜水艦と異なり艇体は水中にあり、写真のように司令塔が海面に露出するだけであった。「丙型」の司令塔は乗降ハッチと特眼鏡が「甲型」より前方に移動している。

一等輸送艦第５号艦に搭載され進水（発進）試験海上に向かう「丙型」第69号。艇体下のソリ状の発進用架台ごと軌条を滑って進水する。

大浦崎Ｐ基地の沖合の情島付近で一等輸送艦から滑走、進水中の「丙型」第69号。このときの母艦の速力は約10ノットであった。

PHOTO DOCUMENT PART-4

外観・性能とも大幅に改善された特潜の切り札。

甲標的「丁型(蛟龍)」

［右頁］舞鶴で終戦を迎えた量産型「蛟龍」。水上航走時に操縦がしやすいように司令塔トップは透明風防になっている。［上］透明風防や二つ折りの開閉式天蓋、さらに司令塔中段の波しぶき避けのヒレなどの細部が把握できる。

見開き3点とも横須賀工廠で未完成のまま終戦を迎えた「蛟龍」量産型。福井静夫氏の解説によると、横須賀工廠では終戦時、「蛟龍」は6隻が完成、約50隻が建造中であったという。「蛟龍」の戦備計画は膨大なもので、月産割当隻数が呉工廠10隻、舞鶴工廠10隻、横須賀工廠10隻、三菱長崎15隻、播磨10隻、日立向島10隻、三井玉野5隻、川崎神戸5隻、新潟鉄工5隻の月産計80隻が計画され（後に三菱神戸、三菱横浜を追加）、昭和20年4〜6月110隻、7〜9月430 隻、10月以降1000隻という大計画が立てられていた。

呉工廠のドック内に並べられた「蛟龍」。左から２隻目の608号艇の司令塔正面には菊水マークが描かれている。600番台の「蛟龍」は三井玉野造船所で建造したもの。隣の200番台の227号艇は呉工廠製である。

[上]「丙型」改造の練習艇。操縦室の後ろの発電機室を教官席にし特眼鏡を２組装備した。
[下] 左端の2基が「甲型」改造の練習艇。右隣に「丙型」練習艇が並んでいる。
[左] 前頁の写真をさらに拡大したもので、司令塔回りがさらによく分かる。司令塔右舷後部の艇体に起倒式無線アンテナマストがあり、前部点検ハッチ横まで空中線が張られているのが分かる。透明風防部のＵ型枠上の台座の用途は不明。

［上］戦後、解体工事中の「蛟龍」。撮影日は昭和21年8月30日。手前の3基は艇首の形状から初期生産型で、一番向こう側が量産型である。司令塔部に記入された番号が、各建造所別の製造番号だとすれば、200番台は呉工廠製、600番台は三井玉野造船所製となる。しかし、一番手前の「44」の番号に関しては不明。［下］戦後の昭和21年4月2日撮影の甲標的各型。「蛟龍」初期生産型、量産型、丙型、丙型練習艇など8隻が並べられている。［左頁下］司令塔後部のクローズアップ。パネルを外した部分は、発電用の「五一号丁型ディーゼル機関」の排気消音器室と思われる。司令塔上に突き出ているパイプ類は、一番右の太いものがディーゼル機関の給気筒。その前が無線アンテナ内蔵マスト。その前のものは右舷側にある起倒式の無線アンテナ支柱と推定。

27A
623
228
44

「蛟龍」の中央セクション前方側。甲型同様フランジ部で前部セクションとボルト結合する。要するに三分割のブロック式建造方式である。

後方から見た中央セクション。艇体本体は円筒形で上にメインタンクを載せた形になっている。内部に特G型発電機が見えている。

操縦室左舷側。主艇付席の舵輪が見える。右舷側が副艇付席で両者の間に艇長席がある。

断定はできないが、操縦室右舷後部のコーナーにある機械電信員席と推定。

表向きは水上機母艦、本来は特殊潜航艇母艦。
さらに、「千代田」型は空母にも改造が可能。

甲標的母艦「千代田」と「日進」

［上］昭和14年9月頃の水上機母艦時代の「千代田」。「千歳・千代田」は昭和9年度計画艦で共に呉工廠で建造。「千歳」は13年7月25日に竣工、「千代田」は12月15日に竣工した。その後、「千代田」は15年5〜6月と16年6〜7月の2度の工事で甲標的母艦に改造されたが「千歳」は水上機母艦のまま、18年に入って「千代田」と共に空母に改造された。
［左］公試中の「日進」。昭和12年度計画艦。本来は甲標的母艦であったが、第1状態を高速敷設艦として進水。進水後、第1状態を水上機母艦に変更され、さらに艤装工事中に第2状態の甲標的母艦に変更され竣工した。

昭和16年撮影の甲標的母艦「千代田」艦上の記念写真。[上]が士官以上の幹部の記念撮影で前列中央に原田覚艦長がいる。[左]は艦長以下乗組員全員の記念撮影。艦橋トップに見える測距儀は、主砲の12.7センチ高角砲の照準管制の九四式高射装置の高角測距儀である。煙突と前艦橋の間の円筒構造物は昭和15年5月23日から6月23日まで呉工廠で実施された第1次甲標的母艦改造工事の折に新設された甲標的発進指揮所である。

PHOTO DOCUMENT PART-6

特殊潜航艇の十勇士と十四勇士

第一次攻撃隊「十勇士」

前列＝艇長
後列＝艇付

酒巻和男少尉
稲垣　清二曹

古野繁實中尉
横山薫範一曹

岩佐直治大尉
佐々木直吉一曹

横山正治中尉
上田　定二曹

廣尾　彰少尉
片山義雄二曹

［左］は、真珠湾特別攻撃隊の有名な写真で、撮影場所は呉停泊中の甲標的母艦「千代田」艦上の艦橋構造物と前部マスト間の左舷上甲板と思われる。撮影日は原田艦長の日誌によれば、昭和16年11月10日と推定できる。日誌には「いよいよ勇士の退艦の日だ。午前打合せその他で多忙だったようだ。1200頃、艦に帰り記念撮影した。『操縦員10』『退艦者20』『関係士官』『関係下士官兵』と4枚になった。士官室にお別れの小宴あり、1430頃勇躍退艦した」と記されている。

［次頁］第二次特別攻撃隊として出撃直前の記念撮影（昭和17年4月13日頃と推定）。第二次特別攻撃隊は、インド洋方面の甲先遣支隊＝母艦「日進」、伊10、20潜。甲標的搭載の伊16潜（岩瀬艇）、伊18潜（太田艇）、伊20潜（秋枝艇）がペナンへ、濠州方面の東方先遣支隊＝母艦「千代田」、伊21潜、伊29潜。甲標的搭載の伊22潜（松尾艇）、伊24潜（八巻艇）、伊27潜（中馬艇）、伊28潜（伴艇）がトラックへ進出する。しかし、ディエゴスアレス攻撃の伊18潜はインド洋で故障したため太田艇は攻撃不参加。また、シドニー攻撃の伊24潜が充電中に爆発事故が発生し八巻中尉が火傷、松本一曹が吹き飛ばされて行方不明となり攻撃不参加となった。さらに伊28潜は、トラック南方を水上航行中、米潜に撃沈されたため、同潜搭載予定の伴艇は急遽、伊24潜で出撃した。結局、5基10名がそれぞれの敵地へ突入し果てたのであった（上農達生）。

第二次攻撃隊「十四勇士」

前列＝艇長
後列＝艇付

岩瀬勝輔少尉
高田高三二曹

太田政春中尉
坪倉大盛喜一曹

松尾敬宇大尉
都竹正雄二曹

秋枝三郎大尉
竹本正巳一曹

中馬兼四大尉
大森　猛一曹

八巻悌次中尉
松本　静一曹

伴　勝久中尉
芦辺　守一曹

PHOTO DOCUMENT PART-7

酒巻艇の搭載糧食

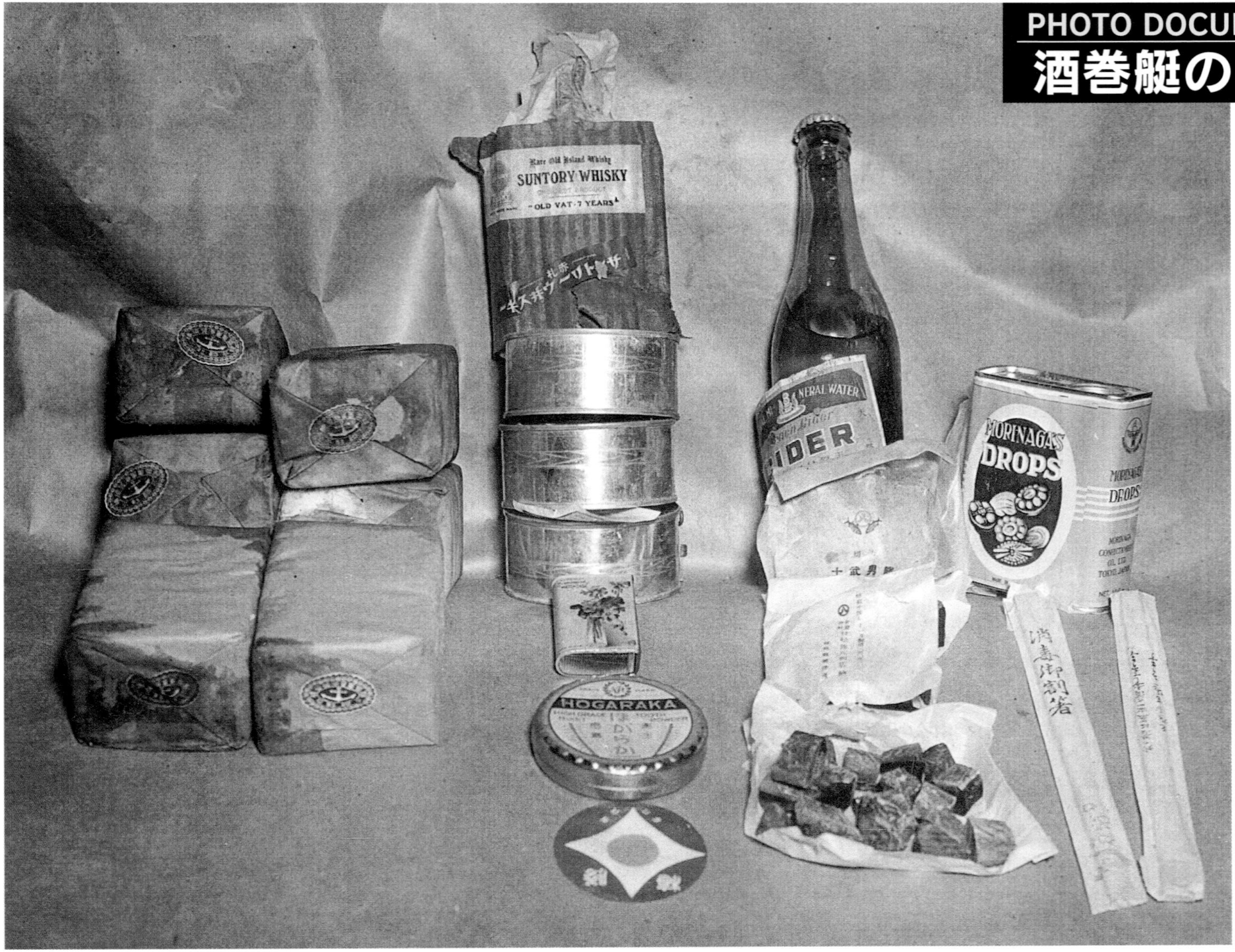

米海軍が「酒巻艇」の内部より押収した、艇内に残された搭載糧食の写真である。搭乗直前に母艦より渡されたと思われる「弁当」の容器が見当たらないことから、残留していた手つかずの「糧食」のみを写した写真であると推測される。

左より、紙で梱包された海軍のハードビスケット(重焼麺麭)タイプの「乾麺麭」６包と、気付け用のサントリーの「ウイスキー」があり、その手前には内容不明の缶詰３缶と「ＨＯＧＡＲＡＫＡ」と書かれている円形金属缶に納められたドロップ系列と思われる嗜好品がある。

右端には、ビン入りの「サイダー」と森永製菓製の「缶入ドロップ」のほかに「乾麺麭」の副食物である「乾燥肉」と思われる紙包み３包と「割箸」２組が並べられている。

平素より「哨戒艇」や「特務艇」といった厨房設備の貧弱な小艦艇で用いられる「乾麺麭」「缶詰（獣魚肉ないし味付獣魚肉）」を中心とした「非常準備食」と呼称されている糧食に加えて、高温多湿で「喫煙」が不可能な狭隘な艇内事情を考慮して、艇員が清涼感を味わうことのできる「ドロップ」系列の嗜好品が充実している点が興味深い。

（藤田昌雄）

ドキュメント “開発と実戦”

甲標的の開発と変遷

必死の魚雷2本を携える、水中速力18〜19ノットのミジェット・サブマリンのすべて。

文・作図＝奥本 剛

［上］大浦崎P基地で一等輸送艦からの発進テストのため進水台（発進用滑り架台）ごと吊り下げられた「甲標的甲型」第36号。
［左］瀬戸内海の訓練海域を航行する「甲標的丙型」。

第1章

特殊潜航艇の試作

必死兵器の「魚雷肉薄攻撃」構想を転換した日本初の小型・高速の潜航艇。

日本初の潜航艇開発へ

昭和六年一一月、この頃、日本独自の兵器・戦法を案出すべしという気運の高まりにより、艦政本部第一部第二課内外より様々な提案が出されることとなる。

その中の一つに予備海軍大佐・横尾敬義氏の「魚雷肉攻案」という案があった。魚雷を人間が抱いて必中を期するというこの案に、艦本第一部第二課の課員が非常に興味を示し、文献による魚雷肉攻の実例調査を開始したのである。

しかし、日本海軍では必死兵器の採用はしないという伝統があったため、いっそのこと、魚雷を搭載した潜航艇を人間が操縦し、安全圏内で魚雷を発射するという発想へ転換したのである。それは六年一一月末のことであった。

そして一二月一日、運命の歯車が回り出した。

艦政本部第一部第二課長に、第一水雷戦隊旗艦巡洋艦「川内」艦長を務めた岸本鹿子治大佐が着任したのである。

岸本大佐は艦本勤務が始まったその日から、懸案であった魚雷の航続距離増大に取り組むと同時に、潜航艇の開発に取りかかった。この二つの案を朝熊利英造兵中佐と相談し、朝熊中佐は潜航艇開発には乗り気ではなかったが、渋々引き受け基礎設計を始めたのである。

そして、一応の設計ができ上がった昭和七年六月、模型実験が航空廠の水槽実験室で行なわれた。

模型は一二メートルの模擬魚雷が用いられ、水深三・六メートル、速力七・六ノットと一二・六ノットで、第一日目は魚雷状のまま、第二日目は司令塔を付け、最終日は潜望鏡を付け実施された。

その結果、七・六ノットで潜望鏡の露頂部後部水面がいくぶんへこみ、水面下に若干の気泡が生じ、一二・六ノットになると気泡が大となり、それ以上高速となると潜望鏡前部の水面がふくれあがり気泡がますます大きくなって、潜望鏡後部には渦巻きが発生し飛沫を飛ばし、渦流が船殻沿いに勢いよく流れ、推進器に悪影響を与えることが判明したのである。

この実験結果を基に設計を練り直した朝熊中佐は、その設計書を岸本大佐へ提出した。岸本大佐がこの案を高崎武雄大佐に打ち明けると、普通の上申経路では途中で握りつぶされると感じた高崎大佐は、直接、軍令部総長・伏見宮博恭王元帥に直訴することを勧めた。

そして数日後、その会談は実現し、岸本大佐は伏見宮総長に以下の計画を説明したのである。

一、人間が乗り、速力三〇ノットで航続距離六万メートル程度。

・速力は艦隊決戦で使用するものとし、米戦艦速力の約二〇ノットに対し一・五倍の三〇ノットとする。

・射程は砲戦決戦距離を基にし、魚雷発射後は戦場にとどまり搭乗員のみを回収する。

二、原動機は二次電池を使用。

・当初、BY魚雷に使用された長崎製内火機関に着目したが、発火不完全のため見送ることとなる。

・次に高速ディーゼル機関を考えたが、ディーゼル機関の研究が不十分であり、完成まで時間を要するため見送ることとなる。

・最後に考えられたのが、魚雷の訓練用弾頭用電灯に用いた二次電池を基に、新たな電池を開発することであった。

・電動機は芝浦の某技師が、六〇〇馬力のものの製造に自信があることを確かめた。

A案　電池式。

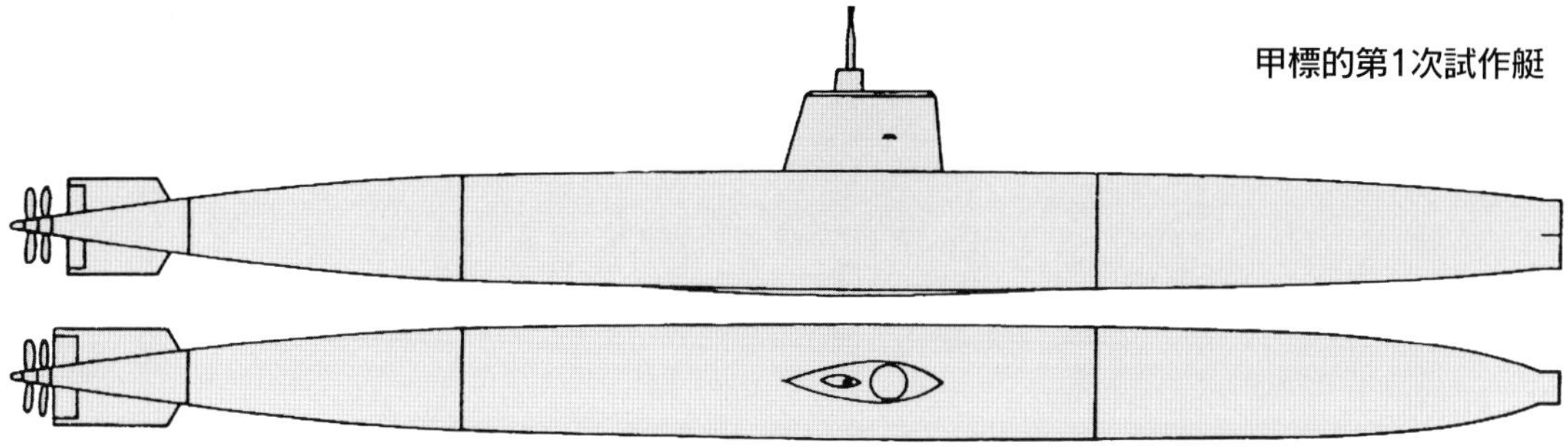

第1次試作艇では53.3センチ魚雷を採用した。魚雷の種類は「八九式魚雷」といわれているが、その長さは9.15メートルもあり、艇長の三分の一以上を発射管が占めることになるため、これを搭載したことには疑問が残る。電池は「九二式電池魚雷」のものを搭載した。

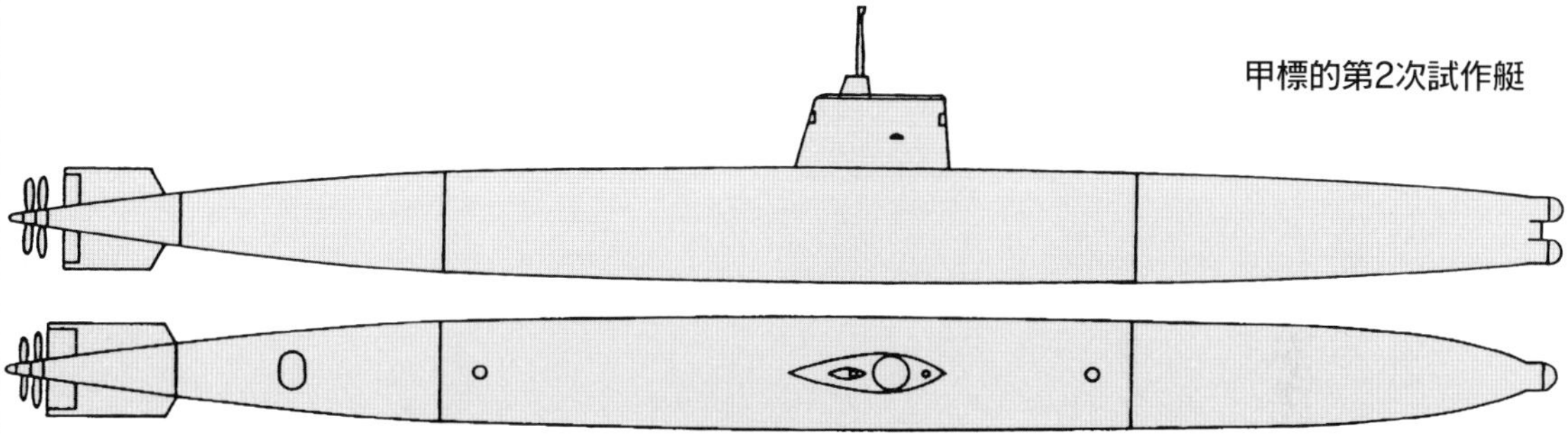

第2次試作艇では、「九七式酸素魚雷」が完成したため45センチ発射管が採用され、電池も新型の「特D型蓄電池」が間に合った。これが「甲型」として制式採用され、その後、53基が量産された。

B案　ディーゼル機関。

C案　電池・ディーゼル機関兼用。

電池を主として襲撃時二二ノット。五〇馬力のディーゼル機関を用い一二ノットで三〇〇海里の航続距離を持たせる（現在のディーゼル・エレクトリックとは違うようである）。

説明を聞いた伏見宮軍令部総長は、「ぶつかるのではないだろうね」と念を押されたため、岸本大佐は、「本兵器は決死的ではあるが収容法も考えてあり、決して必死隊ではない」と力説した。

当時、海軍の予算は困窮していたが、岡田啓介海軍大臣は、岸本大佐からA案の二次電池だけの潜航艇なら一隻一五万円程度でできそうだと聞くと、その製作を即断した。

この報告を聞いた朝熊中佐は驚き、岸本大佐の話を信じようとはしなかったという。

開発スタッフに次の顔触れが決まった。

委員長　岸本鹿子治大佐
航海　山田幸五郎造兵大佐
電池　名和武造船中佐
水雷　朝熊利英造船中佐
電動機　山田清機関中佐
造船　片山有樹造船中佐
助手　丸石山三技師、石井欣之助技師、楠厚技手

スタッフがそろったところで、基本構想と作戦上の使用法について説明会を開いたが、その内容は伏見宮軍令部総長へ説明したときと同じであった。

事は秘匿を要するので限られた人数で進められ、名称も「対潜爆撃標的」とし周囲の目をごまかしつつ、設計作業を進めていった。

その設計はわずか三か月で終了し、呉海軍工廠魚雷実験部に試作製造が命じられた。技術的先例がないこの潜航艇の開発には難問が続出した。その一例が大出力小型蓄電池、そしてもう一つが水素ガス吸入装置であるが、それぞれ特B型蓄電池、パラジウム触媒を利用した吸入装置の開発によって、課題は順調にクリアされていったのである。

第一次試作艇の誕生

そして、第一次試作艇が完成し耐圧試験が広島県尾道市沖で行なわれたが、なんと水深一〇〇メートルで魚雷発射管室内の浮力タンクが圧壊してしまい、中の機器がめちゃくちゃに損傷してしまった。

昭和八年六月頃には通風、密閉、汚水ポンプの陸上試験が開始された。これらの試験は、呉海軍工廠の奥まったところにある魚雷実験部機密工場で行なわれた。

①水素ガス吸入装置試験

・一五分間ごと五回にわたって給気筒下部の操縦室内、排気通風機の吸入口、給気筒上部風量の測定。

・五〇分ごと四回にわたって、炭酸ガスの発生量の測定。

②汚水ポンプ試験

・前、中、後の調整タンクのモーター回転数別の吸入量の測定。

次に機密工場西海岸で重心・動揺試験が行なわれた。艇を海面すれすれの状態にし、船体中心より浮心までの距離、重心までの距離が測定され安定度が確かめられた。その日の午後は動揺試験が行なわれ、浮標に露出状態で係留された艇体を二名の工廠員の体重で揺らし、動揺最大角度と動揺周期が測定された。

その次は無人海上航走試験だが、まず初歩的な試験を呉港内の人目につかないところで行ない、本格的な試験を屋代島～佐田岬間の海上で行なった。

この無人海上航走試験中にハプニングが発生した。

艇はまっすぐ海水浴場へ向け全速で突っ走っていく。このままでは多くの犠牲者が出ると皆が心配していたところ、上空にいた水上機が海水浴場の端に着水しパイロットが飛行機の説明を始めたのである。海水浴客はすべて飛行機に集まり、大惨事は避けられた。

本格的試験とは、屋代島から佐田岬に向け全力走行させ、二分の一射程で一八〇度反転し再び屋代島へ戻ってくるというもので、どのくらいの速力が出るかが目的である。

その結果は最高速力二四・八五ノットを記録した。しかし、実験中に呉海軍工廠長が「電池が途中で故障してくれんかね」といったという逸話があることから、本艇の開発に関して、上層部はあまり歓迎していなかったのではないかとも推察される。

昭和八年一〇月三日、いよいよ有人航走試験が山口県岩国市と甲島間の海域で開始された。加藤良之助少佐と原田新機関中尉が搭乗し、瀬戸内海の甲島付近の海上で行なわれた。

次に高知県の宿毛湾外に試験場を移し外洋実験が行なわれたが、艇体が小さいこともあってうねりの影響を受けやすく、うねり対策と航続距離の改善が課題とされた。

これをもって、第一次試作艇の実験は終了し、呉海軍工廠魚雷実験部に厳重に保管された。この実験期間中、潜航艇は機密保持のため「A標的」と呼ばれた。

第二次試作・実験の再開

第一次試作艇の実験を終了してから三年八か月が経過した。当時、国際情勢はますます緊迫の度合いを深めていた。海軍では対米九段漸減邀撃（ようげき）作戦を練っていたのであるが、その一端として主力艦同士の艦隊決戦直前に「特殊潜航艇」を集中使用し、多数の魚雷で敵艦隊に打撃を与える構想を検討していた。

このため、呉海軍工廠に二基の改良試作艇の製造を命じ、至急有人実験を行なうことになったのである。

当初の工程表の概要は以下のようなものであった。

一、製造場所は呉海軍工廠とする。

二、主要兵器、機械等の整備完了期間は昭和一五年三月末とする。

三、完成予定期間は訓令完成期に合わせ昭和一五年一一月末とする。

四、実験完了予定期間は昭和一五年一一月末を目途（めど）とする。

しかし、工程表は三か月に短縮され、以下のように変更された。

一、第一次試作艇と大きさの異なる船殻、魚雷発射管、縦舵機、電池は昭和一四年一二月末までに完成する。ただし、無線兵器のみは一五年六月末とする。

昭和14～15年、上海での「千代田」。水上機母艦として南支方面で行動していたころの姿である。

オーストラリアの戦争記念館に展示されていたシドニー湾攻撃に参加した「甲標的甲型（特型格納筒改一）」。

二、工事短縮のため、右以外の部品、機械類は第一次試作艇のものを活用する。

三、組立完成は昭和一五年四月末を目途とする。

この改造計画は昭和一三年八月に着工され、一四年七月一七日製造訓令発布、一五年四月に一号艇が、六月に二号艇が完成し、ただちに陸上各種試験が開始された。試験日程は以下のとおりである。

①艇内通風試験　五月五日
②短波無線檣上下試験　五月一〇日
③長時間密閉試験　五月一一日
④汚水ポンプ試験　五月一一～一二日
⑤重心試験　五月一一日（一号艇）、六月二九日（二号艇）
⑥旋回試験　六月五日
⑦速力試験　六月六日

有人性能試験は、関戸好密大尉と堀俊雄機関中尉が搭乗し行なわれた。その結果、第一次試作艇と同様、うねりの影響を受けやすいため、外洋での使用はおのずから制限があり、制式採用の可否は母艦となる「千代田」からの発進実験結果待ちとなった。

甲標的搭載艦「千代田」型は、表向きは水上機母艦として、いざとなれば空母に改造できるように考えられた特殊な艦であった。

水上機母艦とする場合を「第一状態」、甲標的搭載発進艦とする場合を「第二状態」として設計されており、計画時から甲標的一二基の搭載が予定され、その半数を一五分で発進できるよう要求されていた。

「千代田」型二番艦の「千歳」のほか、「日進」「瑞穂」が水上機母艦を装った甲標的搭載艦として建造されたが、甲標的搭載艦設備工事を行なったのは「千代田」「千歳」「日進」の三隻で「瑞穂」は改装されることはなかった。

なお、これらの艦のうち「日進」だけは建造工事中に訓令が出て、最初から甲標的母艦として竣工している。

昭和一五年五月、いよいよ運命の発進実験が開始された。まず無人発進実験が行なわれ、続いて関戸大尉と堀機関中尉が搭乗する有人発進実験が各種速力で行なわれた。

その結果、発進時の母艦の速力が速いほど母艦から進水時の潜航艇の仰角が少なくなり発進にも有利と認められ、二〇ノットでも異常なく発進し、実験は無事終了した。潜航艇は低速発進よりも高速発進のほうが着水時の衝撃、傾斜とも少なかった。

次に豊後水道南方で目標艦に対する襲撃訓練が実施された。当日の海上の状態は波高三メートルでピッチング、ローリングとも激しかったが、相当悪天候で波高が高いときでも襲撃は可能なことが立証された。

しかし、実験を終えて曳船（ひきぶね）に横付けしたとき、ダミー魚雷一本が三分の一ほど艇首から出た状態で発射筒に残留していることが分かり、魚雷発射は失敗に終わった。

この実験で「特殊潜航艇」の最大の敵は海面のうねりであることが判明した。潜望鏡観測時に潜望鏡深度で低速航進にするとセイル（司令塔）が海上に露出してしまい、隠密性を失ってしまうのである。

これを防ぐには、発進前に指揮官が襲撃目標を示し、高速で襲撃するしかなかった。つまり、通常の潜水艦と同様の襲撃は無理であるということが認識されたのである。

実験期間中は、機密保持のためこの潜航艇を「TB模型」とか「改良対潜爆撃標的」と呼んでいた。しかし、この「改良対潜爆撃標的」という名が航空隊関係者の耳に入り、そんなにいい標的があるならぜひ貸してくれといわれ、関係者が大変困ったというこぼれ話が残されている。

第2章

制式採用と実戦投入

真珠湾、シドニー湾、ディエゴスアレス湾攻撃に使用された甲型“特型格納筒”。

「甲標的」制式採用される

第二次試作艇の実験の二か月後の昭和一五年一〇月一〇日、制式採用前に一〇基分（第三号艇～第一二号艇）の製造訓令が出され母艦一隻搭載分の一二基をそろえることになったが、すぐに母艦二隻分の二四基に増やされた。

その一か月後の一一月一五日、ついに、この潜航艇は兵器として制式採用され「甲標的」と命名された。

しかし、いざ「甲標的」を量産しようとなったとき、呉海軍工廠では戦艦「大和」の建造に全力を注いでいる最中であった。「甲標的」を計画どおり量産すれば「大和」の完成が四か月も遅れてしまう。しかし、「甲標的」のほうも一刻も早く量産しなければならない。このため、丸石技師が提案した〝離れ小島量産案〟が採用され、烏小島の水雷部軍機工場で量産が行なわれることになったのである。

また、「甲標的」の制式採用日と同日の一一月一五日付で搭乗員養成の第一期講習が発令され、さらに同日付で最初の搭乗員として岩佐直治中尉（第一期艇長）と秋枝三郎少尉らが「千代田」乗組を命ぜられ着任。呉海軍工廠魚雷実験部の一室で座学と加藤良之介中佐による操縦訓練が始まった。

昭和一六年一月一〇日には、「第二状態」の改装工事を終えた甲標的母艦「千代田」が艦隊に編入された。艦長の原田覚大佐（後に中将）は「甲標的」の実験、同搭乗員の訓練育成に多大な貢献を果たした人である。

そして、母艦「千代田」の編入直後の一月中旬からは、原田艦長の指揮の下、第一期講習員たちには発進訓練も加わり、昼夜を問わない猛訓練が開始されたのだった。

さらに一六年四月には、第二期講習が発布され、士官一〇名、下士官一二名が「千代田」に着任してきた。これから呉海軍航空隊沖合の烏小島を基地とし、座学と机上襲撃演習が呉海軍工廠魚雷実験部機密室および呉海軍潜水学校で行なわれることとなる。

五月からは呉工廠の曳船「呉丸」による操縦訓練、それが終わると中旬から「甲標的」による本格的訓練（操縦、魚雷発射、母艦発進）が愛媛県三机湾で始まった。その訓練内容は以下のもので、これを二〇日間実施した。

第一回目　基礎操縦、航法、実習
第二回目　静時襲撃訓練
第三回目　動時襲撃訓練

しかし、こうしている間にも世界情勢は悪化の一途をたどり、ついに同盟国のドイツ、イタリアがイギリス、フランスと開戦、第二次世界大戦が勃発した。アメリカ、イギリス両国も日本の資産凍結、さらにアメリカは対日石油全面禁輸に踏み切り、開戦は秒読みとなった。

一六年八月一八日の第二期講習では最後の総合演習を行ない、ほとんどの艇が目標艦「千代田」に訓練魚雷を命中させ、五か月にわたる第二期講習を終えたのである。

しかし、講習が終了しても研究討論会は続けられ、各搭乗員は「甲標的」の効果的用法を真剣に討論し、ついには〝軍港奇襲〟という結論に達したのであった。こうしてまとめられた「港湾襲撃案」を加藤良之介中佐に上告したが、その決定が出るまでは洋上襲撃訓練を繰り返すしかなかった。

一六年九月初旬、「甲標的」の収容時に、従来のように人間が海中に入らず吊り輪を掛けて揚収することに成功した。それを視察に来た有泉竜之介中佐に、原田「千代田」艦長は「甲標的港湾襲撃案」を示し協力を求め、有泉中佐もこれを了承したのである。

昭和一六年一〇月四日、連合艦隊旗艦・戦艦「陸奥」艦上で対米作戦の最

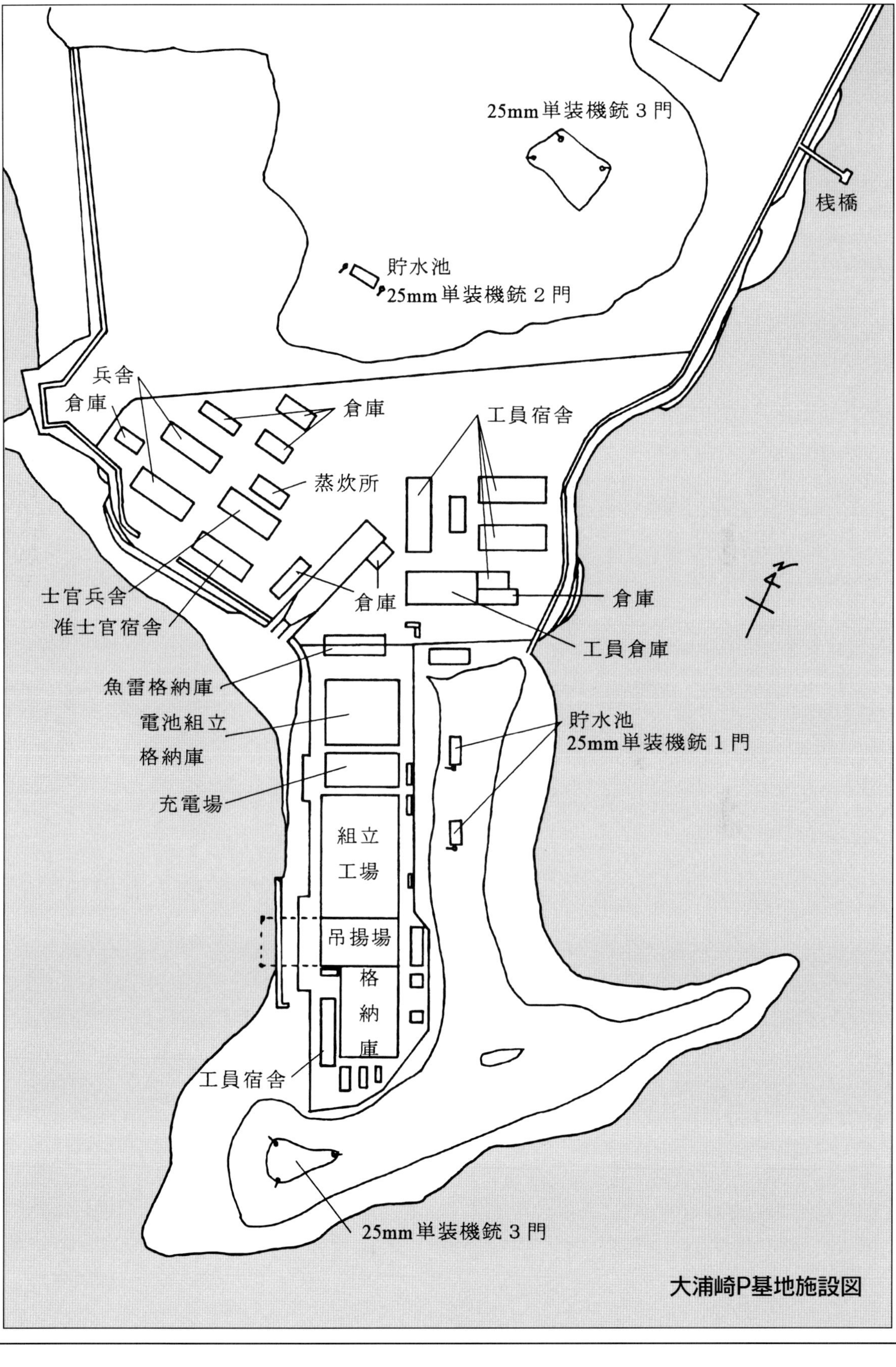
25mm単装機銃３門
桟橋
貯水池
25mm単装機銃２門
兵舎
倉庫
倉庫
工員宿舎
蒸炊所
士官兵舎
准士官宿舎
倉庫
倉庫
工員倉庫
魚雷格納庫
電池組立
格納庫
貯水池
25mm単装機銃１門
充電場
組立
工場
吊揚場
格
納
庫
工員宿舎
25mm単装機銃３門
大浦崎P基地施設図

終図上演習が行なわれた。そこで山本五十六長官に呼び出された原田「千代田」艦長が、「甲標的」による港湾襲撃は艇長の発案であることを告げると、山本長官は真珠湾潜入の可能性、収容法に伴う改造要点を至急調査するよういい渡した。

原田艦長はただちに「千代田」に帰艦し、岩佐直治中佐と松尾敬宇中佐を呼び要点をまとめさせ、翌日、岩佐中佐を帯同して「陸奥」に出向き山本長官に報告したのである。これにより真珠湾攻撃に「甲標的」を使用することが承認されたが、すでにこのとき「甲標的」搭乗員は、宿毛湾北方の平城湾で主に夜間停泊艦攻撃訓練を行なっていた。

一六年一〇月一一日からの三日間、「陸奥」と交代して連合艦隊旗艦となっていた戦艦「長門」艦上で、真珠湾攻撃の図上演習が行なわれた。

そして、図演最終日の一三日に、奇襲が察知される可能性が大であるとして猛反対する航空隊側を抑え、「甲標的」の真珠湾攻撃参加が決定したと伝えられる。

専用基地「P基地」の新設

「甲標的」の制式採用と量産に伴い、量産工場、整備工場、訓練基地を兼ね合わせ、また呉海軍工廠に近いという立地条件を満たした、倉橋島の広湾に面した大浦崎に基地が新設された。この「P基地」という名称の基地は軍機中の軍機で、限られた者しか行くことができなかった。

この「P基地」は南から「甲標的」格納庫、吊揚場、組立工場、充電場、電池組立工場兼格納庫が並び、その北の広くなった所には搭乗員、工員宿舎が建ち並んでいた。その南北には基地を挟むように、標高約四〇メートルの小山があり、その頂上に対空用の二五ミリ機銃が設置されていた。

「甲標的」の量産は、第二〇号艇まで鳥小島の水雷部軍機工場で行ない、それ以降は「P基地」で行なうことになっていたが、実際に「P基地」で量産が始まったのは一七年秋になってからであった。

「P基地」では、搭乗員教育も同時に行なわれており、目の前の大浦湾、広湾、猫瀬の瀬戸で操縦訓練が繰り返されていた。大浦崎南方の亀ヶ首射場が含まれる大迫地区には、水陸両用戦車「特二式内火艇」の「Q基地」が新設されるなど、この倉橋島東部一帯は海軍の秘密基地となったのである。

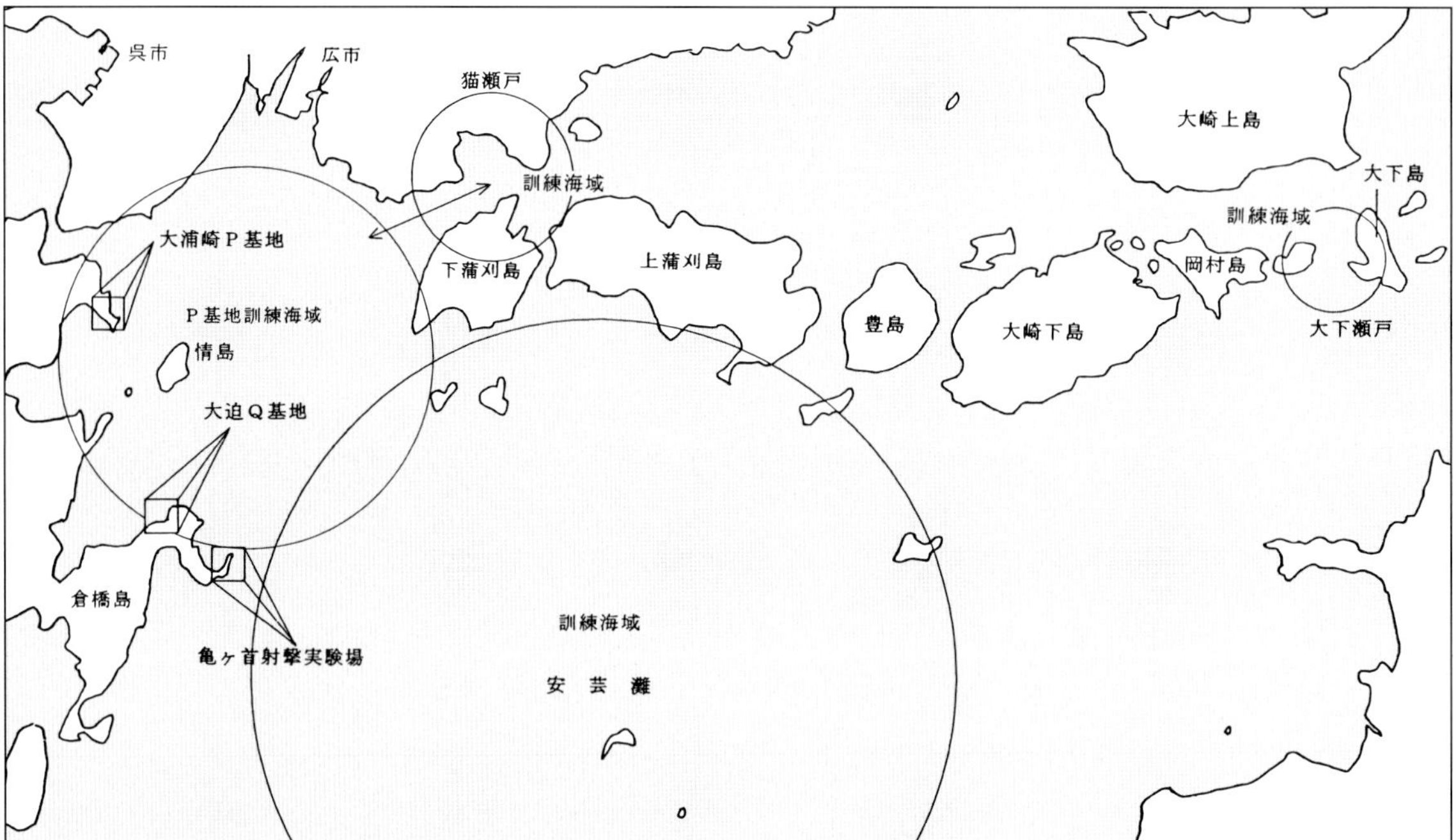

訓練基地と訓練海域

各種「金物」（秘密兵器の秘匿呼称）の開発と搭乗員訓練に大忙しの「P基地」に大きな変化が起こった。

昭和一九年七月、今まで影の部隊として活躍を続けていた"特潜部隊"が、「第一特別基地隊」として改編され、ついに表舞台へ出てきたのである。

この理由は、特攻作戦が開始されたレイテ沖海戦で連合艦隊の水上艦部隊が壊滅したために、特潜部隊は主力部隊として整備され本土決戦用に温存されることになったからである。

ただし、沖縄だけは例外で、完成したばかりで制式兵器に制定以前の「甲標的丁型」（蛟龍）が配備され、沖縄決戦に投入されている。しかし、戦闘には参加したものの、その真価を発揮することはできずにほとんどが沈められてしまった。

「甲標的甲型」

最初の量産型である「甲型」について概説してみたい。

機動力

「甲型」の動力は蓄電池とモーターである。充電器は搭載していないため、母艦および基地で充電した電流がすべての性能を左右する。

速力は最高一九ノットから最低四ノットまで、蓄電池ラックの連結を変えることによって（並列、直列）変速でき、航続距離は九ノットで一五・八海里、約二九・二六キロ。六ノットで八四海里、約一五五・六キロ。また、一九ノットでは五〇分間といわれる。

ハワイ作戦に参加した「甲型」は、長時間低速で港内を動き回ることを要求されたため、前部電池室の蓄電池数を四分の一降ろして気蓄器を増設した。そのため最高速力は一六ノットに低下した。

シドニーとディエゴスアレスに潜入した「甲型」は、空圧式縦舵機を油圧縦舵機に交換したおかげで気蓄器の増設は行なわれなかったものの、母潜水艦が潜航したまま「甲標的」に乗り移れるように下部ハッチを新設する代償に蓄電池を一六個降ろしていることから、最高速力はいくぶん低下したものと思われる。

ところで、潜水艦搭載の"ハワイ作戦仕様"の「甲標的」は、改装工事のとき以来、機密保持のため「特型格納筒」と呼ぶことになり、略して「筒」ともいった。一方、"シドニー、ディエゴスアレス攻撃仕様"は「特型格納筒改一」と称した。

また、「甲標的」も「標的」と略称し

外地の甲標的基地

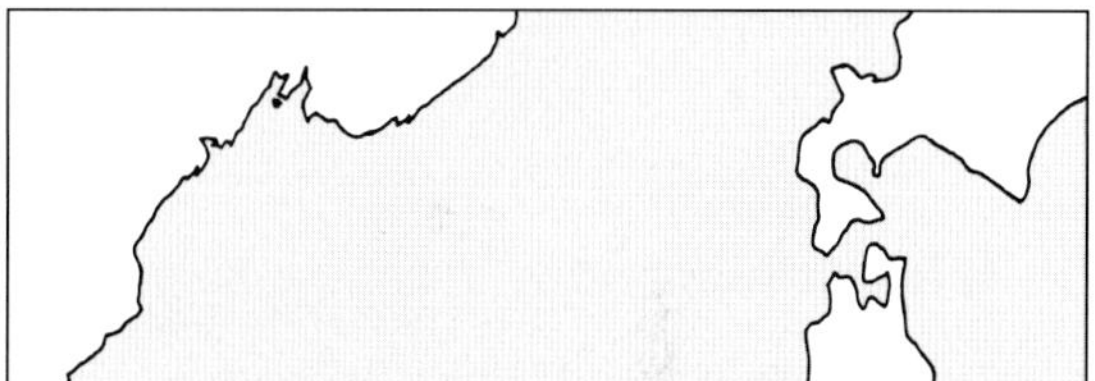

国内の甲標的基地

甲標的「特型格納筒」

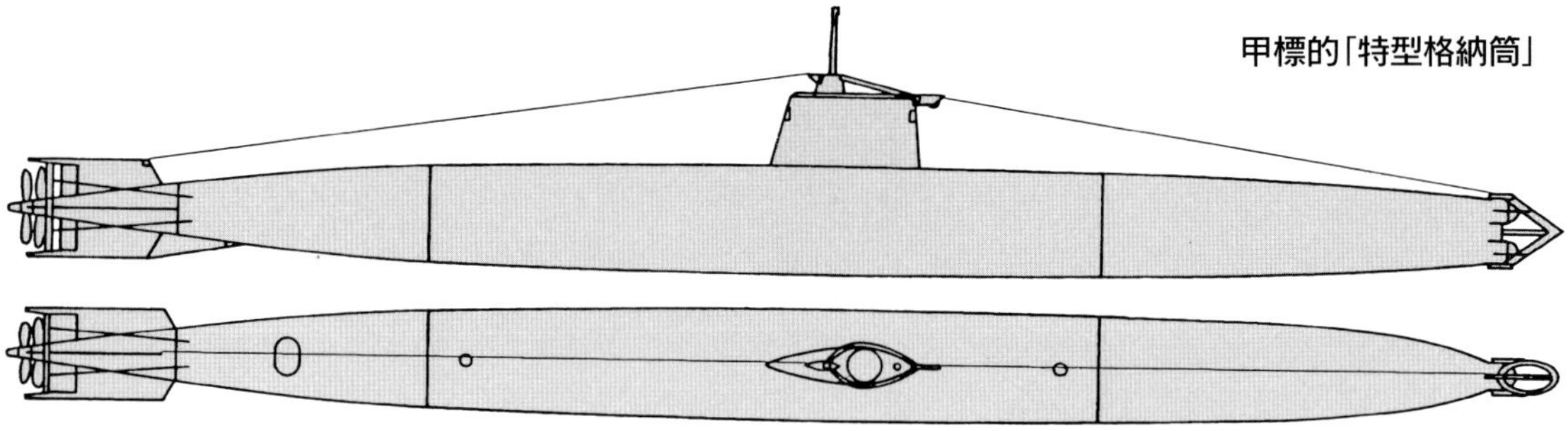

甲型の潜水艦搭載型は「特型格納筒」（真珠湾攻撃型）と秘匿呼称された。図はその真珠湾攻撃に参加したもので、通常の甲型に対して特Ｄ型蓄電池25個を陸揚げして操舵用気蓄器４本を増加し、防潜網の接断器と保護索を装備した。

甲標的「特型格納筒改一」

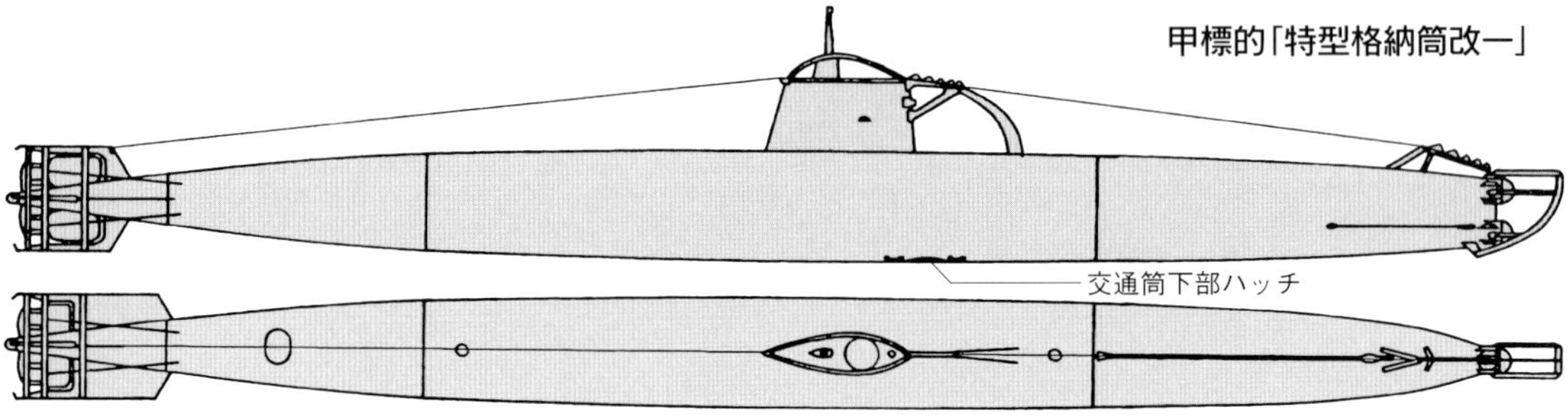

真珠湾攻撃後、８基の甲標的が、潜航中の母潜水艦から移乗できる交通筒の新設、油圧操舵機への変更、新型防潜網接断器への換装を受け、シドニー、ディエゴスアレス攻撃用に準備された。

甲標的甲型練習艇

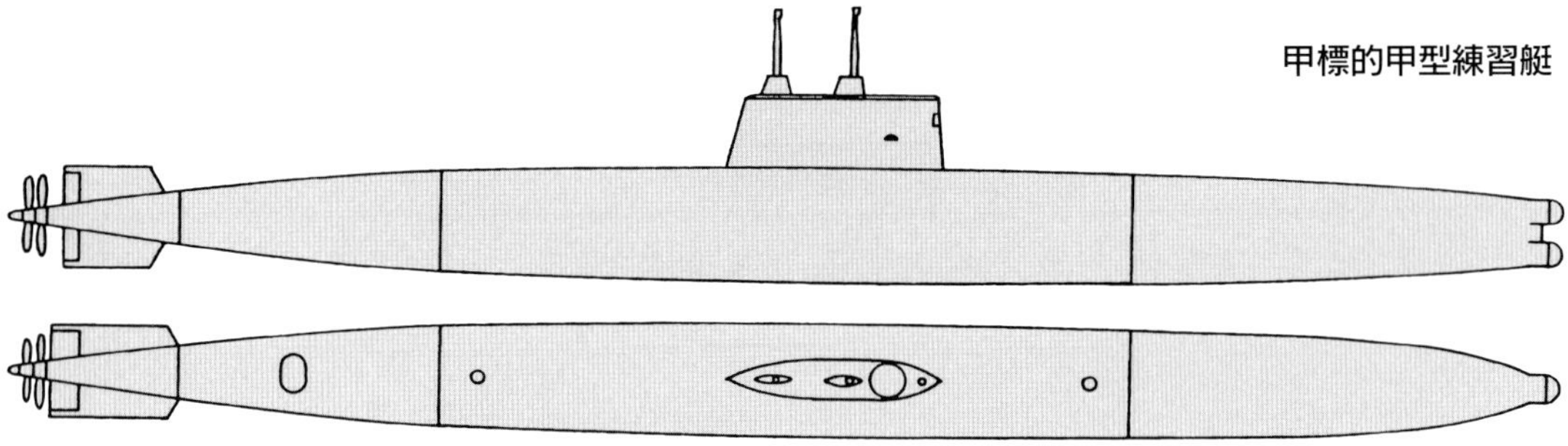

搭乗員の教育用に二人乗りに改造されたものが甲標的練習艇（練習的）である。後部電池を全廃し操縦室をもう一つ設け、そこで教官が特眼鏡を握り、訓練生が前部操縦室で操縦を行なう。さらに、旧後部電池室は交代訓練生の待機室にもあてられており、訓練が一通り終わると、前部操縦室の訓練生と交代して訓練を開始する。

たり、たんに「的」と呼ぶことが多かった。

旋回能力

「甲型」の操舵機は、当初は空圧式操舵機で舵面積も小さかったため、旋回圏は最高四五〇メートルにも達した。

そして真珠湾攻撃時、操舵空気を増やさないと作戦が実施できないために蓄電池二五個を取り除き、操舵用気蓄器が増設されたため、最高速力が低下してしまったのである。

その対策として、速力の低下防止とともに旋回能力改善として油圧操舵機が採用され、舵面積も倍以上に拡大した結果、旋回圏は六割程度まで小さくできたが、それでも入り組んだ港湾襲撃には向かなかった。

しかし、シドニーおよびディエゴスアレス攻撃参加艇は油圧操舵機に変えて出撃し、残存艇も次第に油圧操舵機に変えられていった。ガダルカナル作戦時には空圧式、油圧式の両方の艇が作戦に従事している。

潜水艦への搭載

「甲標的」がハワイ作戦に参加することが決定したのは、昭和一六年一〇月一三日、それに関する正式の発令は一〇月一九日であった。

ハワイ・オアフ島真珠湾という米太平洋艦隊の一大根拠地の軍港であることと作戦実施の様々な要素から、搭載母艦は「千代田」ではなく、後部上甲板に空きスペースのある大型潜水艦である「丙型潜水艦（伊一六潜型）」と決まった。

これに伴い「甲標的」には様々な緊急改装工事が実施されている。

①艇首に防潜網切断の網切器を装備。
②網切器とセイル（司令塔）間にジャンピング・ワイヤー（保護索）を装備。
③艇尾にプロペラ・ガード追加。
④潜航時間の延伸対策。前述のように蓄電池の一部を降ろし気畜器を増設。
⑤母潜水艦と「甲標的」との連絡電話の新設。
⑥機密兵器であるため万一に備えての自爆装置の新設。

また、母潜水艦には、後部上甲板に「甲標的」搭載架台と固縛バンドが新設されている。

なお、ハワイ作戦時には、まだ交通筒は設置されず、母潜水艦から「甲標的」への移乗には、いったん母潜水艦が浮上してから搭乗員が艇に乗り込まなければならなかったが、それでは敵に発見される危険が大きいため、シドニーおよびディエゴスアレス攻撃を前にして交通筒が新設され、「甲標的」にも下部ハッチが新設された。

母潜水艦への「甲標的」の搭載は、上甲板上の四つの架台に載せられる。固縛バンドは、潜水艦の中からハンドルを回せば外せるようになっており、離脱には第一、四固縛バンドを発進用意で外し、発進で第二、三固縛バンドを外す手順であった。

これらの諸工事は、一〇月一九日発令後、搭載・発進実験を含む完成期日が一一月一〇日という、わずか二〇日間の超特急で実施された。

搭乗員教育

「甲標的甲型」の搭乗員は、どういう基準で選抜されたのかは不明だが、少数精鋭で教育された。「甲標的」の量産基数に合わせたように人選された人数の搭乗員が着任し、講習が開始された。

その訓練は、まず「甲標的」の構造、航法、操縦法などの座学、次に船による操舵訓練を経て、「甲標的」を使っての初期操舵訓練、そして徐々に練度を上げていき本格的操舵訓練、静時襲撃訓練、母艦発進が行なわれ、最後に動時襲撃訓練、総合襲撃訓練が行なわれ

巡潜丙型（伊16型）の1番艦「伊16潜水艦」。乙型の航空兵装を廃止し雷装を強化したタイプ。後甲板に兵装等がないため「甲標的」の母艦に選ばれた。

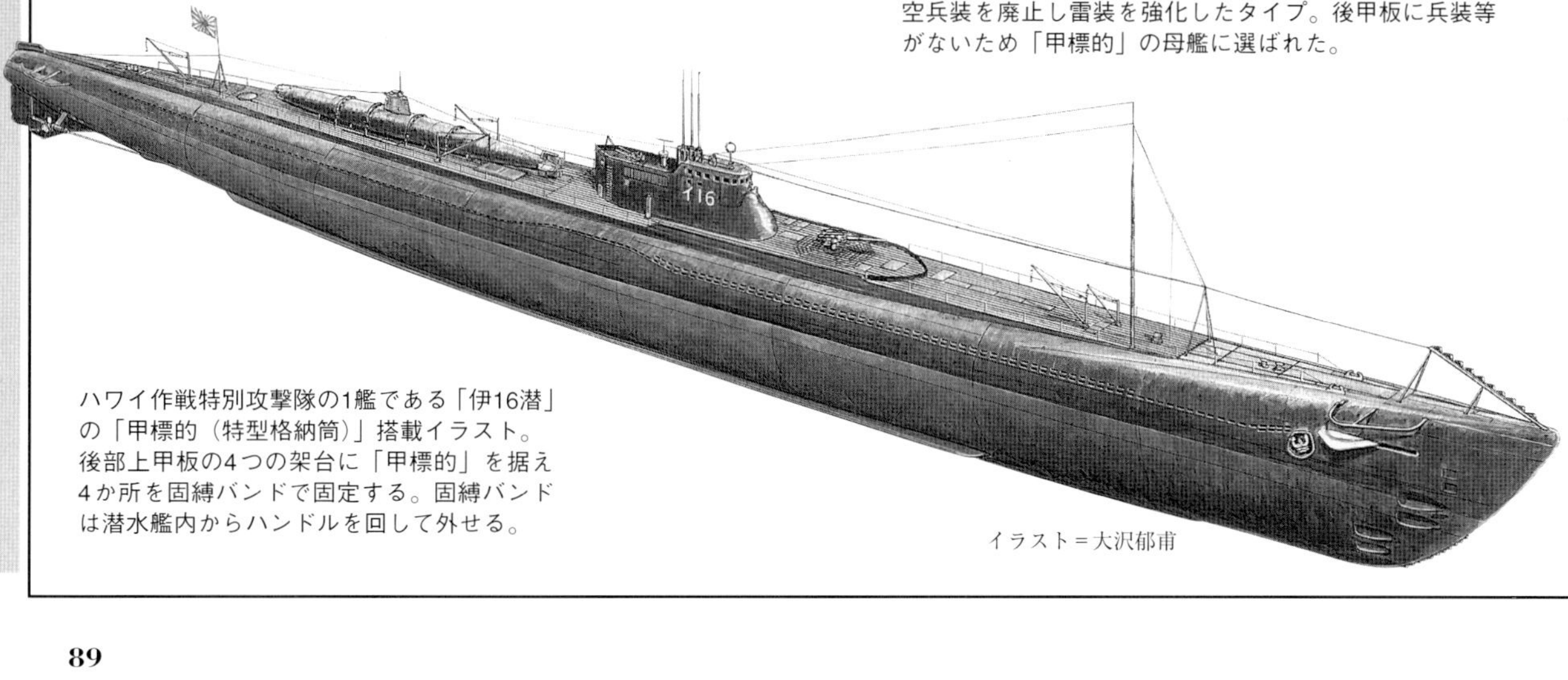

ハワイ作戦特別攻撃隊の1艦である「伊16潜」の「甲標的（特型格納筒）」搭載イラスト。後部上甲板の4つの架台に「甲標的」を据え4か所を固縛バンドで固定する。固縛バンドは潜水艦内からハンドルを回して外せる。

イラスト＝大沢郁甫

講習は終了するのである。

ちなみに訓練場所は、愛媛県三机を基地とする宿毛湾内と広島県倉橋島大浦崎「P基地」沖の猫瀬戸である。

「甲型」の戦闘力

「甲型」には当初「九七式酸素魚雷」が用意されたが、生産数が三〇本と少なく整備も専用の工場が必要であり使用に障害が多かったためか、通常型の「二式魚雷」が開発された。いつから「二式魚雷」が使用され始めたかは不明である。しかし、九七式から二式に変えられたことで、射程が二〇〇〇メートルも短くなった。

「甲型」の魚雷発射管は、圧縮空気で魚雷を押し出す他の潜水艦の発射管と同様である。

そのため、艇体が小さく軽い「甲標的」は、発射管に急激な浮力が発生する関係で発射時に艇首が浮き上がってしまうのである。さらに発射後、空気が抜け海水が入ることでピッチングが起こり、次発にはこのピッチングが収まるまで約三〇秒待たなければならなかった。

しかも、このことは「甲標的」の隠密性に重大な影響を与えた。魚雷を発射するたびに艇首が浮き上がるため、敵に発見される可能性が非常に大きくなるのである。

「甲標的」の戦い

「甲標的」の初陣はいうまでもなくハワイ作戦である。この真珠湾潜入攻撃作戦の詳細に関しては、本誌の原勝洋氏、葭英夫氏の刮目（かつもく）に値する寄稿に譲らなければならないが、一点だけ触れておきたいことがある。

それは、空母飛行機隊によるフォード島への投弾で始まったとされる攻撃開始時刻に先立つこと約四時間前に、真珠湾口を哨戒中の「ワード」（旧式駆逐艦「ウイックス」級）が発見した「甲標的」に対する発砲によって、戦いの火蓋が切られていたことである。

「ワード」に撃たれた「甲標的」は、五基のうち三番目に「伊一八潜」から発進した古野艇と比定され、このとき撃沈されたことになっているが、最近実施された海底探査では艇体はおろか部品すら発見されなかったという。爆発して木端みじんとなり、六〇年近い歳月の間に腐食して形がなくなったのか、それとも、このときは難を逃れたものの別の場所に沈んでしまったのか、未だに消息は謎に包まれている。

さて、早くも真珠湾攻撃の翌日からシドニーとディエゴスアレスへの第二次攻撃隊が検討され始めた。

翌一七年には、この攻撃に参加する「甲標的」九基が空圧式縦舵機から油圧式へ改良され、下部ハッチと水中聴音機を追加し、さらに新型防潜網切断器が新設されている。

一七年四月一六日、第二次神亀隊を搭載した甲標的母艦の「日進」が日本の潜水艦根拠地ペナンへ、「千代田」がトラックへ向け出撃した。

四月三〇日、アフリカ大陸東岸沖の野生動物の宝庫として知られるマダガスカル島のイギリス艦隊根拠地ディエゴスアレスへ向け、「甲標的」を搭載した「伊一六潜・一八潜・二〇潜」がペナンを出撃。五月三〇日、シドニー攻撃に向け「甲標的」を搭載した「伊二二潜、二四潜、二七潜」が出撃した。

しかし、シドニー攻撃隊の「伊二四潜」搭載の「甲標的」が電池爆発を起こしたため、急遽「伊二八潜」搭載のものと交換して出撃している。

一七年五月三一日の同じ日に、ディエゴスアレス攻撃隊とシドニー攻撃隊の「甲標的」は母艦を発進した。

この攻撃により、ディエゴスアレスでは戦艦「ラミリーズ」を大破、タンカー「ブリティッシュ・ロイヤルティ」を撃沈、シドニーでは宿泊船「クタバル」を撃沈する戦果をあげた。

しかし、真珠湾攻撃と同様、またも生還した搭乗員は皆無であった。

二度にわたる作戦で生還者なしという結果は関係者を相当落胆させ、「甲標的」を破棄するかどうかにまで話し合いが及んだといわれている。

しかし、ディエゴスアレスでは秋枝大尉と竹本一曹のペアが湾内脱出後、艇が故障したのかノシアレス島へ座礁させ島へ上陸。その後、マダガスカル島へ上陸し徒歩で収容点を目指したのである。

ところが、島民に発見されイギリス軍が後を追うこととなり、ついにアノボンドレナという場所で発見されてしまう。イギリス軍は降伏を促したが、二人はそれをよしとせず応戦し射殺されてしまったのである。遺体はその場に埋葬され、現在では慰霊碑がマダガスカル駐在日本大使館により建てられている。

生還者なしという事実は、洋上で高速を生かし接敵・攻撃するため操縦性能を犠牲にした設計の「甲標的」を、港湾襲撃に使うこと自体に無理があったことを示しているだろう。

真珠湾に潜入した「甲標的」は空圧

式縦舵機で旋回径が四五〇メートルに達し、シドニー、ディエゴスアレス潜入の「甲標的」は油圧式縦舵機に改良されてはいたが、それでも旋回径は三〇〇メートルであった。

この要因は、スクリュープロペラよりも舵が前にあるためである。このように旋回能力の低い艇を狭く入り組んだ港湾攻撃に使用した、作戦指導者に問題があったといわざるを得ない。

キスカ島撤退時に破壊処分された「甲標的」。写真は昭和18年８月23日に米軍が調査中の模様である。

「甲標的」初の生還を果たす

太平洋戦争のターニングポイントといわれるミッドウェー海戦で日本は主力空母四隻を失い、アメリカはガダルカナル島上陸で反抗の狼煙（のろし）を上げた。ガ島に上陸したアメリカ軍がルンガ岬に次々と物資の陸揚げを開始。これを阻止するため「甲標的」を投入することになった。

その先駆けとして、一七年一一月七日に「甲標的」一一号艇が「伊二〇潜」より発進し、揚陸作業中の輸送艦「マジャバ」に魚雷を命中させ、国弘信治中尉と井上五郎一曹は生還した。これは甲標的作戦を通じて初めての生還者であった。

その後、七基が発進し輸送艦と駆逐艦各一隻を撃破し、四基の搭乗員が生還した。

島に囲まれ高い波もうねりも少ない海域での「甲標的」使用は理想的ではあったが、一二月一三日の「甲標的」二二号艇を最後に攻撃は打ち切られたのだった。

キスカ甲標的隊、自然には勝てず

キスカ島占領後、配備された「甲標的」六基は北洋の悪天候に悩まされ続けていた。

一八年四月に入ると新たな部隊要員と交代したが、このときすでに二八号艇が悪天候により浸水、浮標係留のまま沈没し、三一、三三号艇は浸水により絶縁不良、二九、三二、三四号艇は使用不能状態であった。基地から「甲標的」を揚陸するスロープも悪天候により砂で埋まり、除砂作業に明け暮れる毎日であった。

新たな隊員が着任早々、吹雪となり浮標係留の三一、三三号艇の係留索が切断し、翌朝座礁しているのが見つかった。しかも、艇体前半分が砂に埋まっている状態だったため引き揚げは断念された。

その後空襲が激しくなり二九、三四号艇が大破してしまった。このためこれらの部品を集め、三二号艇を整備し使用可能にすることになる。

しかし、除砂作業は空襲で阻まれ、夜になると波により除砂した箇所が元どおり埋まってしまう有様であった。

ついに作業を断念し、敵の上陸が近いこともあり、一八年六月、キスカ隊は残存「甲標的」を爆破処分し、六月二九日の「第二次ケ号作戦（キスカ撤収作戦）」で引き揚げたのであった。

第3章

「乙型」から「丙型」へ

充電装置搭載の「乙型」をさらに改良、実戦でもっとも活躍する「丙型」が誕生。

救世主、黒木博司少尉の登場

昭和一七年一〇月、一一月と二度にわたって「甲標的」搭乗員に志願してかなわなかった黒木博司少尉は、一二月五日、ついに念願かない呉工廠魚雷実験部への転勤命令を拝命、大浦崎「P基地」に赴任した。

ちょうど第五期講習員が訓練中であったが、前々から「コレスの凄いのが来るぞ」と されていた。黒木少尉は赴任早々、「甲標的」の青写真で機構の研究を始め、その熱意ですぐに講習員を追い抜いていく。一連の講習が終わると「甲標的」の不備を知り、以後その改善に様々な進言をしている。

最初のタイプである「甲標的甲型」には充電のための発電装置がなく、蓄電池の容量のみに頼るため、航続距離が短いという欠点が指摘されていた。

昭和一八年に入り、かねてから軍令部より要求されていた自己充電装置として四〇馬力二五キロワットのディーゼル発電機を搭載する「乙型」の開発が始まったが、これに対しても黒木少尉は多くの貴重な提言をしている。

「乙型」は、「甲型」のセイル（司令塔）下部の操縦室後部で艇体を一メートル延長し、そこにディーゼル発電機を搭載した。

五月に「甲型」五三号艇を改造した「乙型」が完成し、その試験艇員として黒木少尉が加わった。

しかし、六月に行なわれた深度一〇〇メートル沈降耐圧試験で浸水、電気系統をすべて駄目にしてしまい、完成が一か月遅れることになる。

七月、修理が終わった「乙型」の再試験が開始され、三日から七日にかけて、愛媛県西部の三机湾を基地にし伊予灘から豊後水道で性能試験が行なわれた。

黒木中尉（六月に昇進）は再び試験艇員として参加し、自分の身の危険を顧みず完全な性能試験の実施を申し出て、関係者を感激させている。

試験の結果、「乙型」は性能良好と認められ、ただちに「甲型」四九～五二号艇の四基が「乙型」に追加改造され、完成した「乙型」はすぐさま訓練が開始された。

しかし結局「乙型」は、これら五基が造られただけで終わり、次の「丙型」の試作艇の役割を果たした。

次に、「乙型」を改良した「丙型」の開発が始まり、黒木中尉は操縦室の実寸模型を製作、各艇員の意見を聴いては研究を重ねた。「丙型」の一号艇（甲標的通算五四号艇）は一九年一月に完成し、性能試験も良好で量産に入り、一九年九月よりフィリピン、チモール、沖縄、父島、高雄に配備された。

しかし、「丙型」は「甲標的」のなかでもっとも活躍した型である反面、残存資料が非常にわずかなため、不明な点が多い型となっている。グアム島に「丙型」が現存しており、将来の調査が待たれるところだ。

「乙型」ラバウル隊の進出中の悲劇

完成した「乙型」五基は、ラバウル隊として商船により曳航輸送されることになった。

先発の名倉艇は、一八年一一月三日に隊長・門義視大尉以下、艇長・艇付各二名、整備員四名と共に館山を出航し、トラック経由で無事にラバウルへ到着したが、一九年一月二日に佐伯から「寧海丸」に曳航された真島艇ともう一隻の輸送船（船名不明）に曳航された西艇が空爆により曳航船と共に撃沈されてしまった。

さらに一月中旬、「山鶴丸」に曳航された大友艇と「たるしま丸」に曳航された里艇が途中で潜水艦により曳航船もろとも撃沈されてしまい、結局、ラ

P基地での甲標的第6期講習の終了記念撮影（昭和18年12月初旬）。最後列右から4人目が黒木博司中尉（当時）である。

バウル隊は名倉艇一基のみとなってしまったのである。

「丙型」トラック隊の最期

「丙型」の量産が進むにつれトラック隊が編成され、横須賀からサイパン経由で二つの船団に分かれて進出することになった。

しかし、一九年五月一九日、横須賀を出航した「昭建丸」と「蓬莱山丸」に曳航されたA隊の二基は、サイパン目前で潜水艦に撃沈されてしまう。

続いて曳航出発したB隊三基は、中継点のサイパンに到着したものの、整備前に敵上陸に遭ってしまい、「甲標的」による戦闘ができず、隊員は陸戦隊となって第六艦隊司令部と共に突撃し玉砕したのである。

父島に向かった隊は、一九年八月二三日に横須賀を曳航出航した「長田丸」「芙蓉丸」「白銀丸」であったが、荒天に遭遇して散り散りとなり、「長田丸」と「白銀丸」は無事到着したが、「芙蓉丸」は反転して館山へ引き返してしまった。

一九年九月一八日、父島へ曳航出航した海防艦「五百島」は、途中潜水艦に撃沈されてしまったが、「甲標的丙型」は曳航索が切断したことで漂流することになり、「羽衣丸」が回収に出動する羽目となる。

その後、輸送船による曳航進出は一等輸送艦の完成により行なわれなくなり、一等輸送艦に二基搭載して目的地近くまで行ってから進水・自走進出させる方法になったが、それ以前にチモール、ハルマヘラ、トラックへ曳航進出させたトラック隊は途中で全滅してしまった。

甲標的母艦「日進」の最期

水上機母艦、甲標的母艦は高速輸送艦として各地で引っ張りだこであった。

「日進」は昭和一八年七月上旬、広島県宇品港で陸軍の三個戦車中隊を積み出港した。臼杵（うすき）湾経由で七月一四日、トラックへ入港。輸送先がブインへ変更され、いったんラバウルに寄り重砲部隊を追加搭載してブインへ向かったが、七月二二日、ショートランド北水道で「B-17」の空爆により撃沈されてしまった。

しかし、この「日進」に「甲標的」が一基搭載されていたという事実を知る人は少ない。戦闘詳報にも書かれていない。

それは、いざ敵艦と交戦するときに自艦の武装だけでは心細いという理由

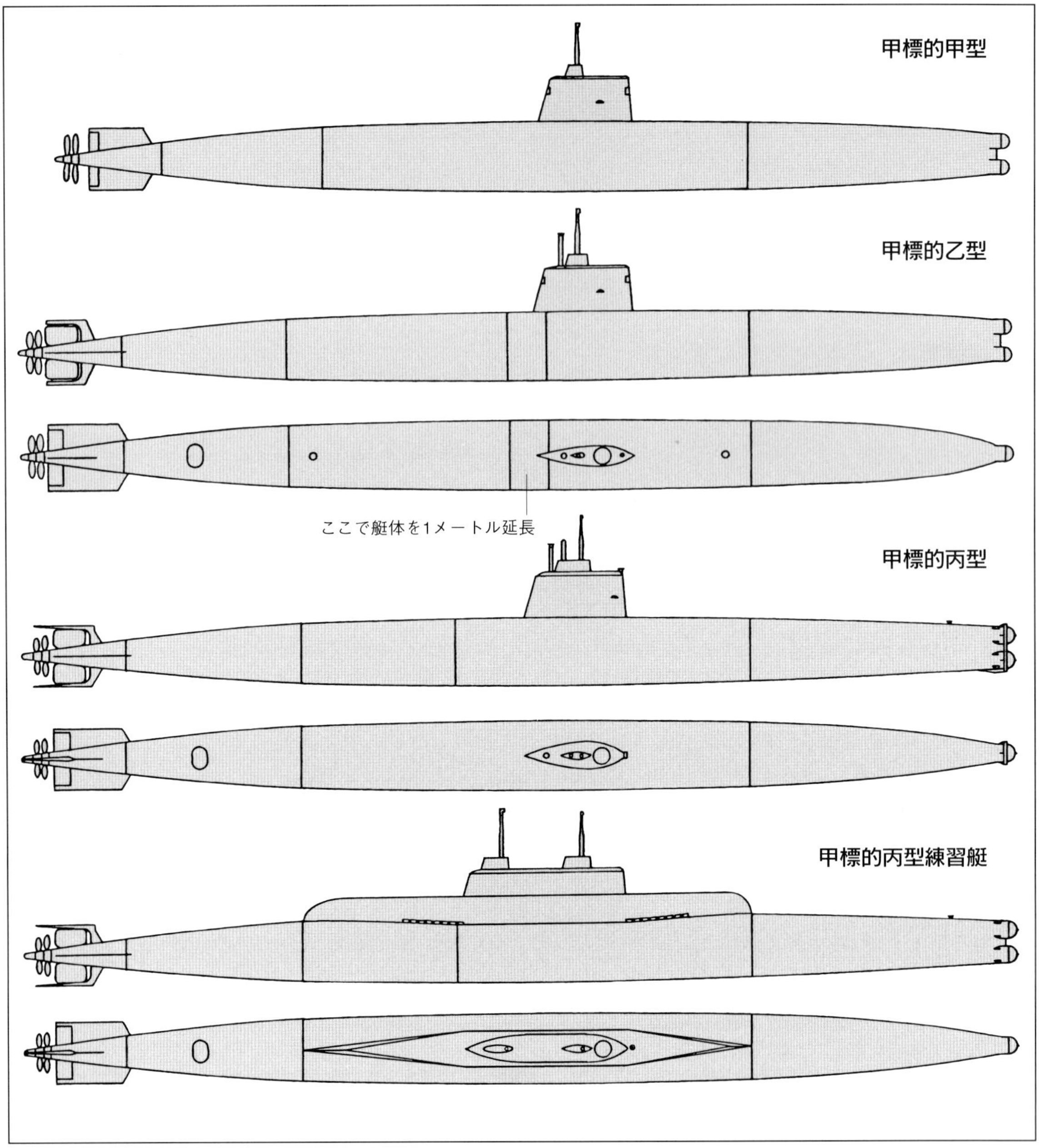

で、艦長の伊藤尉太郎大佐が、陸軍の輸送物資の一部を削って「甲標的」を搭載したのである。しかし、「日進」の沈没により搭乗員もろとも沈んでしまったのだった。

「乙型・丙型」の性能

機動力

前述のように「乙型・丙型」には、艇体を延長して四〇馬力二五キロワットの発電機が搭載されていた。

これは、戦車用高速ディーゼルエンジンを発電機に改造したものであり、一メートル弱の大きさであった。この発電機のおかげで丸二日の行動力を得ることができ、水上速力六ノットで五〇〇海里の航続距離を得ている（ただし、水中での航続距離は「甲型」と変わりなかった）。

そして停泊時、航行中を問わず充電できるように昇降式給気筒が装備された。

蓄電池数は、「乙型」は「甲型」の操縦室直後に発電機室を付け加えたものであったため、特D型電池数は「甲型」と同じ二二四個であったが、「丙型」では二〇〇個に減らされている。

旋回能力

「乙型」の旋回能力は、「甲型」より長

「丙型」は「甲型」より全長が1メートル延長され、直径も1.85メートルから1.88メートルとわずかに大きくなっていた。

さで一メートル、重さで一トン大きいため、その分、旋回半径は大きくなったものと思われるが、具体的な数値は分からない。

「丙型」は「甲型」の艇体直径と比べてわずかに太く、全没排水量は約三トンも重い反面、操舵装置や舵面積は同じであったので、旋回半径は「甲型」より大きくなったと考えられるが、具体的な資料がないため数値に関しては不明である。

生産の状況

「乙型」は前述のごとく「甲型」から改造されたものであった。試作一号艇は建造中の「甲型」最終の五三号艇をベースとした。続いて「甲型」として完成していた四九〜五二号艇の四基が「乙型」に改造されている。

ちなみに、この「乙型」の出現に伴い、それまでの生産型を「甲型」と呼称するようになったのである。

「丙型」は、「乙型」の試験後に黒木博司中尉が中心となり第五期講習員が操縦室のモックアップを造り、研究を重ねて完成させたものである。

一九年一月中旬から五四号艇を皮切りに量産が開始され、八か月間に四六基が完成し、訓練終了後、外地へ進出していった。一基の平均建造期間は二か月であった。そして八月末に完成した一〇〇号艇で「丙型」の量産を終わり、一〇一号艇からは、「丁型（蛟龍）」初期型となったのである。「丙型」では全四六基中約一〇基が、訓練艇として完成するか、または訓練艇に改造された。

大奮闘、セブ島 第三十三特別根拠地隊

フィリピンのセブ島には、「甲標的」の育ての親である元「千代田」艦長の原田覚少将を司令官とする第三十三特別根拠地隊所属の「丙型」で編成された「甲標的」隊が配備され、米軍を待ち受けていた。

当初は、「丙型」八一〜八四号艇までの四基であったが、続いて六九、七六号艇が進出、その後にザンボアンガ隊の七八、七九号艇が合流し八基でオルモック湾、カニガオ水道、ミンダナオ海で大暴れしたことは有名である。

まず戦果をあげたのは八一号艇であった。オルモック湾哨戒中に駆逐艦を撃沈している。

その後、全艇をミンダナオ海に集中することとなり、ネグロス島ヅマゲテ港に前進基地を設置しゲリラ戦を展開し、昭和二〇年三月二六日に残存艇を自沈処分するまでの間、二〇隻の戦果をあげたのである。

しかし、残念なことにアメリカ側がすべての被害を公表していないため、唯一確認されているのは、二〇年二月二一日、「丙型」八四号艇の雷撃によって「フレッチャー」級駆逐艦「レンショー」を大破させた事例だけである（かなり以前には、この戦果は硫黄島付近で「呂四三潜」があげたものとされていた）。

「Y標的」の開発

昭和一九年三月、「丙型」「丁型」「回天」の研究をしていた黒木博司大尉は、それと並行して「Y標的」という特殊潜航艇の開発も進めていた。

その構想は、「戦局打開のためミッドウェー再攻撃を要す。その際パールハーバーより空母出撃を阻止すること絶対に必要なり。同港の地形は特殊にて大型艦は数千メートル浚渫（しゅんせつ）水路を通過することを要する故、この水道内に潜伏し得る小型潜航艇を持って空母の頭上通過を待って自爆すれば敵艦をもって閉鎖可能なり」というものであった。

この構想を可能にするには、「Y標的」は高度の隠密性を必要とされるため、以下のような対策が考えられてい

た。

①機器ゴム間座。
②艇体は高力黄銅板とし磁気掃海を免れる。
③外面ゴム板貼付被探知防止。
④索掃海防止ガード。
⑤湾口侵入用匍伏（ほふく）ソリ、覗（のぞ）き窓、水中照明灯、起倒式長潜望鏡。

一九年五月に製造訓令があり、六月には「甲標的丙型」改造設計案が完了し、七月には試作艇二基が「丙型」から改造され完成した。その改造点は以下のとおりである。

①発射管より前部を撤去し、新設頭部を取り付ける。ここは匍伏操縦の際に搭乗員が入り操縦する。外部には匍伏ソリ、そして外部確認用の覗き窓を有する。
②艇体中央部両舷に機雷敷設筒を抱く。機雷は片舷二本を背合わせとし、空気伸張筒によりそれぞれ前後に押し出す。敷設筒と周囲の整流板との空所は上部を燃料タンク、下部を浮力タンクとする。
③補機室を防音壁で仕切り密閉とし、発電機は操縦室より遠隔管制し搭乗員の体力を維持する。
④司令塔に水防風防ガラスを設け水上状態の視界を良好にする。
⑤艇首上部に約二・五トンの浮力タンクを新設する。

水中では上下方向の安定が悪いと予想されたため、技術研究所で模型水槽実験を行なった結果、八ノットまでは予想どおり不安定であった。また、操縦性能を良くするために縦舵を三枚並列とした。

その後、軍部により計画は以下の概要のように修正され艇型も大きく変わった。

①特型格納筒母潜に搭載できること。
②被探知、被聴音のためアスベストを処理した防音材を全外板に貼り付ける。
③電磁掃海回避のため、船体各構造は被磁性（二五パーセントNi鋼）とする。
④歯車音を減らすため、電動機を直結とし、傾斜を防ぐため反動鰭を用い単螺改とする。
⑤照度計により被透視の状況を知り、また探照灯の光度を加減できるものとする。

また、搭載機雷には以下のことが要求された。

①艇内で敷設深度を改調できること。
②艇沈座し艇内より敷設する。
③繋縦錘二五〇キロ、機雷頭部二五〇キロ（水中重量）。
④敷設するときの状態は負浮量一〇〇キロ、時限装置により一定時間後、頭部を離脱し浮上触衝発火する。
⑤発火は触発式、触角は平時の頭部により保護する。
⑥被探知、掃海防止のため、被磁性鋼アスベスト被探知回避処理。
⑦機雷を艇に装備後、艇内より発火可能とする。

「Y標的」は、黒木大尉の原案の多くが取り入れられたものであったが、試作艇の搭載機雷の振動を防止することができず、ついに計画は破棄された。

試製Y標的

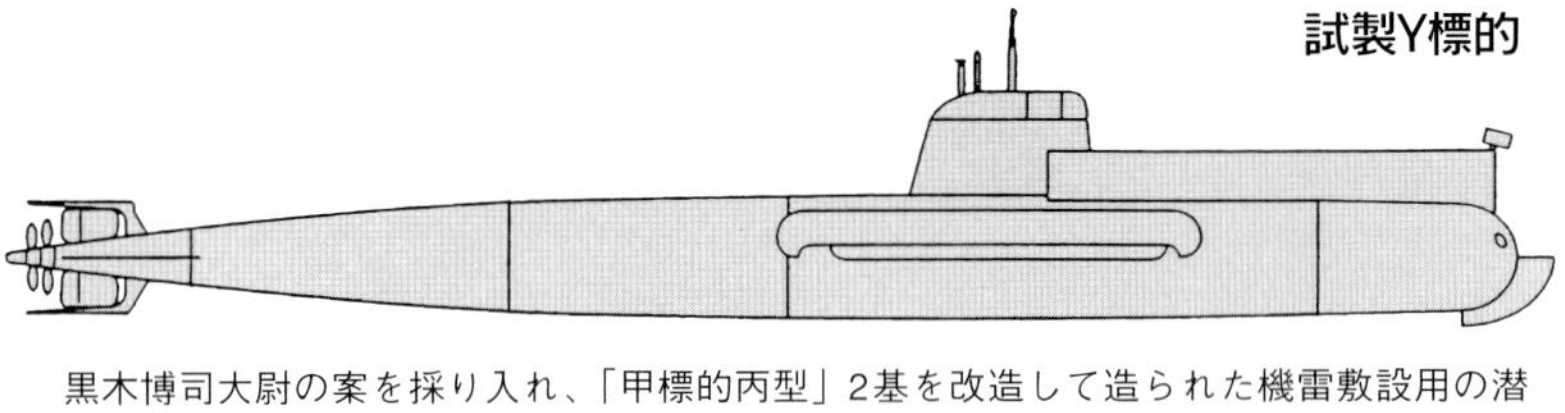

黒木博司大尉の案を採り入れ、「甲標的丙型」2基を改造して造られた機雷敷設用の潜航艇。しかし、搭載機雷の振動を止めることができず、ついに計画は破棄された。

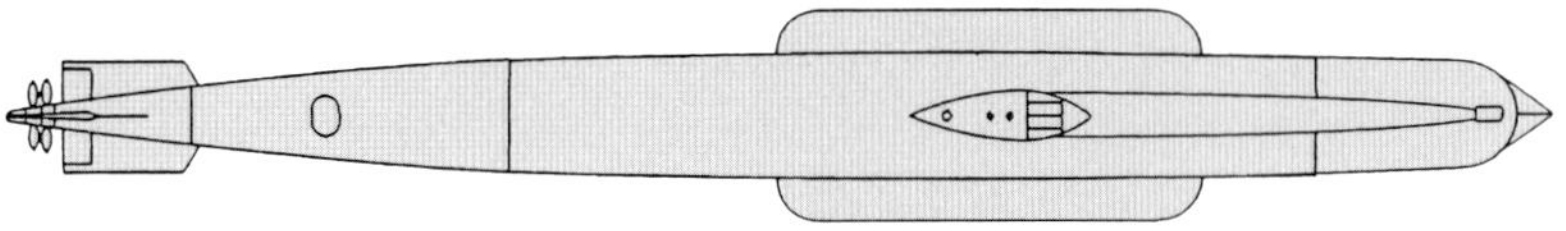

Y標的量産型

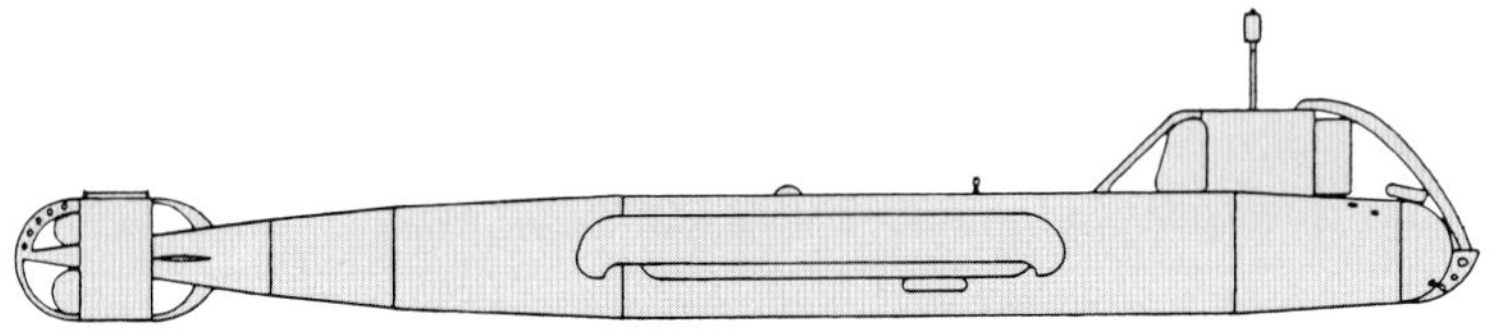

量産型といっても机上のデザインのみで終わったもの。黒木大尉は、この「Y標的」を真珠湾封鎖のため直上を空母が通過する際に自爆させるという腹案を持っていた。

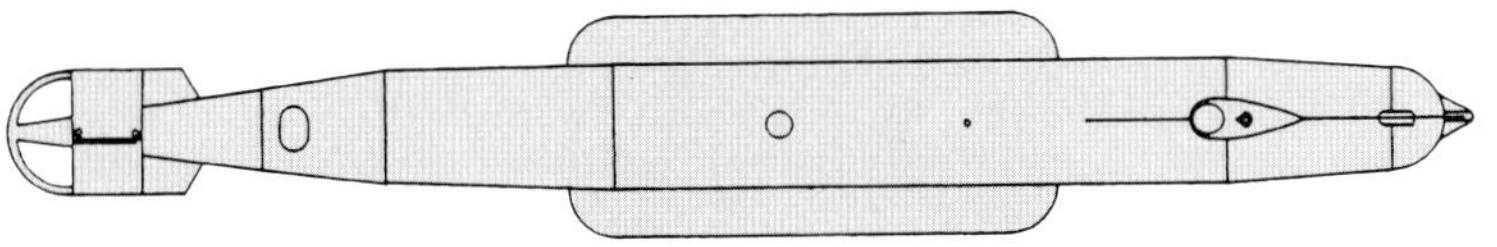

第4章

「丁型（蛟龍）」の開発

黒木中尉のアイデアが生かされた「甲標的」の最終型、本土決戦用の特攻兵器。

「丁型（蛟龍）」の完成

「内型」「Y標的」「回天」と並行して、黒木博司中尉個人で研究していた「丁型（後の蛟龍）」の開発が一九年に始まった。

この時点で、甲標的母艦「日進」は戦没しており、「千代田」と「千歳」は空母に改造されていたので、大きさに制限がなくなり艇体は拡大された。

黒木中尉（一九年三月、大尉に進級）の研究は、「丁型」の試作艇に多く取り入れられ、とくに楕円形の司令塔、ガラス張りの司令塔トップの風帽、操縦室内の配置、機関室の配置は、黒木中尉の原案そのままであった。

一九年五月、「丁型」試作一号艇が完成したが、試験が終わらないうちに早々と量産が開始されることになった。「甲標的丁型（蛟龍）」の開発が進み始めた頃には、すでに黒木大尉は自ら構想した「回天」の開発、さらに完成した試作基の試験に専念していた。

そして、二〇年九月一日に山口県の徳山湾口の大津島に開隊した初の「回天」基地に転任した。しかし、わずか六日後の九月六日、回天操縦中に不幸にも事故に遭い同乗の樋口大尉と共に殉職してしまったのであった。「丁型（蛟龍）」の開発関係者は皆、「黒木に見せたかった」といっていたという。

性能試験で計画以上の性能を発揮した「丁型「蛟龍」」は、ただちに本格的に量産に入り、完成した艇から沖縄に自力航行で向かったのだが、初期型二〇三〜二〇八号艇は、故障により二〇八号艇を除いて引き返した。また、一等輸送艦に載せられ沖縄に進出した二〇九、二一〇号艇は戦闘に参加したものの、慣れない艇だったこともあり戦果をあげられず未帰還となってしまい、その真価を発揮することはできなかった。

二〇年五月二八日、「甲標的丁型」は正式に特攻兵器として「蛟龍」と命名され制式採用された。終戦までに各海軍工廠、民間造船所を総動員し大量生産の実現を図ったが、構造が複雑であったことなどの要因で建造はなかなかはかどらなかった。

「丁型（蛟龍）」の性能

機動力

「丁型（蛟龍）」は黒木大尉の原案が多く取り入れられ、これまでの「甲標的」と比べて外見はもとより、性能も大幅に改善されていた。なかでも航続距離は、これまでの「甲標的」とは比較にならないほど大きくなった。それは、新たに採用された五一号丁型ディーゼル機関と特G型発電機によるところが大で、最大五日間の連続行動を実現することに成功したのである。

なお、燃料の重油は艇内の空所をタンクにあてている。充電は停泊、航行中を問わず行なえるように、昇降式の給気筒が装備されており、充電時間は九時間という資料があるが、この数値が停泊時か航行時かは不明である。

「丁型（蛟龍）」の艇内は、いままでの「甲標的」同様非常に狭く、五人の搭乗員が五日間も寝起きする余裕がなかった。操縦室では横になって寝ることはできず、また艇が小さく軽いため、操縦室以外へ移動すると艇のトリムが変わってしまい、カウンターウエイトとして反対方向へ同人数の搭乗員が移動しなければならなかった。

電池室上部のベニヤ板で横になるときは、前後に一人ずつ休憩を行なうわけである。そのため、搭乗員の体力次第で行動日数が制限される結果となり、元搭乗員の証言によると三日間が限界だったという。

艇体の上部構造内部に三つのメインタンクが配置され、それを注排水することによって潜浮上能力向上と浮上時

［左］「丁型（蛟龍）」に搭載された「特H型蓄電池」。
［上］が艇内のバッテリー・ラックに設置された状態。
「丁型」はこの蓄電池を200個搭載していた。

司令塔上に旭日旗を掲げて瀬戸内海、大浦崎沖を水上航行中の「丁型」第203号（量産試作型）。昭和20年1月28日、201〜204号艇と207、208号艇の6基が沖縄へ向け自力進出するが、写真はそのときの撮影と思われる。旗の後ろのものは発電用ディーゼルエンジン（五一号丁型内燃機関）の給気筒、白い煙はその排気ガスである。

の浮力確保に役立てている。また、上部構造により凌波性能も大きく向上している。

主電動機には、従来の「甲標的」より小さい五〇〇馬力のものが採用されているが、これでも最高一八ノットを発揮できる。しかし、「蛟龍」量産型では最微速を使用すると悪影響があったのか、最微速の使用は厳禁とされていた。

旋回能力

旋回能力も、これまでの「甲標的」とは比べものにならないほど改善されている。ただし、「蛟龍」量産型では二重反転プロペラを採用せず、量産に適したシングルプロペラを採用したため、トルクの影響により左右の旋回半径には多少違いがある。

また、このシングルプロペラは大きなピッチを採用したために、艇が航行中傾いてしまうほどトルクが大きかった。トルクを消すために左右の横ヒレを飛行機の補助翼のように上下逆に動かすことで傾斜を抑えることに成功したが、低速では効果が少なくトルクを消すことができなかった。

水中旋回性能については、旋回秒時を示す表が残されているだけで、水上旋回距離のような正確な数値は残され

「丁型（蛟龍）」の直流600馬力電動機。しかし、搭載蓄電池数の制約から出力は500馬力にとどまり水中最大速力が低下した。

ていない。この表の中には半速（O）＝九・五ノット時、九〇メートルという数値が書かれているだけで、その他は不明である。

搭乗員教育

「丁型（蛟龍）」搭乗員の教育はすべて大浦崎「P基地」で行なわれた。この基地は一貫して「甲標的」搭乗員の教育を行なっている。

搭乗員講習は、当初は多くても二〇人弱で行なわれていたが、特攻兵器として有力視されるにつれ、一回の講習で五〇人以上の大人数を教育することになった。

しかし、教育訓練基地が「P基地」しかなかったためかなり手狭になり、海軍の水陸両用戦車「特二式内火艇」の大迫「Q基地」が訓練生宿舎に使用されたほどであった。この大人数講習は、一九年九月から終戦まで続けられたのである。

講習は艇長、艇付、機関員、整備員に分かれているが、講習内容は座学と実艇航行訓練である。

艇長・艇付講習は座学で、航法、モールス信号、操縦法、特眼鏡（潜望鏡の秘匿呼称）操作法を中心に行なわれ、機関員講習は発電機発停法、充電方法などを中心に、整備員講習は基地隊員として必要な「蛟龍」整備方法を中心に行なわれた。

この座学が終わると実艇を使用した実習が始まる。

初期実艇訓練では「甲型・丙型」の訓練艇を使用した。この実習では教官が後部操縦室で特眼鏡を握って訓練員の航行を見張り、また前部操縦室へ行き操縦法に間違いがないか監視する。訓練員は実習中教官に厳しくしごかれ、操縦法を間違えば怒鳴られ竹棒で叩かれる。

このような実習を繰り返し、訓練後も復習を繰り返し一人前の搭乗員となっていく。この訓練艇実習が終わると、いよいよ本来の「蛟龍」を使用した最終訓練を行ない、各地に配備されていくのである。

国内配備

「蛟龍」の量産が進むにつれて、海軍は一隊一二基を標準とした「蛟龍」隊を編成し各地に展開した。

基地に配備された「蛟龍」隊は、終戦まで各隊ごとに訓練と整備を繰り返していたのである。

訓練中、敵機の攻撃を受けてもうまくかわすものもあれば、敵機がばらまいた機雷に被雷して沈没してしまうものもあったが、ほとんどの隊が戦力を維持したままで終戦を迎えた。

生産

「蛟龍」は今までの「甲標的」とは違って、全国の軍民造船所による大量生産が実施された。これは、「蛟龍」が本土決戦での主戦力に指定されたためで、「海龍」を大量生産中の関東区域以外は、「蛟龍」を第一優先で終戦まで量産を続けた。しかし、物資の不足、機構の複雑さ、そして空襲により量産は大きく妨げられ、終戦までに完成した数は計画の半数にも満たないものであった。

呉海軍工廠周辺では、「P基地」と呉湾口にある大麗女島に地下工場を造り建造が行なわれた。

大麗女島には五本のトンネルがあったため、ここのトンネルの一部を拡張、改造することで工作設備、格納設備、動力設備、照明設備、全トンネルへの軌道設置等、地下工場として使用することにしたのである。

完成したこの地下工場には、工場主任として艤装工場主任・原田伸一技術中佐、主任代理に但馬利夫技術大佐、主任代理補佐に中山技術中尉、造機に石金技術大尉、電気に野田技術大尉、水雷に胡谷技術中尉、そして工員一〇〇名が着任し、「造船部麗女島工場」と命名された。

ノルマは一日一基、月産三〇基であった。しかし、昭和二〇年五月五日に操業を開始した麗女島工場であったが、計画どおりには量産は進まず、終戦までに完成した「蛟龍」は五～六基であったといわれる。地下工場は呉空襲の際にも、艦艇が逃げまどうさなか、全く影響を受けず操業していた。

なお、呉では当初「丁型」の初期型を量産しており、三〇～四〇基が完成したと思われる。終戦後、呉の第四ドックへ集められた「丁型（蛟龍）」の写真を見る限り、ほぼ半分が初期型のようであるが、呉でいつから量産型の建造に移行されたのかは不明である。その他の工廠、造船所では初めから量産型を建造していたようである。

一方、横須賀海軍工廠および三菱横浜造船所では、関東地域での量産優先順位が「蛟龍」より「海龍」が上位であ

「丁型（蛟龍）」の機関室（発電機室）。［上］は艇尾方向（後部電池室）を見たところで画面下に「五一号丁型内燃機関」の上部が写っている。［下］は前方の操縦室方向を見たところ。

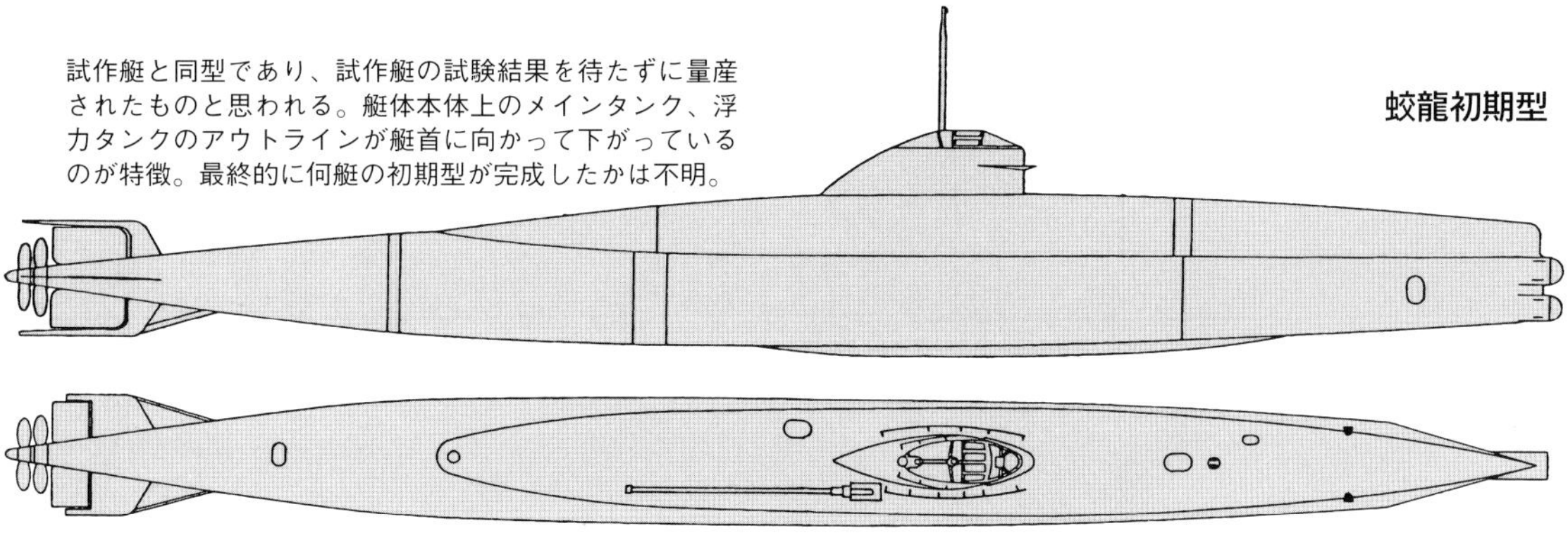

蛟龍初期型

試作艇と同型であり、試作艇の試験結果を待たずに量産されたものと思われる。艇体本体上のメインタンク、浮力タンクのアウトラインが艇首に向かって下がっているのが特徴。最終的に何艇の初期型が完成したかは不明。

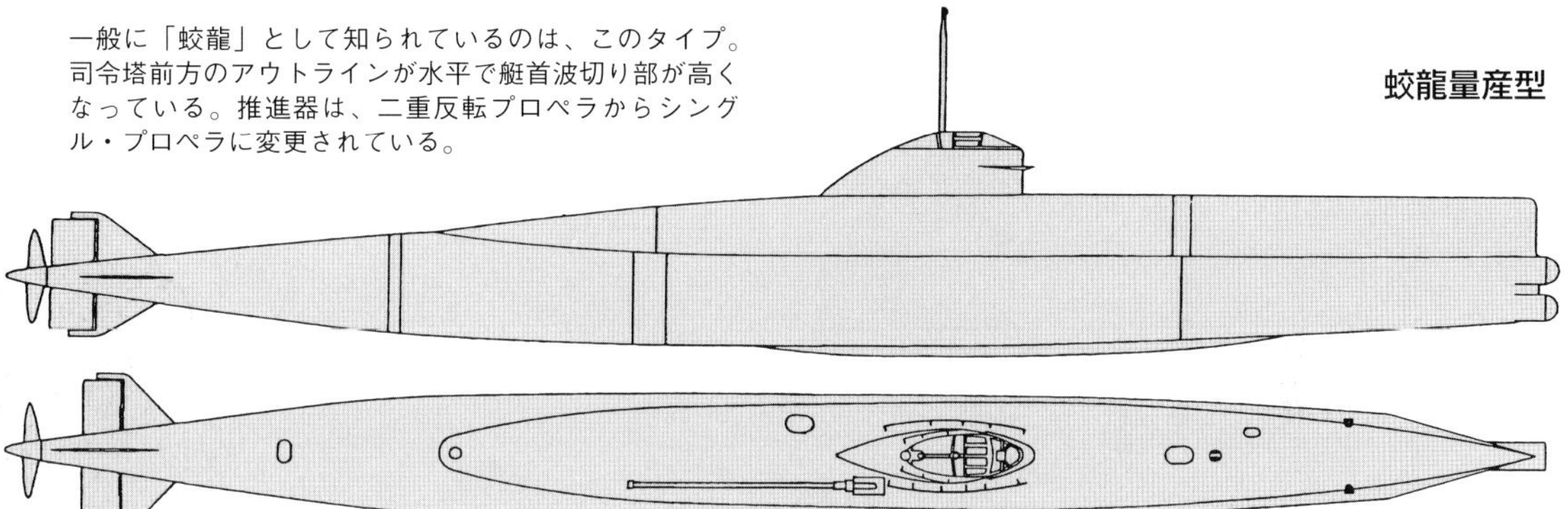

蛟龍量産型

一般に「蛟龍」として知られているのは、このタイプ。司令塔前方のアウトラインが水平で艇首波切り部が高くなっている。推進器は、二重反転プロペラからシングル・プロペラに変更されている。

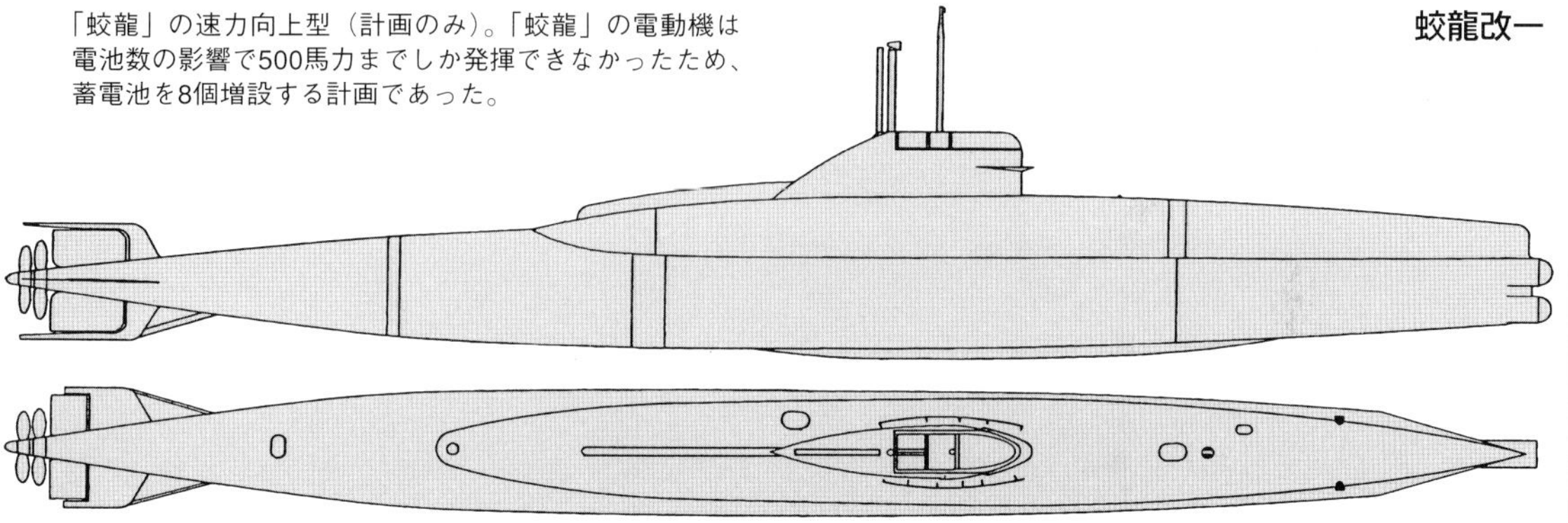

蛟龍改一

「蛟龍」の速力向上型（計画のみ）。「蛟龍」の電動機は電池数の影響で500馬力までしか発揮できなかったため、蓄電池を8個増設する計画であった。

ったため、「蛟龍」の量産は細々と進められている状態であった。しかも、横須賀工廠では五一号丁型内燃機関の生産が間に合わなかったために、九〇馬力内燃機関を搭載した「蛟龍」が造られたが、九〇馬力内燃機関で航行充電をすると、充電量より放電量が多く充電できなかったために、搭乗員との間で大激論が交わされた。

また、「蛟龍」の内部機器に関してであるが、これは搭乗員が建造中の艇へ出向いては、深度計などのゲージを自分の気に入った潜水艦用のものに変更したために、一基ごとに内部機器が違っている。

なお、「蛟龍」の艇番号は以下のように付けられていた。

〔中国、近畿〕指導工廠＝呉海軍工廠
- 呉工廠　二〇一号～
- 三井玉野　六〇一号～
- 石川島播磨　七〇一号～
- 日立向島　一〇一号～
- 三神　五〇〇一号～
- 川崎　五一〇一号～

〔関東〕指導工廠＝横須賀海軍工廠
- 横須賀工廠　九〇一号～
- 三菱横浜　三〇一号～

〔日本海〕指導工廠＝舞鶴海軍工廠
- 舞鶴工廠　四〇一号～

三菱重工長崎造船所で建造中に終戦を迎えた「蛟龍」(昭和20年5月制式採用・命名)。この写真は本来カラー写真である。

新潟鉄工所　五〇一号～
〔九州〕指導工廠＝佐世保海軍工廠
三菱長崎　八〇一号～

「蛟龍」改型

「蛟龍」には幻の改良型が計画されていた。

それは「蛟龍改一」と名付けられたもので、電池を八個増設、後部電池室と発電機室を前後反対に配置し、ディーゼル航行が可能なようにディーゼル・エレクトリック方式に改良されていた。

また、セイル（司令塔）の向きを前後反対にし、無線マスト、給気筒の配置も変更されていた。

しかし、このタイプは終戦により計画のみで終わってしまったのである。

「特攻」の意味

最後に、ここである誤解を解かなければいけない。

それは、昭和一九年後期より各種特殊潜航艇が、特攻戦備として量産・整備され「特攻兵器」といわれたことに関して、戦後、誤解が定着してしまっていることである。

すなわち、「特攻」が自殺（体当たり）攻撃と解釈されているのである。

そのために、特殊潜航艇も人間魚雷と同様に扱われることがある。

しかし、これは全くの誤解である。

「特攻」、正式にいうところの「特別攻撃」とは、文字どおり特別な攻撃方法を用いた攻撃であって、それを体当たり攻撃だけに限定するのは間違いである。特殊な兵器をもってする攻撃も特別攻撃なのである。

「甲標的」隊が、開戦時から「特別攻撃隊」として実戦に投入されているのはそのためである。

つまり、生還を前提とした潜航艇攻撃も、決死の体当たりをする人間魚雷も、同じ「特別攻撃」という用語を使用したのである。「特攻」の本当の意味を理解していただきたい。

昭和二〇年八月一五日、日本は無条件降伏し太平洋戦争は終結した。

西日本を中心とした太平洋側の各地に配備されていた「蛟龍」隊は、終戦まで訓練を続けていたが、その真価を発揮することなく終戦によって解体された。

ここに、一四年にわたる「甲標的」の歴史は幕を閉じたのである。

（おくもとごう・戦史研究家）

特別企画

遺稿・甲標的"記録と感想"

甲標的母艦「千代田」元艦長・原田 覚中将記

「甲標的」の育ての親として知られる原田大佐（当時）がしたためた秘録を紹介。

上農達生・編

少将時代の原田覚氏（海兵41期）。生粋の潜水艦乗りで海兵同期には草鹿龍之介、保科善四郎らがいる。昭和15年8月20日に水上機母艦「千代田」に着任後、文字通り「甲標的」育ての親として、その改善・熟成、搭乗員の講習・育成に尽力した。その間、「千代田」は第二状態の甲標的母艦に改装。原田艦長はその後、潜水母艦「長鯨」に転じ、潜水戦隊を指揮した。戦運傾くなか、第三十三特別根拠地隊司令官としてセブ島に着任。特に麾下配属の「甲標的」8基は巧妙な指揮により大きな戦果（日本側判定20隻）をあげた。昭和20年3月26日、米軍セブ島に上陸。以後終戦まで島内各地を転戦、勇戦したが、原田司令官以下残存の部下200余名のほとんどが病人で8月30日に米軍の武装解除を受け、原田司令官は米軍病院で戦病死した。

甲標的母艦時代の「千代田」艦型図

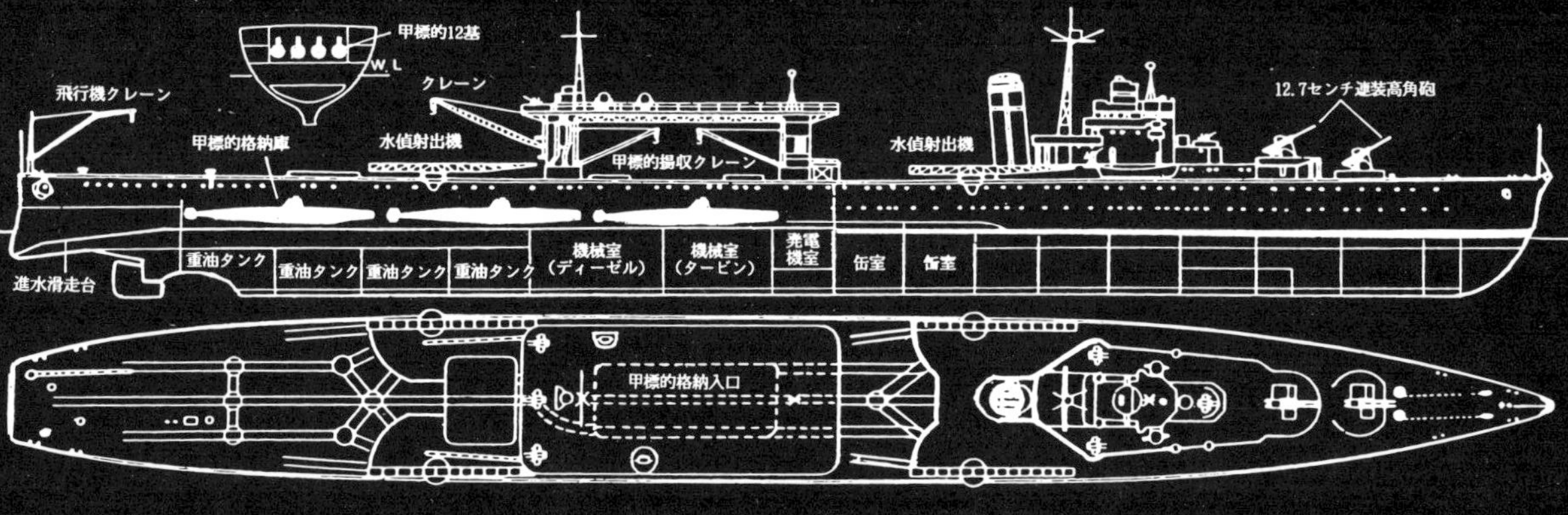

この貴重な記録は、開戦前後の甲標的（特殊潜航艇）母艦「千代田」艦長の原田覚大佐（当時。後中将）が、昭和一六年三月から一九年二月にかけて記した秘録である。

原田大佐は、これを特潜関係者の資料共々桐の箱に収め、夫人に在中物のことをいわずに南西方面艦隊麾下の第三十三特別根拠地隊（甲標的配属）の司令官としてセブ島へと赴任された。これがご家族との最後の別れとなった。

今回掲載の秘録は、戦後になってご遺族が開封された遺品類の中から発見されたもので、特に請うて筆者らが運営していた日本海軍を記録する会の機関誌『日本海軍』第四号（昭和五三年五月発行）に掲載させていただいたものを再掲載したものである。

この原田秘録は⑴甲標的から⑼呉軍港出撃までの九項目から成っているが、本誌では誌面の都合上、⑴から⑸までを掲載した。

なお、原本は鉛筆書きであり年月を経ているため、判読不能の箇所が若干あることをお許しいただきたい。

⑴甲標的

「甲標的」とは高度の軍機兵器たる特殊潜水艦に与えられたる名称である。

「甲標的」の先祖は電池魚雷である。電池魚雷はその速力と駛走（しそう）距離の劣弱さから、現在の決戦場面には利用価値が少ない。しかし、電池魚雷に払った関係者の努力と研究成果を、何らかの型式で活用したい、この希望から生まれたのが、人間魚雷すなわち特殊潜水艦である。ゆえに特殊潜水艦は魚雷として生まれた。その内容も魚雷である。ただ人間を乗せて外界を観測し、敵に対し接敵運動をなし、水中高速を活用し、必中距離に侵入し、一撃必中の発射を実施する考案があって、これに対し極めて幼稚な施設を持つのみであった。

しかし、冷静に考えたならば、水中において潜望鏡により測敵し接敵、魚雷発射を実施するものは実質的に潜水艦である。

この潜水艦の発達進歩に対しては、世界の専門家が、日露戦争時代からこの方四〇年も苦心して、ようやく近代的潜水艦を造り上げた。それがただ、水中優速活用のみを主目標としてほとんど他を有しない、人間魚雷が実用価値ありやに対して、疑問符を付するにはないであろう。

「甲標的」の発達史について述べることは差し控えるが、昭和一五年八月、偶然の機会から「甲標的」実験に関係した頃の思い出を二、三述べてみる。

その頃の「甲標的」の潜水艦としての性能は

（イ）「ツリム」は「シャラン」艦測で厳密に実施せられ、潜航中の「ツリム」修正に対しては、何らの考慮を払われていなかった。

（ロ）潜航中の予備浮力は（＋）三〇〇キロと限定されたこと。これは、

$$\frac{\text{予備浮量}}{\text{排水量}} = \frac{300\text{kg}}{45{,}000\text{kg}}$$ となり

すなわち、$\frac{1}{150} \fallingdotseq \frac{6.6}{1000}$

となり、水中一〇〇〇トンの潜水艦が六・六トンの浮力を持って潜航することとなる。これは六ノット以下の速力では深度保持困難、波浪ある海面では潜入困難となることは、潜水艦乗りの一般常識である。

（ハ）潜水艦の観測速力は潜望鏡の固有振動数によって多少の差はあるが、最大六ノット、最小操艦可能速力とされている。これに隠密性を結びつけ、潜望鏡の波切り、すなわち海水飛沫（ひまつ）問題を考慮に入れる場合二〜三ノットというのが潜水艦乗りの一般常識であるのに、これも最小速力六ノットとしてある。

（ニ）潜望鏡長は荒波中の露頂潜航時の操縦性に至大の関係を持つ、すなわち船体が波の動揺に連れて上下する傾向があるからである。さらに厳密にいえば、波に対し平行にするか、水準線に対し平行にするほか安定できない。

これは平均水面からの船体の深さによって定まる。ゆえに船体からの露頂高〈潜望鏡〉対物レンズ）はできるだけ高い方が有利である。潜望鏡を高くするには船体の直径を増大するか、司令塔を高くするか、潜望鏡口径を増す必要がある。

そのような条件に制限され、また光学的理論にも制限される潜望鏡は、その長さは自ら限定されるが、できうる限り長い方が有利であることに違いない。

（ホ）「甲標的」の生命中、第二の条件は、横舵を機力操舵としたことである。これは航動に有利なことで活用せねばならず、しかしその欠点は巧妙な深度保持が機力まかせとなり、発射運動の要求を表し得ないことである。

（ヘ）「甲標的」の駛走能力は大体五〇

原田中将アルバム〔1〕 ［上］昭和17年2月19日、広島湾南東の安芸灘で防潜網突破訓練中の「甲標的」。艇首には真珠湾攻撃時の「特型格納筒」と同型のガード・ループが装備されているが、司令塔（セイル）前面にも網切器が増設されている。司令塔前の黒い物体と旗竿は防潜網の浮標であろう。写真の艇の搭乗員は松尾敬宇大尉といわれている。［下］防潜網の切断突破に失敗した「甲標的」。艇体に絡んだ網を取り外そうとしているところであろう。

分×二三ノット、約三万五〇〇〇メートル（三万四五〇〇メートル）ということになっている。

しかし、戦闘の要求は九〇分×二〇ノット、約四万四〇〇〇メートルであることを希望する。この見地から最大速力を二〇ノットとすることを希望した。

なお、その他部分的改造、たとえば水上状態における浮力の増大、主電動機発停装置、転輪改造問題、無線檣長増大問題、発射時艇首挙揚問題など、いろいろ申し出た。しかし、結局実現したことは、

(イ) 潜航中の予備浮力を（±）ゼロ付近となすこと。

(ロ) 潜望鏡長を〇・五メートル長くせること。

(ハ) 潜航速力を最小四ノットに低下し得ることなどに過ぎないが、非常に潜航が安定し、しかも観測が容易になったのである。換言すれば、人間魚雷から特殊潜水艦に変化、あるいは転化を示した第一歩である。

(2)「甲標的」講習員

昭和一六年度の「千代田」の任務は七航戦で、戦隊は「千歳」、「瑞穂」、「千代田」の三艦で組織されるはずであ

ったが、小官は居残り、いよいよ水上空母という商売外の仕事をするのかと決心しておった。

果然、「千代田」は連合艦隊直属特殊任務に服することに変更された。その特殊任務が「標的」を実用化し、その講習を実施することであった。関係員は中央、地方、艦隊とも、極めて局限され、高度の機密裡に実施せられた。ゆえに小生の任務、行動などに関し海軍の同僚などから質問を受け、少なからず困却した。

講習は大体操縦は呉工廠の魚雷実験部が指導し、襲撃運動は「千代田」艦長が指導することになっている。主任指導官は標的係の元祖たる加藤良之助中佐である。

講習員は海軍中尉　岩佐直治　艇長

海軍中尉　秋枝三郎

兵曹長　黒見清実

艇付

一等兵曹　竹本正己　水

〃　佐々木直吉　水

〃　横山薫範　水

〃　松本　静　水

〃　芦辺　守　水

二等兵曹　福井定一　水

〃　大石鷹次　水

〃　稲垣　清　水

一等兵曹　宇野　真　電

〃　吉田忠太郎　電

以上一三名であった。

最初、いかなる訓練をなすべきやに関し、非常に困った。次に待遇問題で困った。一体海軍は経費節減に好都合な法規はたくさんある。いやむしろ海軍経理諸法規の全体がいたずらに消極に惰し、田舎の貧しい農家が貯蓄する具合にできており、少しも積極性がない。個人の犠牲において少しく有意義な企てをなさんとしても、金銭上にまで犠牲を忍ばしめなければならない。

しかし中央の実度ある了解と有泉軍令部参謀、堀之内軍務局員などの努力により、艦隊乗員並みの待遇を受けられるに至ったのと、搭乗配置のものは加俸があることにしてくれた。これらの若人は気力、体力、技術ともに抜群で敬服に値する若人であった。また、皆熱心に勉強した。

「甲標的」はいわば未完成兵器である。この不完全なる兵器で大成を期するには、一に旺盛なる攻撃精神と殉国的犠牲心に依らねばならない。すなわち劣勢海軍漸減作戦の理を明らかにし漸減作戦は、幾多勇士の血肉においてのみなさざるべからざる理を術銘するに努め、かねて潜水艦乗員の具備すべき特性すなわち「細心大胆」「勇往邁進」「堅忍不抜」「和衷協同」などの徳性涵養に努めた。すなわち始業式には呉鎮長官日比野中将、また昭和一五年一二月九日には一同を呉より招致して山本長官の訓辞を受けた。

一同は非常に感銘を深くし、任務の重大なるを自覚した。技能方面においては、座学は工廠各部主任部員が担任し順調に進捗した。しかし実習、特に出動実習は平凡ではなかった。いわば故障続出という有様であった。魚雷を潜水艦として使用するのであるから、支障や改造の要あることは予め覚悟の前である。

第一期講習中の支障の第一は、浮力が大であって、安定な潜航ができないことである。これを魚雷関係員の一般常識より見れば、横舵機の不良と断定する。しかし潜水艦乗りの常識としては、予備浮量過大となる。すなわち予備浮量修正に対する考察を一変し、三〇〇キロより（±）ゼロとした安定潜航はできるが、しかし深度に対する少量の波状運動は拭い去るに至らずいろいろ苦心した。何せ大迫基地において実施した第一回出動訓練中のある日のごときは、三〇メートル近くの波状運動をなしたが、指導官加藤少佐は平気で訓練を進めた。

見るに耐えない冒険作業なので、我ら素人がご注意申し上げたほどである。

次に深度機の調整深度と実際航行する「甲標的」の深度が、速力により変化あることが発見された。これは実深が深度計により示さるるゆえに、実用上は差し支え無きにあらずとも、操作上は実にやっかいで、あたかも横舵手と同一の操作が必要である。その他「ツリム」は発進前繋留して綿密に作製の要ありしこと、長時間潜航後（約四時間）「ツリム」の変化に対し調整装置を欠きしこと、また転輪羅針儀はすこぶる不良で実用に供し得ないこと、予備の電動縦舵機も持続時間僅少（時々故障せり）で実用に不適のきらいがあった。

それでもわずか二人の艇長の運動講習が予定（一日三回または四回）通り実施し得ざる状況であった。また居住性や操舵空気の関係上、これらが第一回講習時の実状であった。

一方、「甲標的」が太平洋において実用に適するや否やの問題については「吾人は吾人の主張する改造を実施し、乗員が攻撃精神旺盛であれば必ず使用できるという見方をしておった」。改造の件は魚雷実験部長の岩瀬大佐、作業主任赤坂大佐の尽力で、できる限り実施されたが、未だ不安なき能わず。特に転輪に関する限り、安心の域に遠いものであった。ゆえに電動縦舵機を二個積んだ中央でも、荒波中の使用に関してご心配の様子で、軍令部の有泉参謀などは度々視察に来た。時の軍令部一部長宇垣少将も、呉より長浜まで、わざわざ飛行機で来られた（この朝は相当波浪中なり）。

それでこの種兵器は有望であると断定、断然実用上差し支え無き戦備を進めることとなった。すなわち第二回講習員は操縦一二名、艇付一二名、調整員一二名採用せられ、「甲標的」も三六号まで製作することに定められた。

第二回

海軍大尉　中馬兼四
〃　松尾敬宇
海軍中尉　横山正治
〃　古野繁実
〃　神田　晃
〃　乙坂昇一
〃　廣尾　彰
〃　八巻悌二
〃　酒巻和男
〃　伴　勝久
兵曹長　浜井三雄
〃　山本幸一

(3) 特型格納筒の着想

昭和一六年八月下旬、第二回講習終了と同時に軍艦「千代田」は第二状態（標的搭載艦）に改装することとなった。その頃いわゆる艇長諸君も一四名となり、各自元気旺盛、青春清新溌剌、皆よく勉強した。しかし「甲標的」に関する限り、改造進歩は遅々たるものであった。それは日本海軍艦政法規の欠陥か、また艦政当局の認識不足であるかも知れない。しかし大体において人も標的も実戦に使用可能という確信を持ち得る程度になった。

なお二、三至急改造の要する点を促進するためあらゆる機会を利用した。その特種として、「千代田」第二状態完成諸公試時に、中央当局より要員として沢山参集時期を選んだ。ただ単に改造の声のみ大にすることよりも、標的そのものの戦術的価値を列挙し、現在の能力不足を数理的に指摘し、その改造促進を申し出づるが、実現性があると確信した。よって艇長一同に改造事項およびその他参考事項を研究せしめた。その成果の答案は次の通りである。

「甲標的」の戦術用法の研究
作戦資料

一、米国艦隊の特性
①主力艦列長
(15－1)×700＝9,800≒10,000
②主力艦戦闘速力一八～二〇ノット
③砲戦距離二万五〇〇〇～三万三〇〇〇メートル
砲力、防御力の優劣と平素の訓練上より見て、比較的接戦を強要するものと思わる。
④航空兵力　有力なる陸上航空基地の一〇〇〇海里圏外においては、対等または劣勢なるべし、ゆえに陸上航空基地の掩護下にあらざれば、積極的に行動せざるべし。陸上基地は比較的有利にしてシベリアを利用し得ればさらに有利化す。
⑤魚雷力　大巡の魚雷力を皆無にせることは我が国と同様の魚雷戦を行なわざることを意味す。すなわち、優勢なる補助部隊をもって積極的に我が水雷部隊を撃つか、または我が水雷部隊が発射効果を発揮するまでは、我が水雷部隊（魚雷）の有効距離以内に入らざる戦法をとる可能性大なり。

二、味方戦法の骨子
①先制空襲（緒戦期に制空権確保）
②同航戦強要
③砲戦開始時期以前に雷撃（大巡魚雷消耗）
④砲戦開始までに少なくとも対等兵力とし、遠距離砲戦開始後、一五分にて戦勝の決、明白なるごとくす。

三、「標的」の作戦協力特性
①魚雷戦直後に発進せしむ（魚雷戦場面を避けて発進せざるべからず）。
②砲戦開始前に発効するごとくせざるべからず。
③魚雷（大巡用）効力射程外を通過せる敵に対しても、なおかつ奏功するごとく計画す。

四、「標的」の特性
①予想戦場まで母艦に格納し進出し得る。
②母艦の進出の胸算、母艦の対爆兵器は一に艦載機（搭載水偵八機）と、友軍の掩護に依存せざるべからず。また、対潜兵器は水中測敵兵器のみによらざるべからずといえども、絶対的の安全性はなし。
③「標的」邁進所用妙時　二〇分
④「標的」能力（駛走）
二三ノット　四万メートル
二〇ノット　五万メートル
⑤視認距離（露頂高一メートル）一万五〇〇〇メートル
⑥計画射点　方位角　四〇度
距　離　八〇〇メートル

射線数　二
註・発射時船体を現す現状より見て、必中射線点に近きぐらいにて発射の要あり。
⑦運動力　比較的大にして惰力は極めて小なり。
五、執らんとする戦術実施法
①随伴位置　前進部隊前方より三〇〇〇メートル～五〇〇〇メートル。
②発進時期　巡洋艦部隊の発射時期を合わせ考うるに
（イ）敵展開前に敵展開時刻および展開方向を予測し、方位発進せしむる法　敵主力との距離約五万メートル。
（ロ）敵展開時ないし直後に発進せしむる法　敵主力との距離三万五〇〇〇メートル～四万メートル、敵補助部隊との距離約二万メートル
しかして（イ）の場合は、到着時砲戦距離以内に達する頃となり。（ロ）の場合主力艦への距離二万五〇〇〇メートル～三万メートルの酣戦期に至るべし。
③施設運動　前項（イ）の場合は、同時浮上法（浮上観測時を一定とす）。（ロ）の場合は時刻浮上法即逐次浮上法による。
④発進法　単艦　六個二回または一二個連続
戦隊　六個宛二回
⑤進出距離　二〇ノット、三万メートル（二〇ノット×五〇分）
⑥進出後の運動力　二四ノット、一万四〇〇〇メートル（二四ノット×二〇分）
即ち発進位置より四万五〇〇〇メートルを押さえ、しかも敵発見後の接敵運動に二四ノットを活用し得る構え。
⑦配備（左図参照）

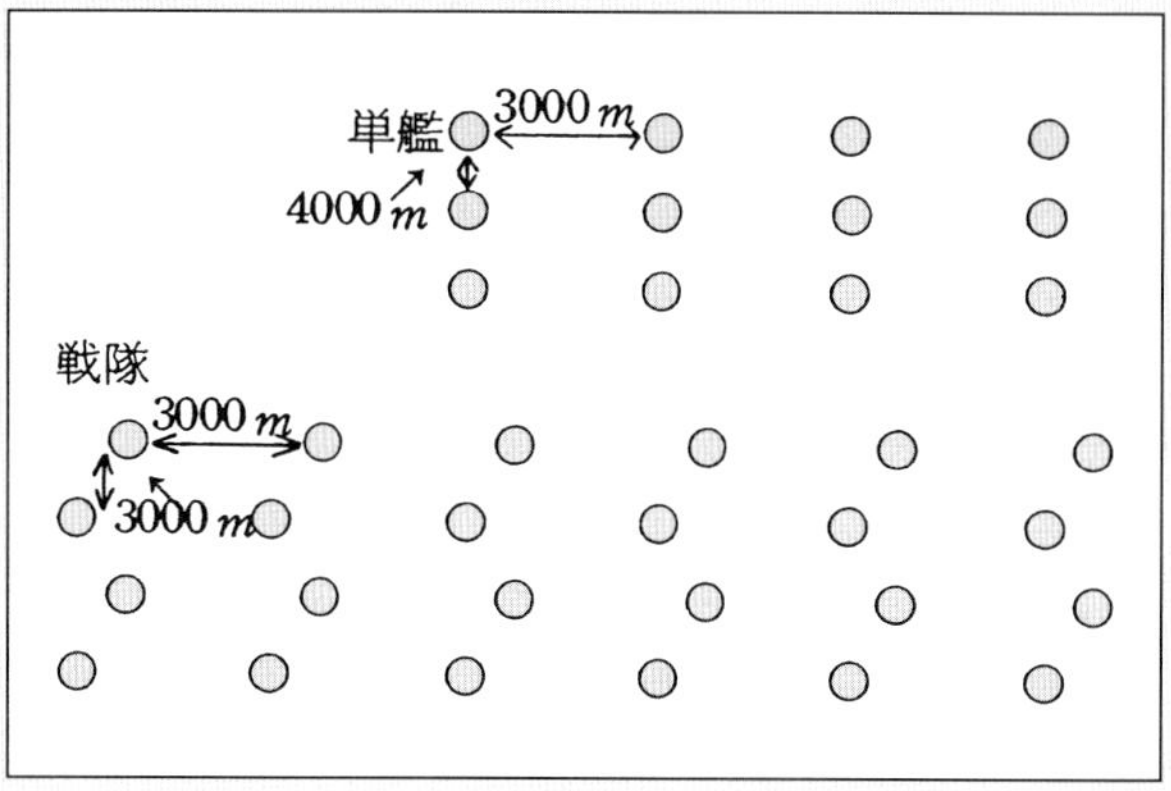

⑧進出中の深度　三〇メートル、二三メートル、一六メートルの三段を使用す（保安上）。
⑨配備後の運動　進撃方向　特令
進撃速力四ノット
六、「標的」使用法
①港湾襲撃　大型潜水艦に二個程度搭載、湾口にて隠密発進せしむ。
②索敵部隊協力　接敵誘致戦時使用。
③艦隊決戦時使用。
（イ）前程域にて雷撃。
（ロ）反転脅威。
運動力において不足するところ特に大なるものあるを痛感するも、一部を殺して全部を生かすためには、潜水艦の水上進撃に劣らざる効果あるものと信ず。

この「六」は表面、艇長の発案であるが、その原案者は岩佐中尉であったようである。元来、この種の兵器を潜水艦にて目的地まで運搬することは、外国でもあるようであるし、帝国海軍でも論議されたことがあるそうだ。それで九月一八日いよいよ、軍艦「千代田」の第二状態（「甲標的」搭載）の能力試験のため参集されたのを機会に、以上の研究成果を申し出た。

出席者は委員長、呉工廠長砂田中将、魚雷実験長岩佐大佐、同作業主任赤坂大佐、艦政本部より七部部員藤本中佐、軍務局より堀之内中佐、軍令部より岩城少佐、その他技術士官多数参集された。

話の内容は、第一には動力不足の点で、やむを得ざれば二〇ノットで一・五時間にしてくれということであった。第二には転輪改善促進であった。その他二、三申し出たが、重要事項ではない。ただ「六」の港湾侵入では、皆さんも賛成であった。しかし、潜水艦の甲板に二隻は搭載できないが、一隻なら確信があるとのことであった。

翌日から「千代田」の性能実験に移ったのであるが、搭載、積み卸し、艦内格納所内移動、対舷移動、敷設発進など極めて順調に経過した。即ち軍艦「千代田」の第二状態は、戦闘の諸要求に適するとの結論を得て解散した。

一〇月一日「千代田」は呉を出港したが、豊後水道を猛烈な低気圧が北上のきらいがあったので、甲島南方で仮泊の後、連合艦隊の碇泊地室積沖（山口県）に合同した。

(4) 特型格納筒が連合艦隊に採用せらるるまで

一〇月二日、軍艦「千代田」は室積錨地に着いた。小官は任務報告のため「陸奥」の連合艦隊司令部に行き、有

原田中将アルバム〔2〕 ［上］艇首鋸状の網切器と防潜網よけ保護索。［下］新たに司令塔前面に装備された網切器。さらにシドー、ディエゴスアレス攻撃の「特型格納筒改一」には、網切器と艇体の間に円弧状のガード（網切断用と推定）が追加されている。司令塔トップの手すり（網よけであろう）、乗降用のハッチ（直径450ミリ）、特眼鏡（潜望鏡）基部突出部の形状がよく分かる。

馬参謀に改造要領、性能試験の成果および「甲標的」の戦術的運用法の研究について報告した。

越えて一〇月四日、対米戦策の最後の図演を実施するということから、二、三艇長を連れて「陸奥」へ見学に行った際、同僚と雑談しておったら、山本長官から直接「千代田艦長、ちょっと」といわれ、「長門」の後部砲塔に長官に従って行った。小生は若人たちとよく呑（の）んだ時代だから、何か指導上の注意でも受けるのかと内心（欠字）たるものがあった。右舷側の人なきところに行き、長官は止まられたので僕も止まった。

突然「君から出した『標的』の戦術用法中に潜水艦で敵港湾入口まで運び、侵入するというが、実現可能なりや。また、乗員一同士気如何（いかん）」ということであった。

小生は「この案は乗員の発案であって、実行の士気大いに振るっている」旨お答えした。

長官はさらに「そうか、艇長の発案か。それではいかなる潜水艦にて運びうるか。また、敵港湾中、どれとどれが侵入できるか。また、襲撃帰還に対する可能性ありや」に対し「至急研究し、成果を報告せよ」とのことであった。

即ち急ぎ帰艦し、岩佐中尉、松尾中尉を呼び研究を進めた。

大体潜水艦搭載に関しては自分がこれに当たることとし、港湾侵入に関しては岩佐中尉と松尾中尉に担当せしめた。しかし小生の不勉強は新型艦の要目も知らんので、やむを得ず戦闘力要表に記載しある海大四型、巡潜、旗潜につき調査した。一艦二筒搭載の余積は無いが、一隻ならば十分という数字が出た。

若人の研究も、周到を期しがたいが、筒の能力より見て、サンフランシスコ、真珠湾、シドニーならば侵入可能となった。

翌五日、研究成果を持参、「陸奥」に出頭し副官に頼んだ。ただいま各長官と話し中であるから、終わったら申し上げるということであった。

約一時間ほど待って、〇九三〇頃、長官より呼び出され、岩佐と共に長官の平素おられる後部公室に行き、まず小官から研究の成果「海大四型潜以後の大型ならば、後甲板に一筒を搭載する広さは十分であるが、潜水艦艦体強度およびGM関係は技術官の調査を必要とする」旨申し上げた。

次に岩佐中尉が、真珠湾、サンフランシスコ、シンガポールの軍機図を示し、離脱位置、侵入法、襲撃法、脱出計画、収容位置の胸算などにつき説明、特に真珠湾は確信あるも、シンガポールはやや困難なる旨申し上げたるに対し、「船体強度、GM関係は当局にて調査せしむるべし」また「シンガポールに対しては、これを背面より陸攻するか、またほかに方法あり、真珠湾に侵入後、脱出の確信ありや」との長官の言に対し、「侵入後の脱出に対しては十分確信あり」と岩佐中尉より申告せり。

次いで小生より「もし真珠湾侵入決行せらるるならば、筒の改造、乗員の訓練に相当の日時を要するをもって、速やかに当局に発動せしむる様お願いする」旨申告した。ただ、長官は「そうか」といわれただけであった。そこで自分たちは退出した。

その後有馬参謀より七日「長門」へ図演に行った折、艦隊より特型格納筒使用の件、申し出でその実現のため、即日有馬参謀中央に帰りたる話を耳にせり。

(5) 敵港湾視察員派遣

一〇月九日夜、小生は頭痛を覚え卵酒などして、一九〇〇頃床に入れり、二二〇〇頃、連合艦隊参謀長（宇垣纏少将）より招致せられ、即ち小艇にて「長門」に出頭す。有泉参謀、有馬参謀談合しあり、要件は敵港湾視察員二名出す件なり。連合艦隊首席参謀黒島大佐部室にて協議す。

横浜出帆最終便にて、運転士または「コック」名義にて乗船せしむるよし、これに相応する艇長を選出せよとのことなり。商船の運転士に化け得る艇長、これは難題なり。しかして視察は絶対に必要なり。松尾敬宇中尉と神田晃中尉を選ぶ。二三三〇頃、有泉参謀とともに帰艦す。さっそく、松尾、神田両中尉を呼び、両中尉は本九日付軍令部出仕を命ぜらるる筈なり。

今朝〇二三〇頃、本艦出発。有泉参謀とともに下松駅にいたり、〇四四〇頃の上り列車にて岩国航空隊に行き、同所より特別仕立ての航空便にて、軍令部に着任すべし。服装平服、旅荷は「カバン」一組、中身は全部夏物、特に軍装その他の軍用品を持参することを許さずと申し渡した。ところが何を間違えたか、早くも決死の覚悟をし、直ちに港湾侵入と推したる様子なり。士官室にては士官一同大送別宴を張り、出発には総員帽子を振り、両名は万歳を三唱して出で行けり。

図解・甲標的

残存資料の乏しい甲標的を可能な限りの調査・考証に基づく図面で再現する。

考証・作図＝奥本　剛

甲型外観図

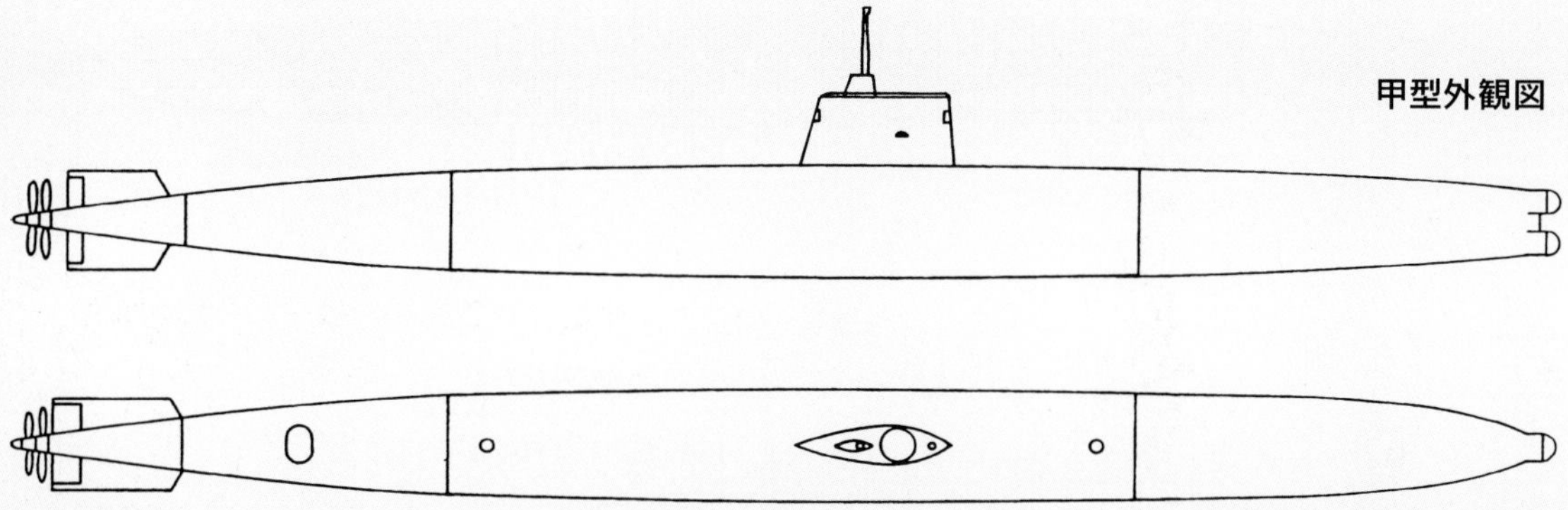

甲型艇体寸法図

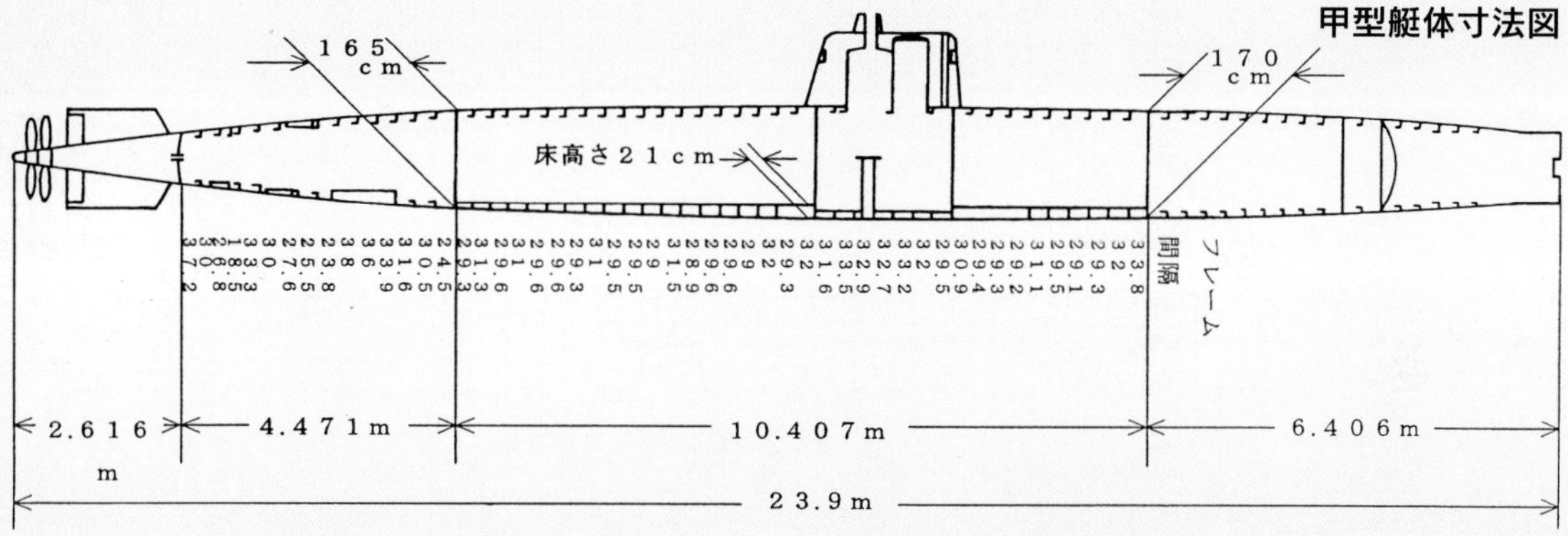

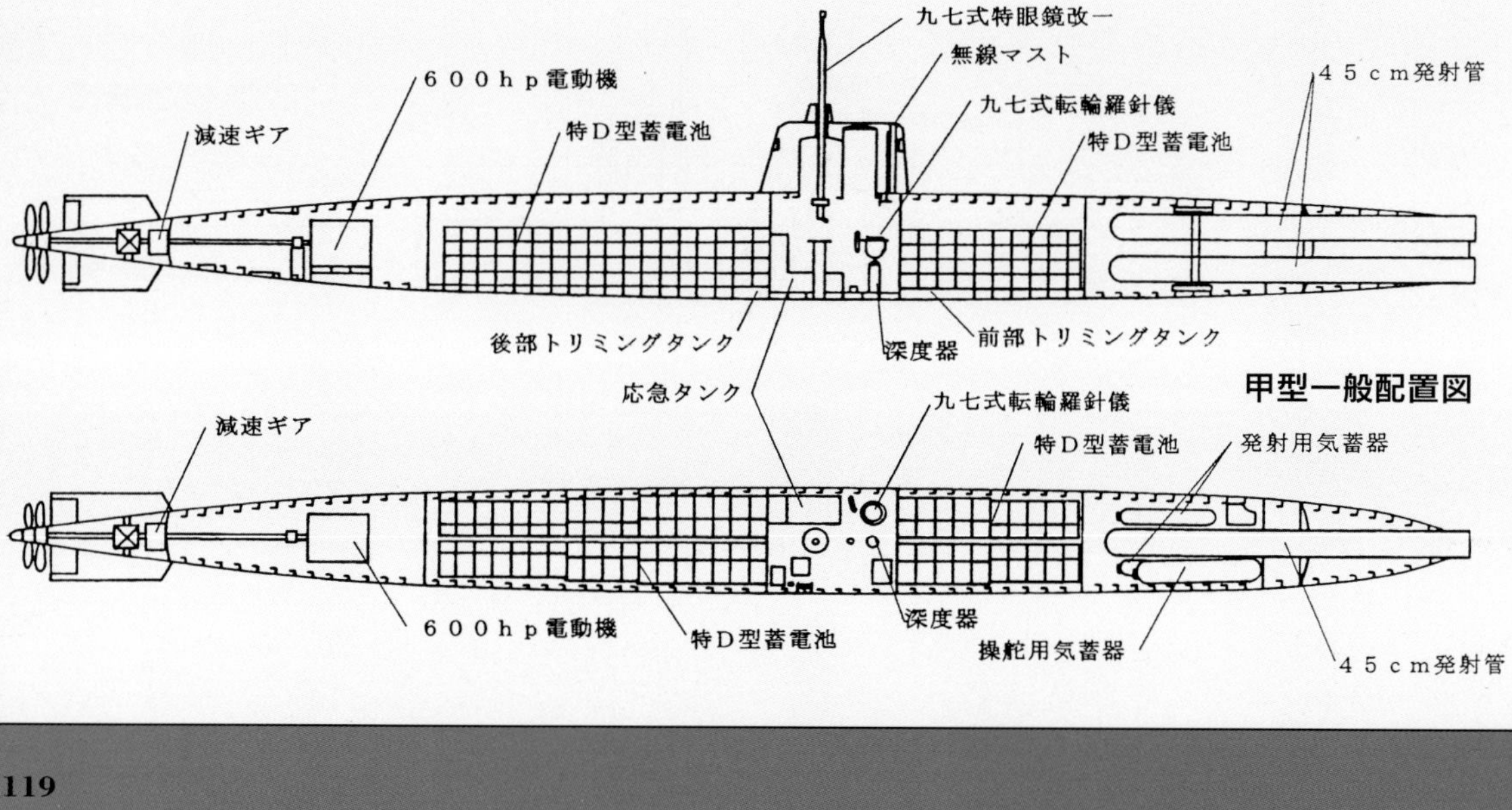

甲型一般配置図

甲型「特型格納筒」一般配置図

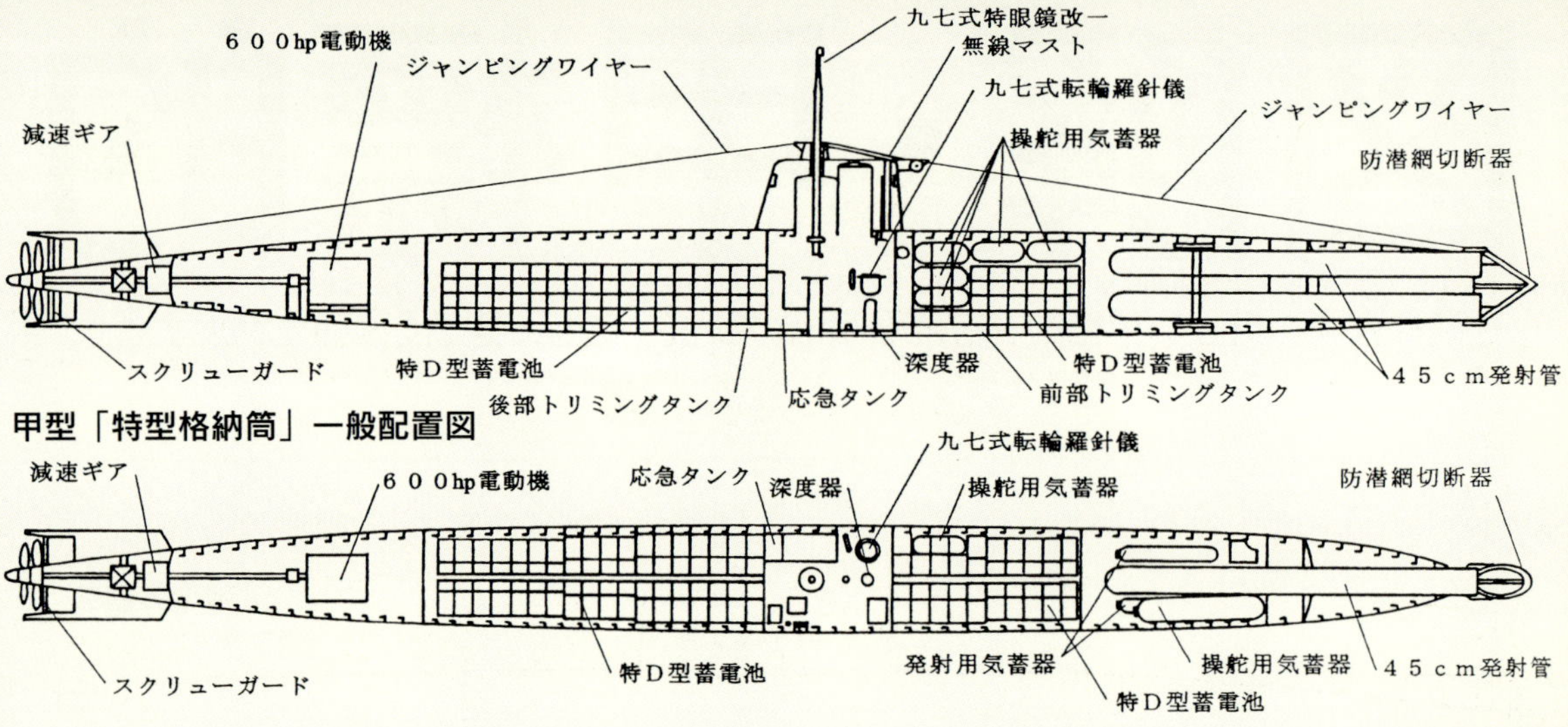

甲型「特型格納筒改一」一般配置図

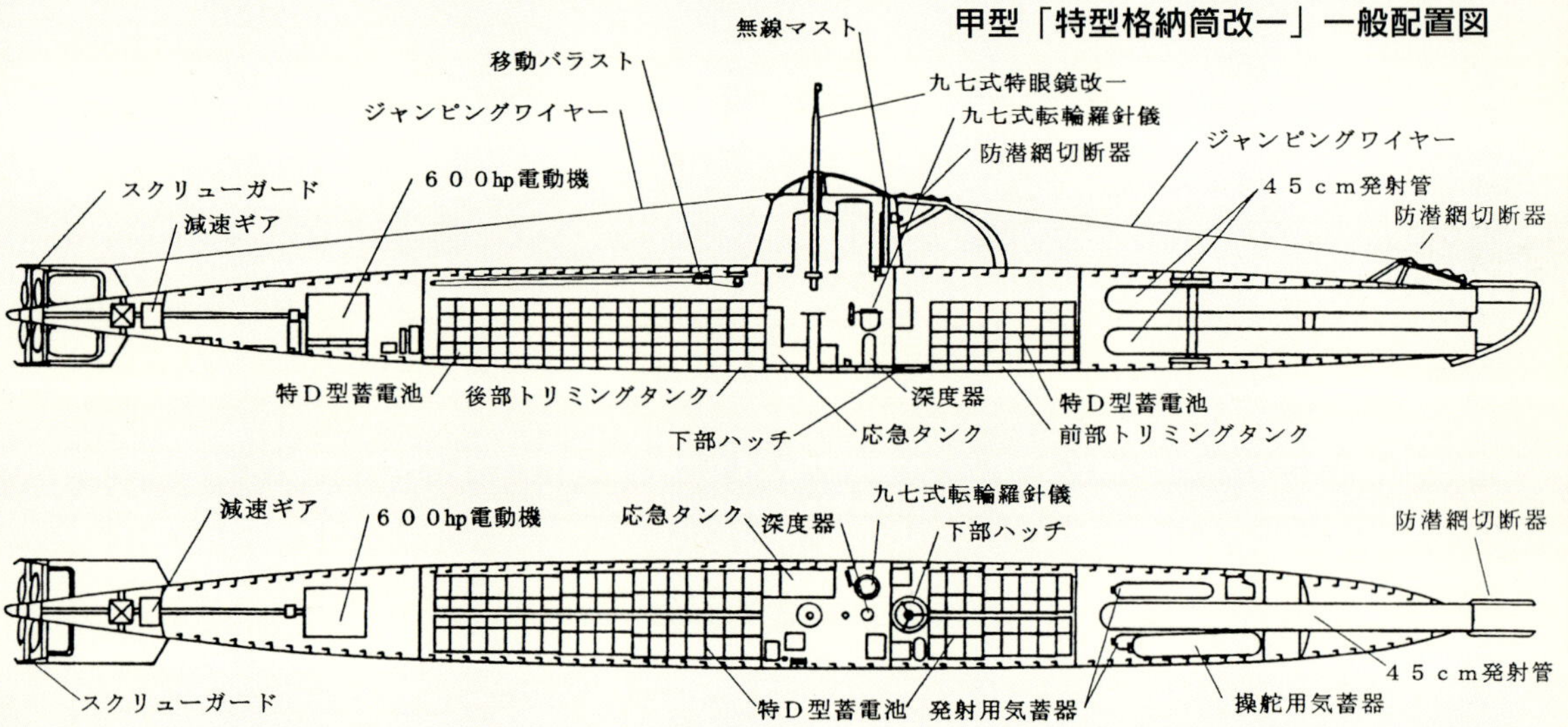

乙型一般配置図

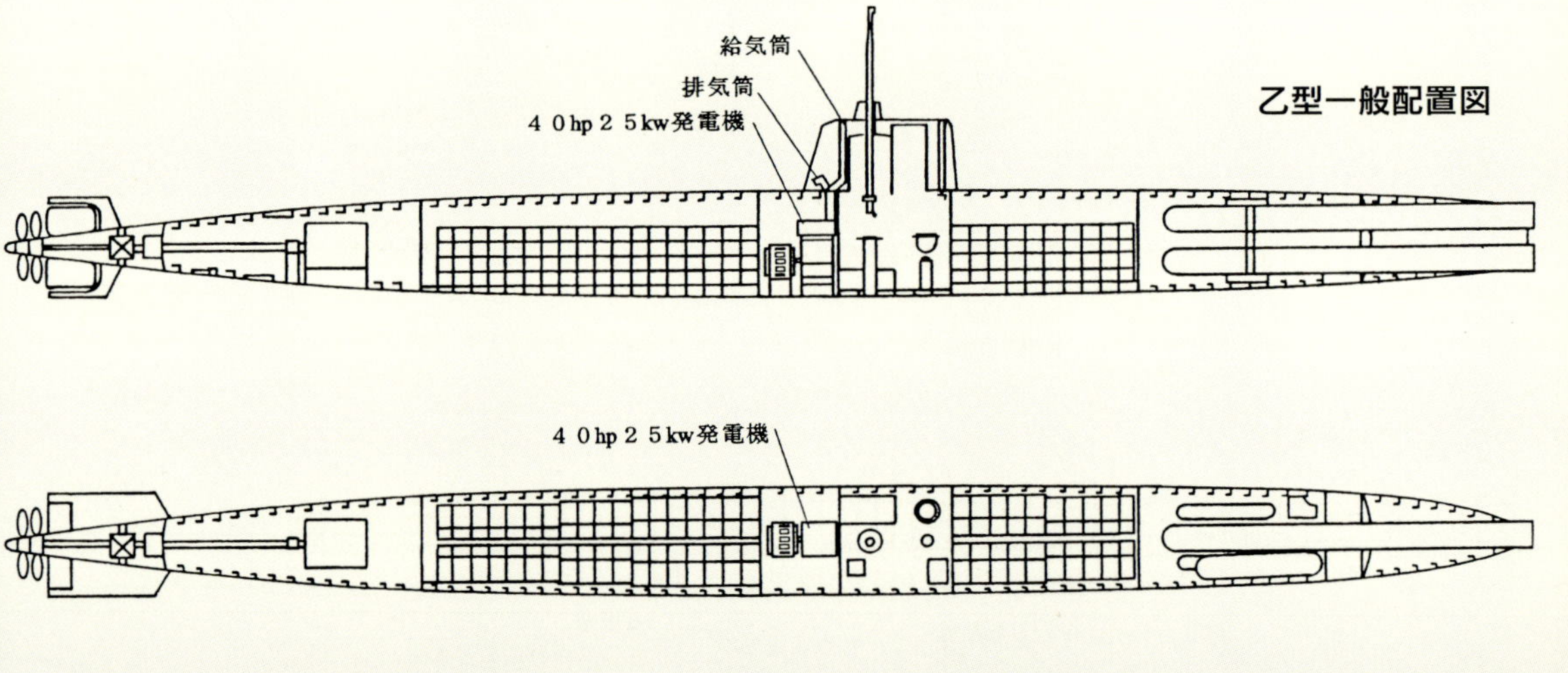

丙型一般配置図

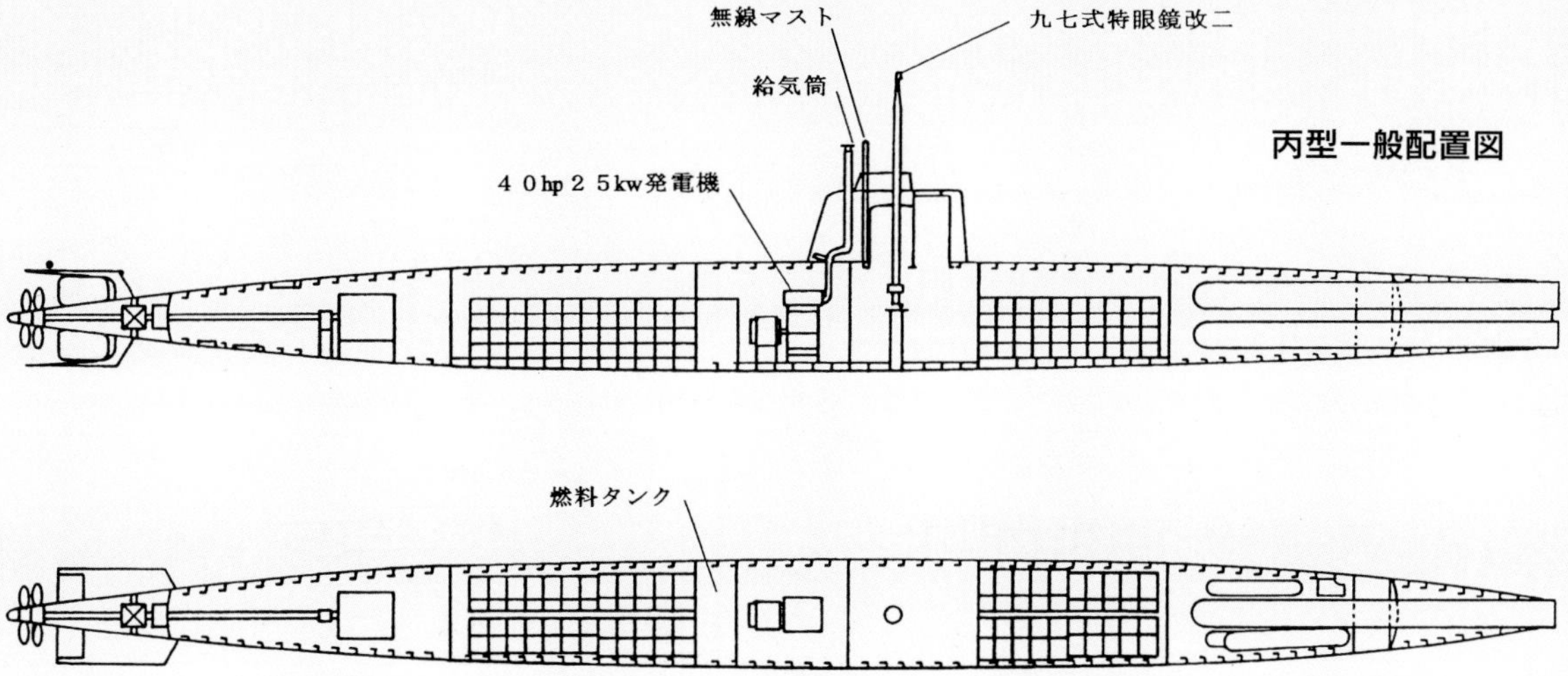

甲型練習艇

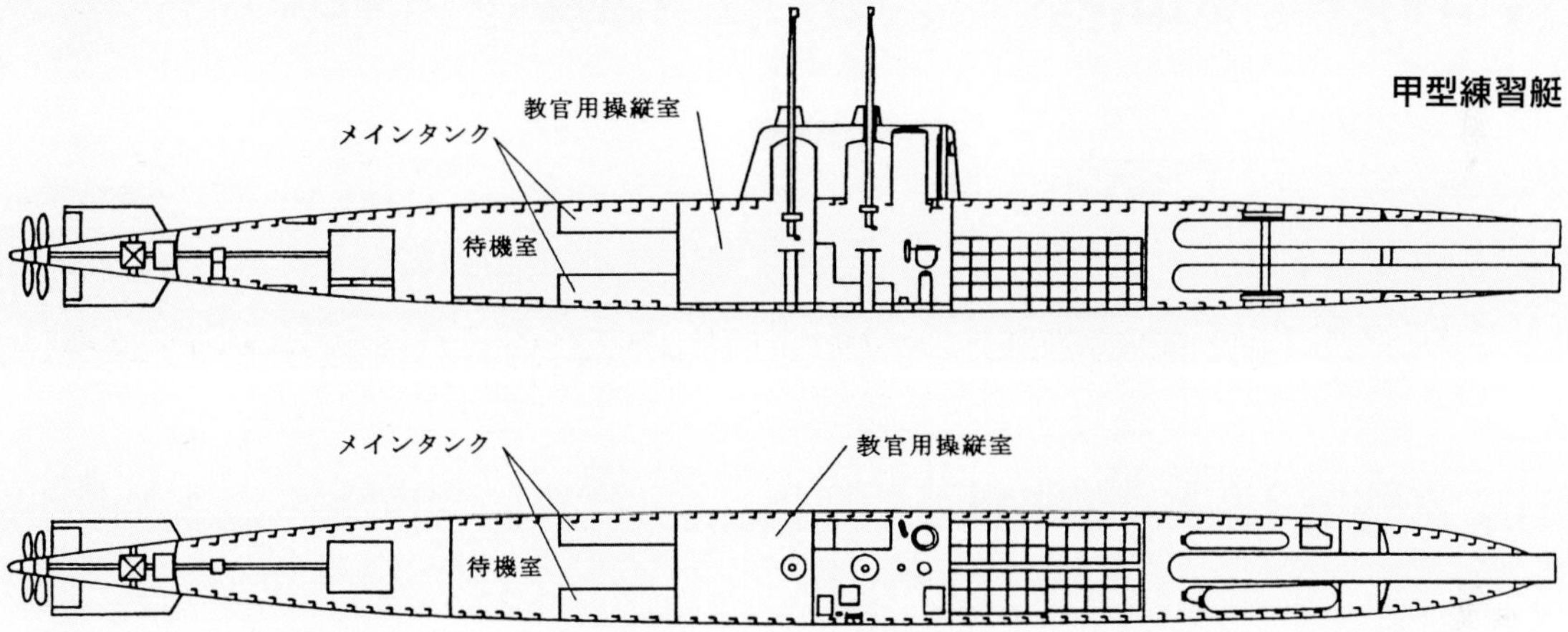

丙型練習艇

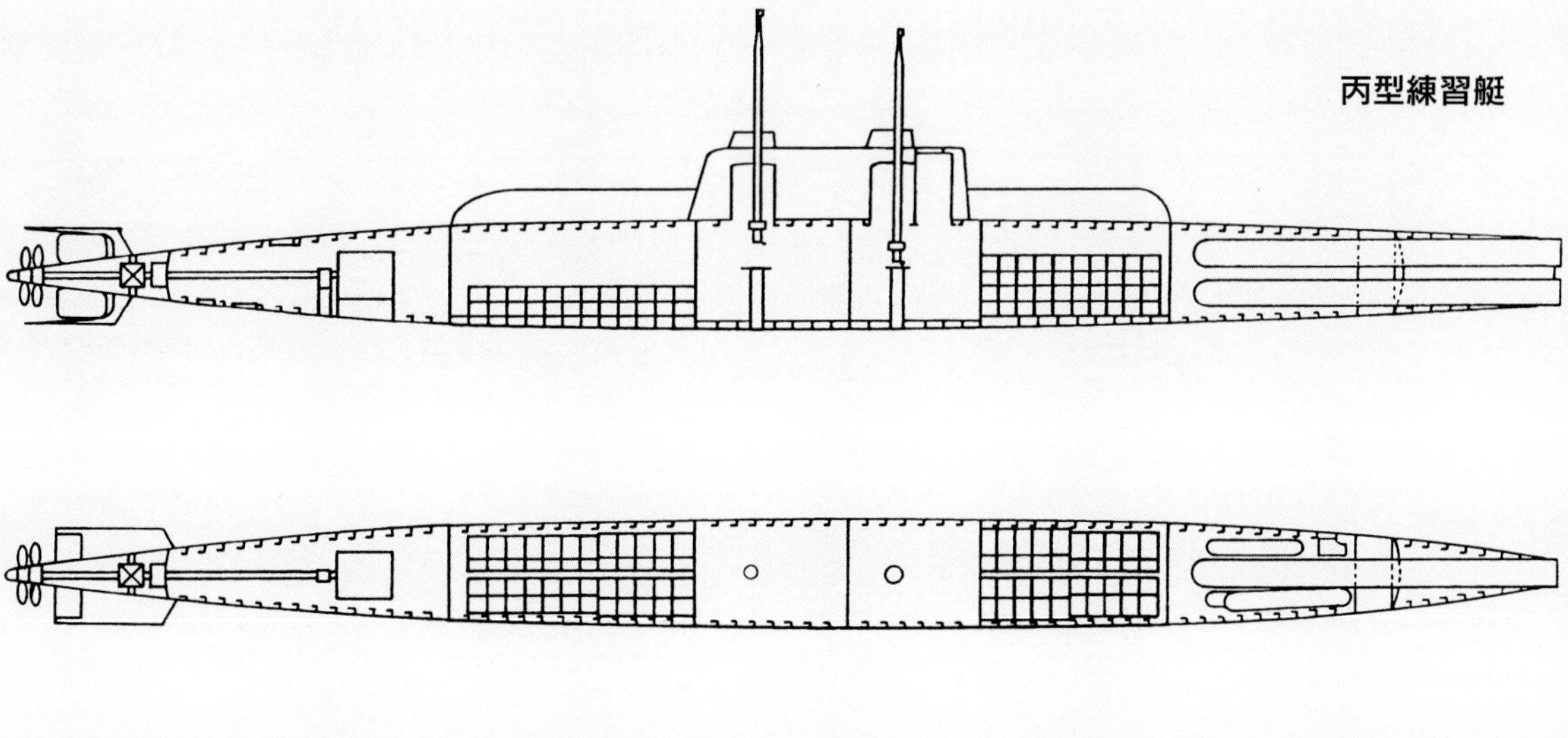

丁型「蛟龍」船殻構造図

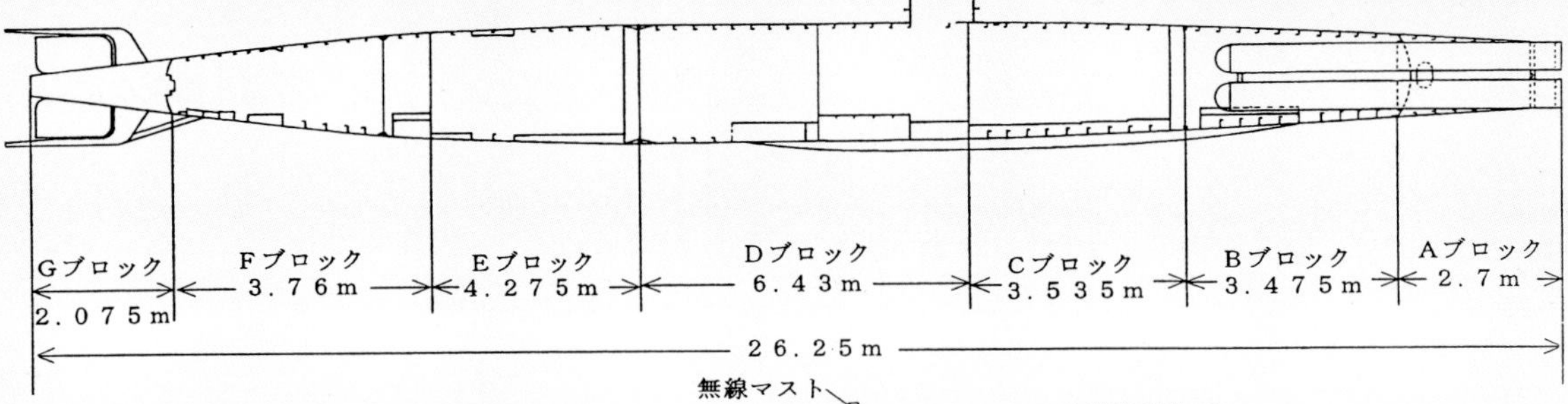

丁型「蛟龍」初期型一般配置図

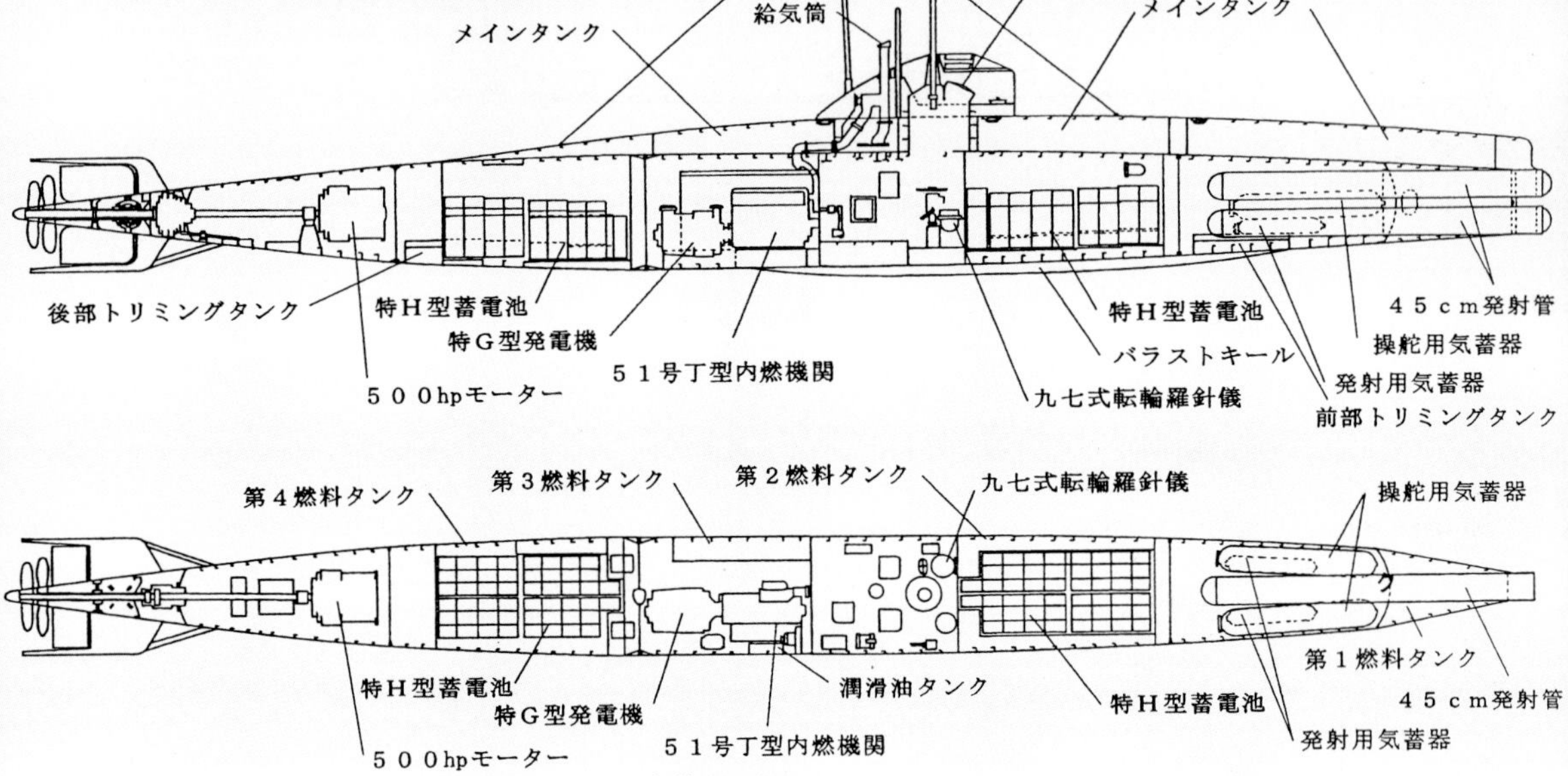

丁型「蛟龍」量産型一般配置図

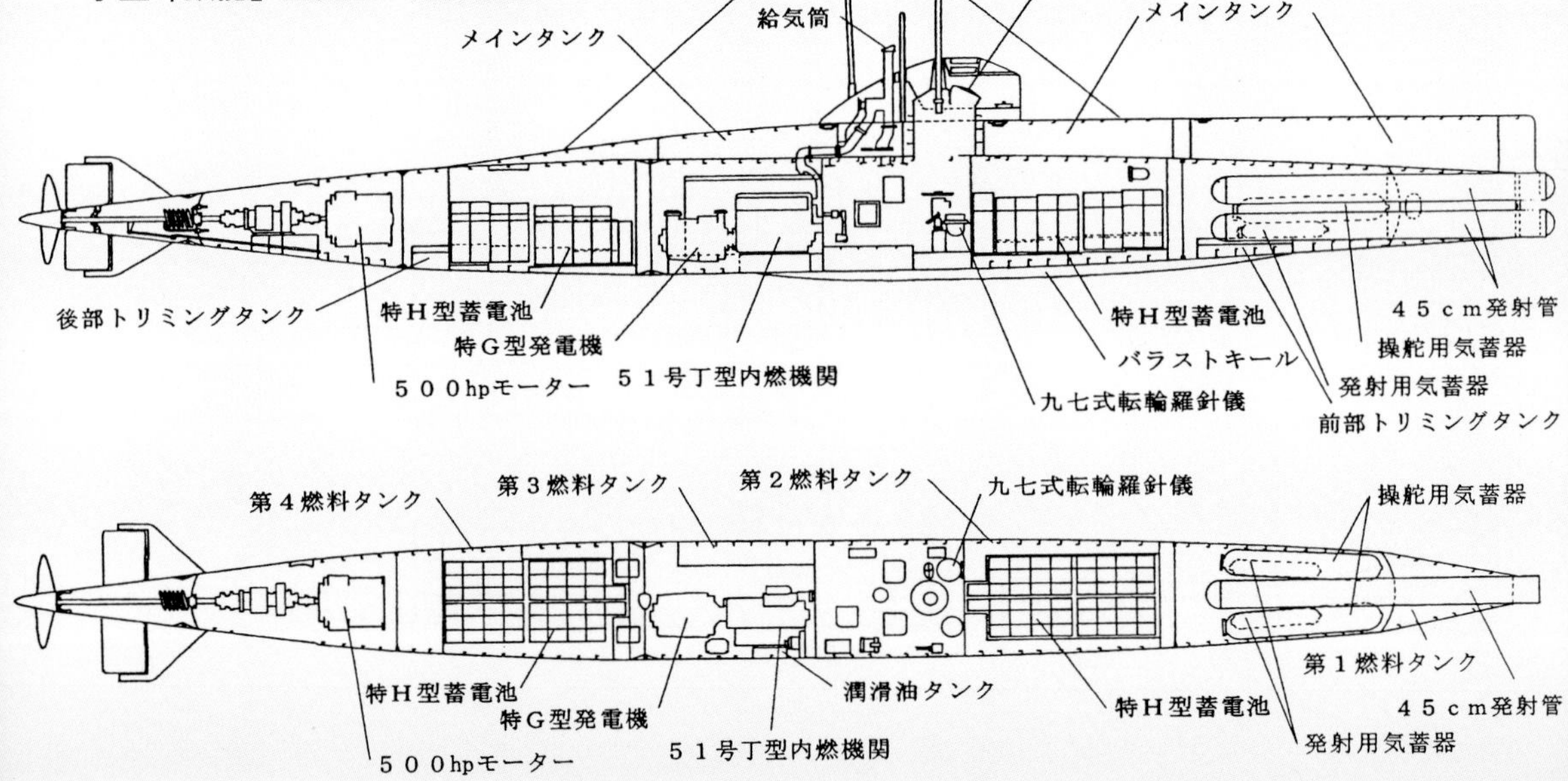

丁型「蛟龍改一」一般配置図

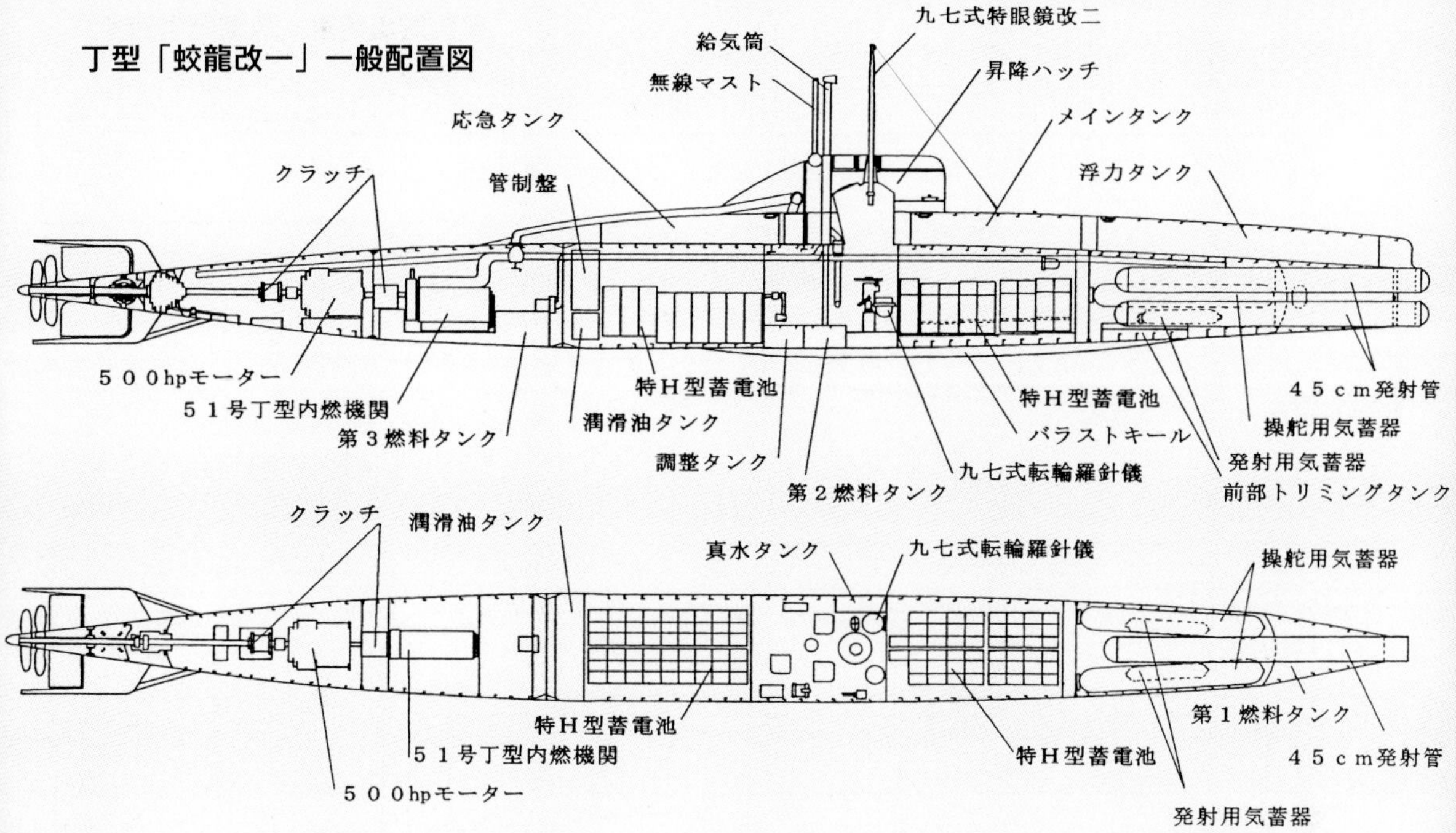

試製Ｙ標的一般配置図

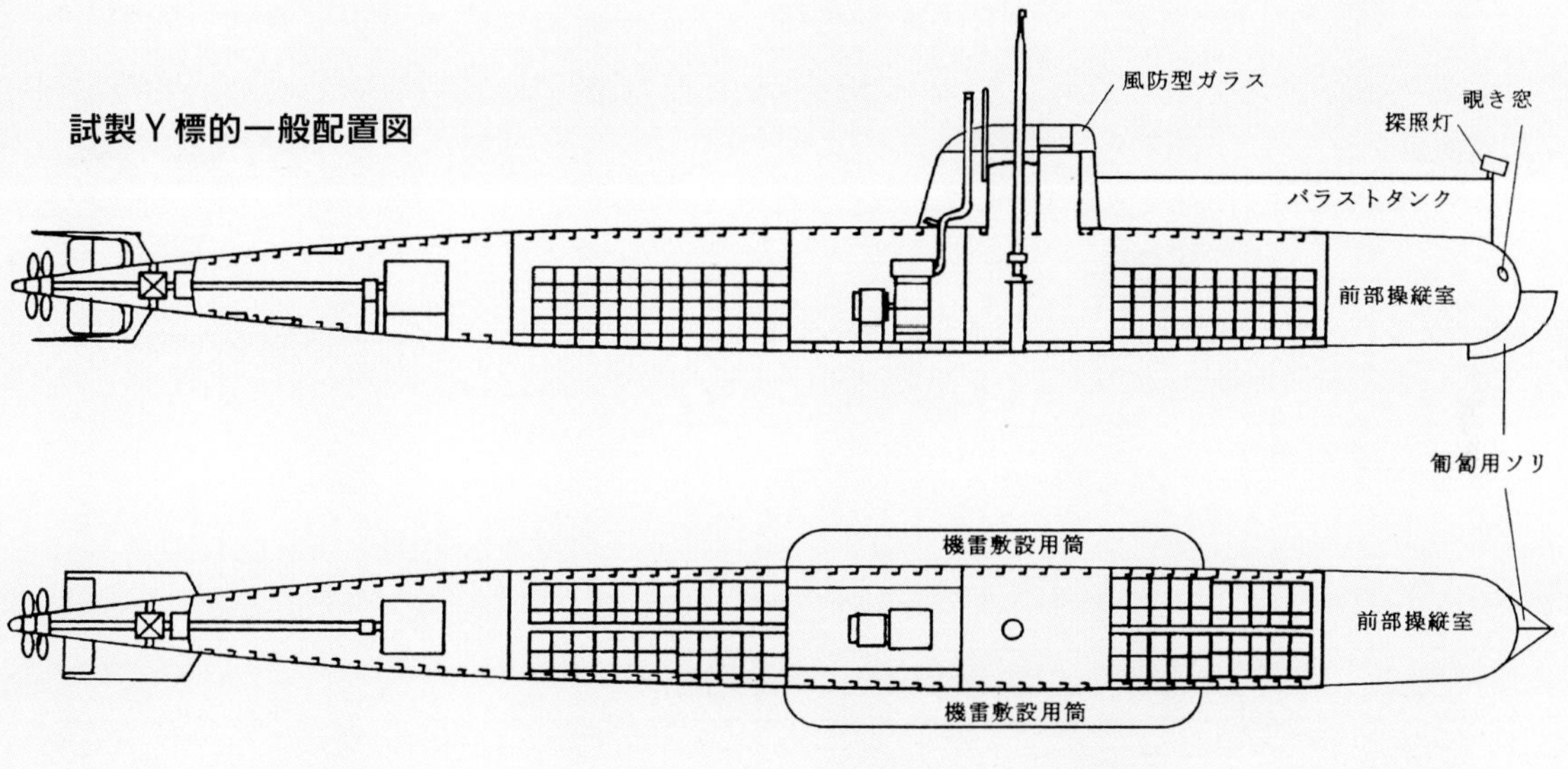

Ｙ標的量産型一般配置図

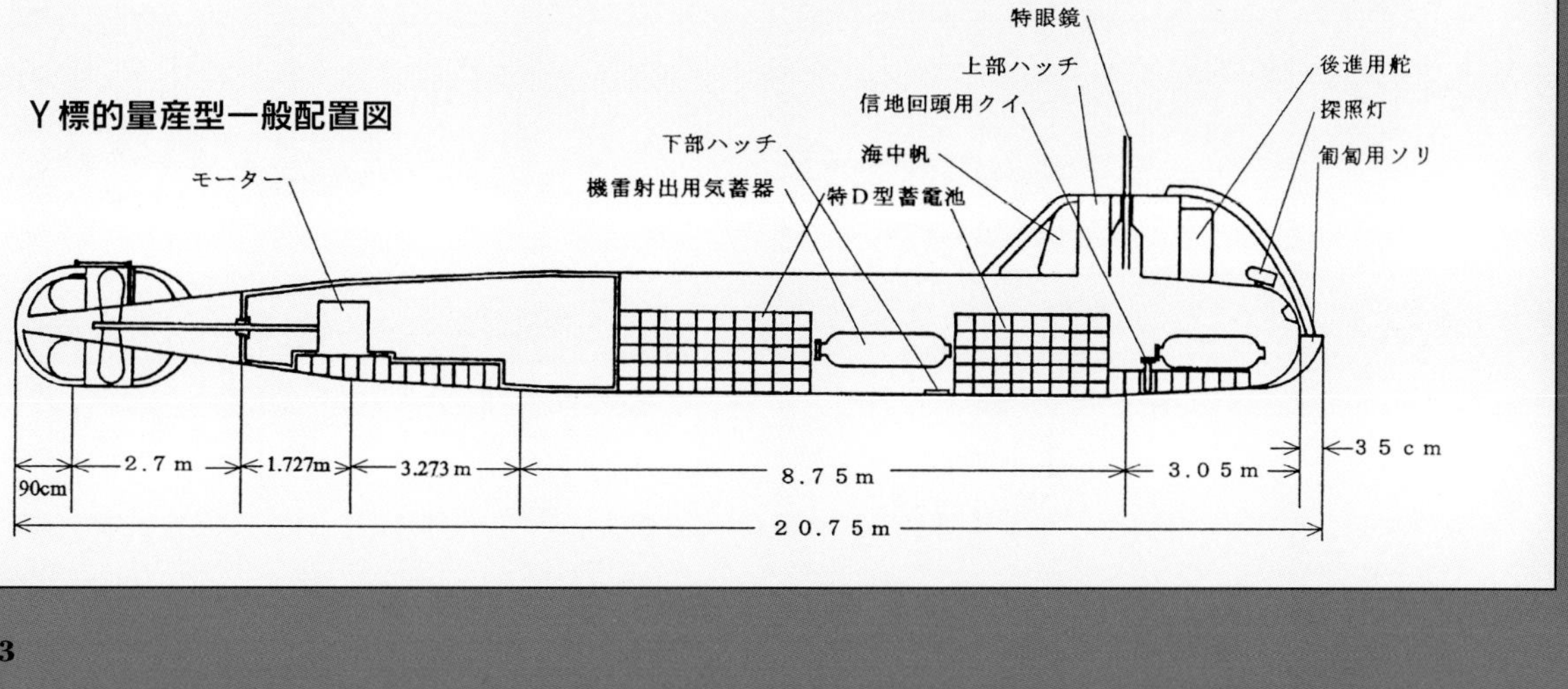

甲型射出筒室（魚雷発射管室）

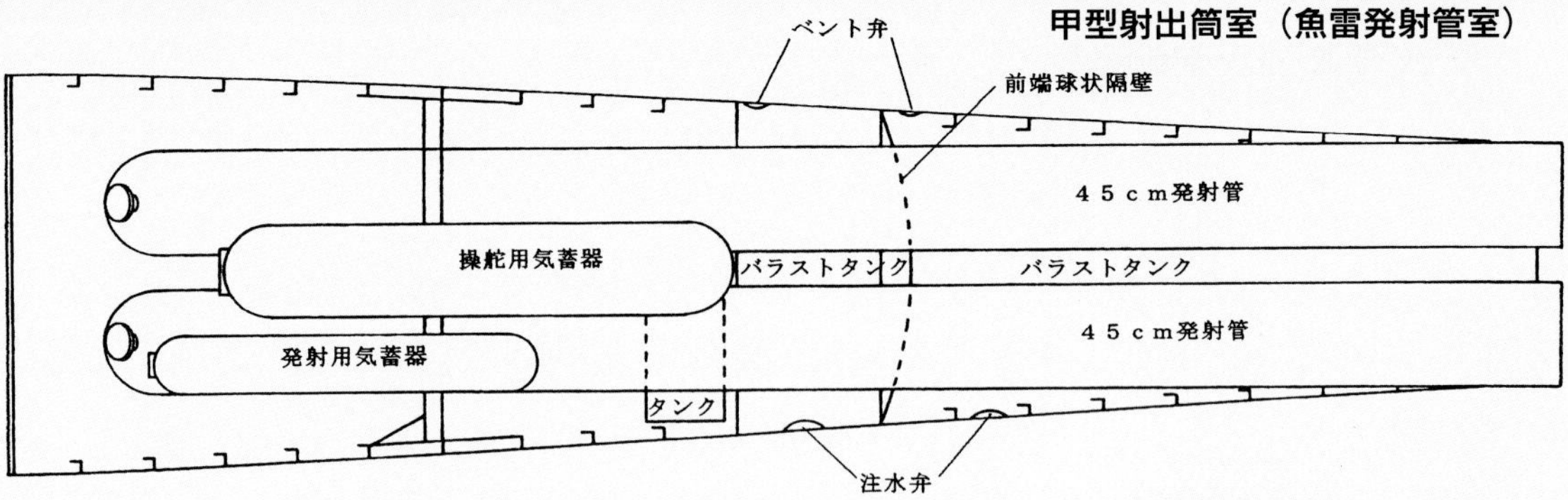

甲型機関室および艇尾

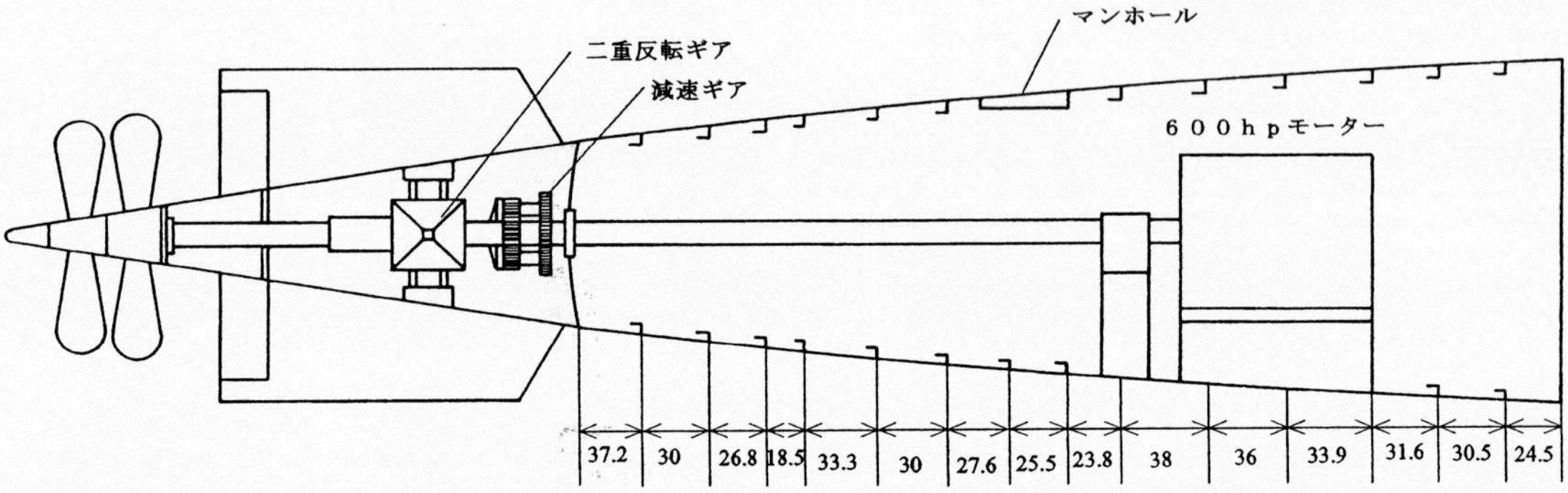

甲型操縦室左舷

甲型操縦室右舷

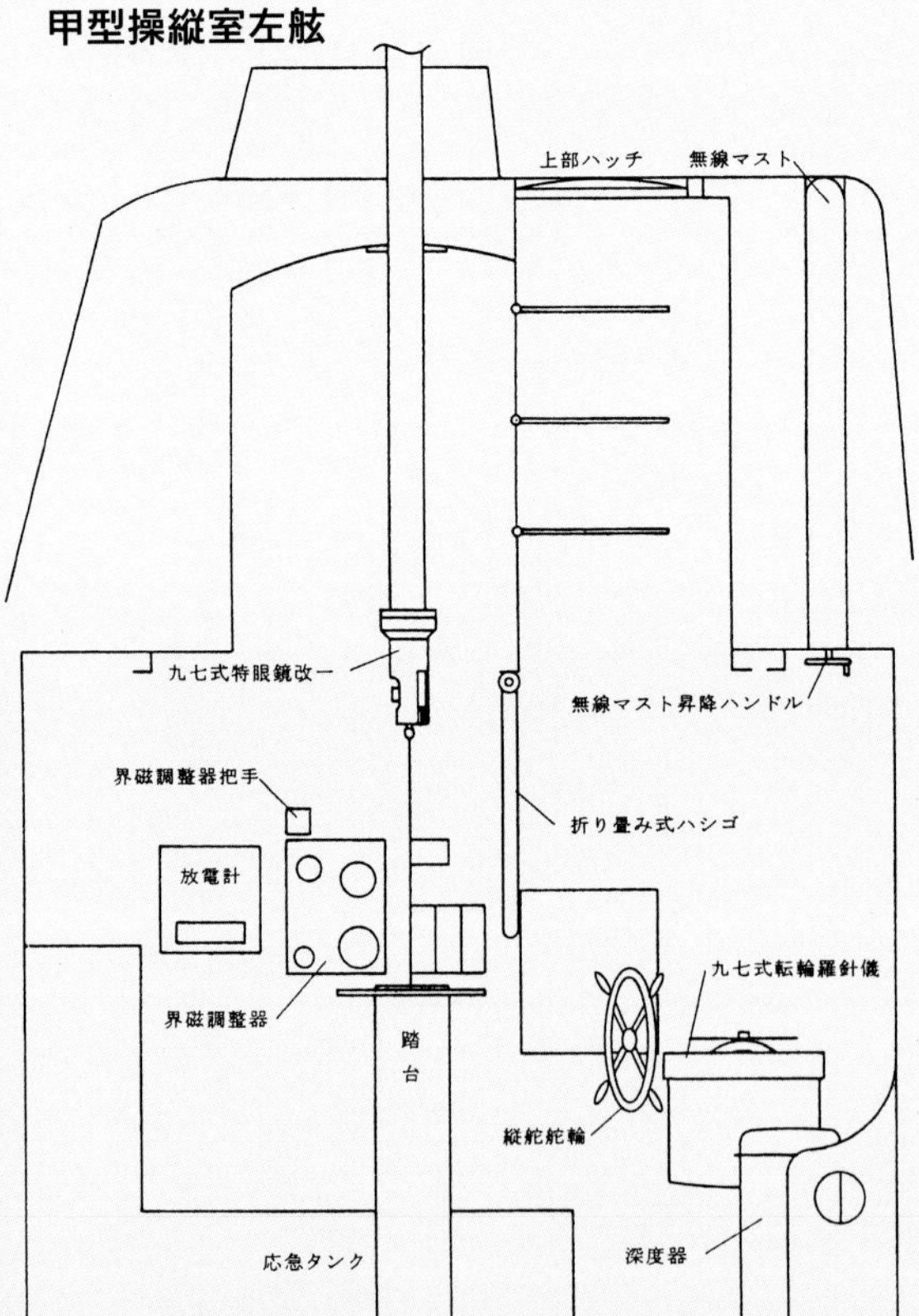

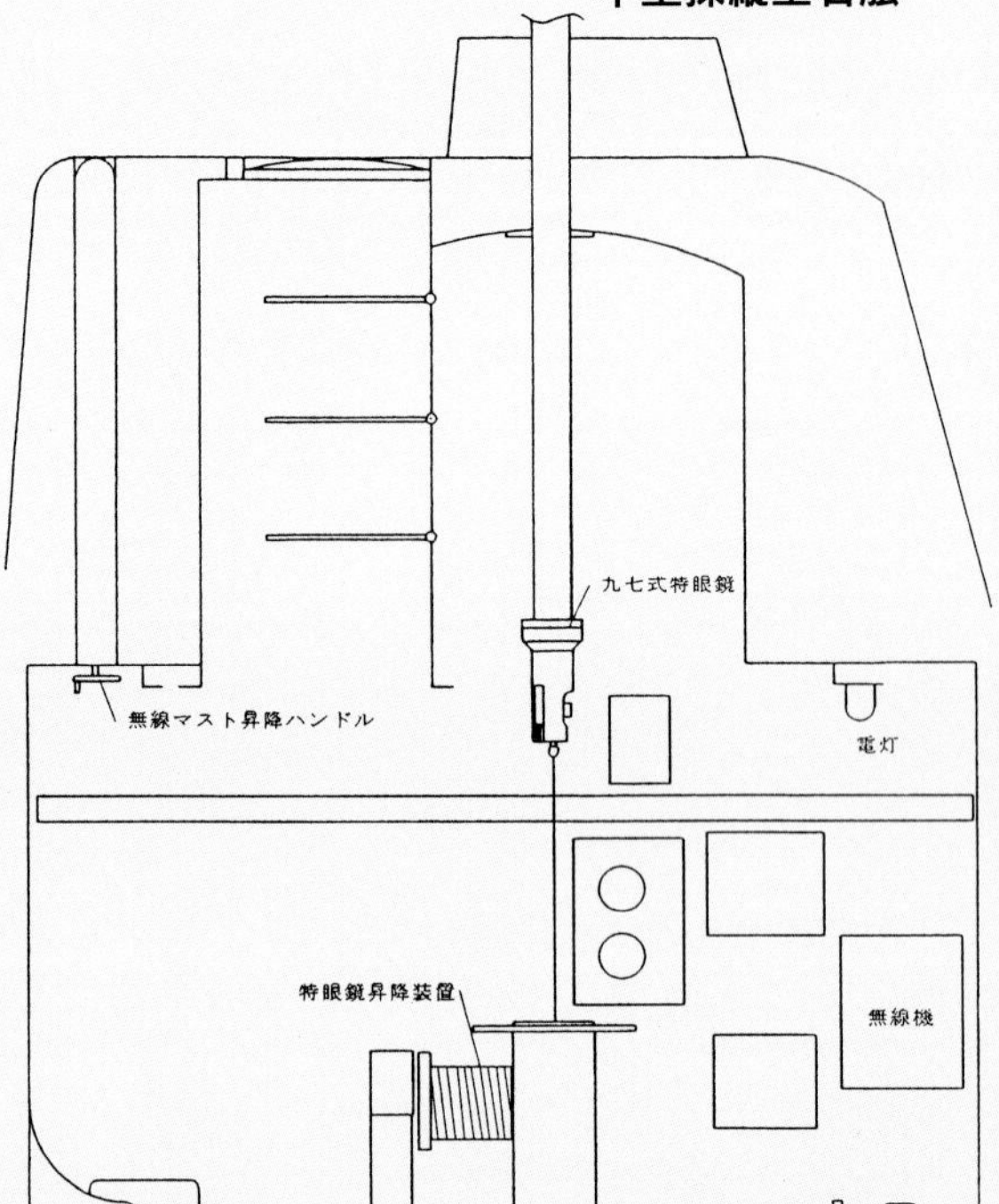

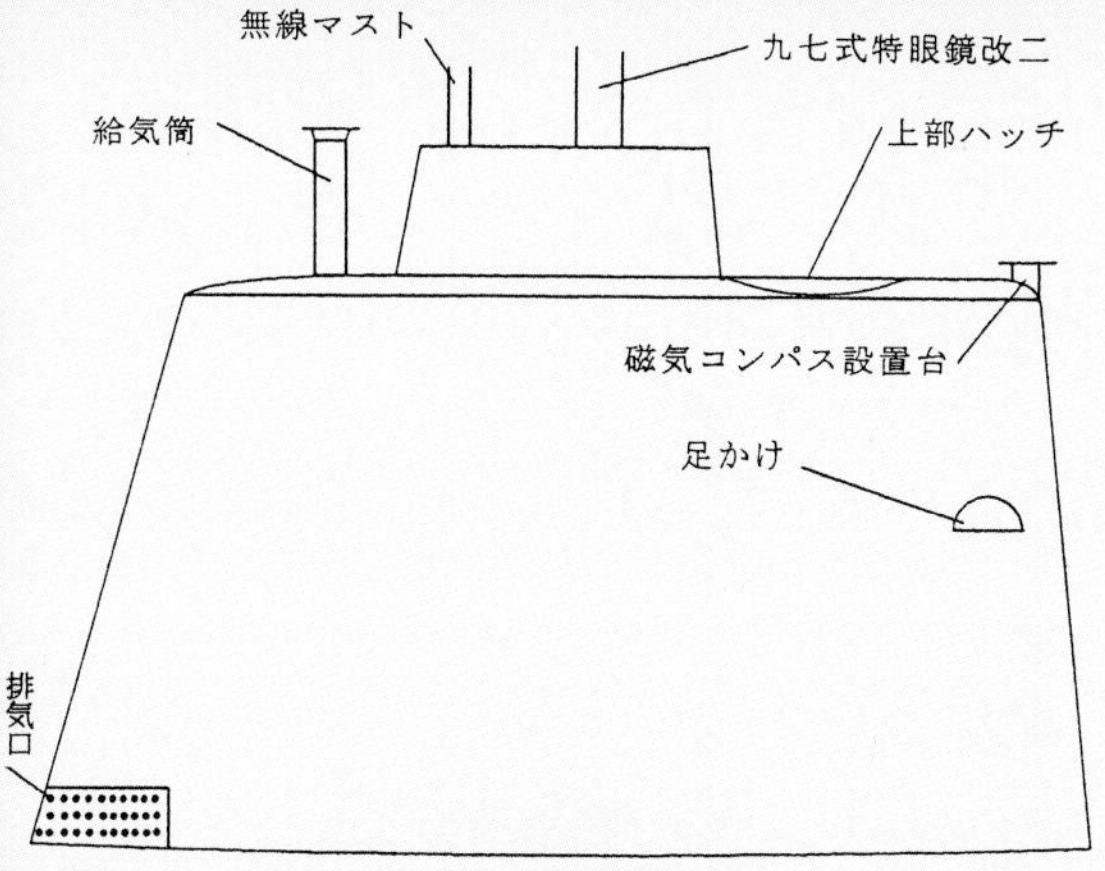

丙型の司令塔

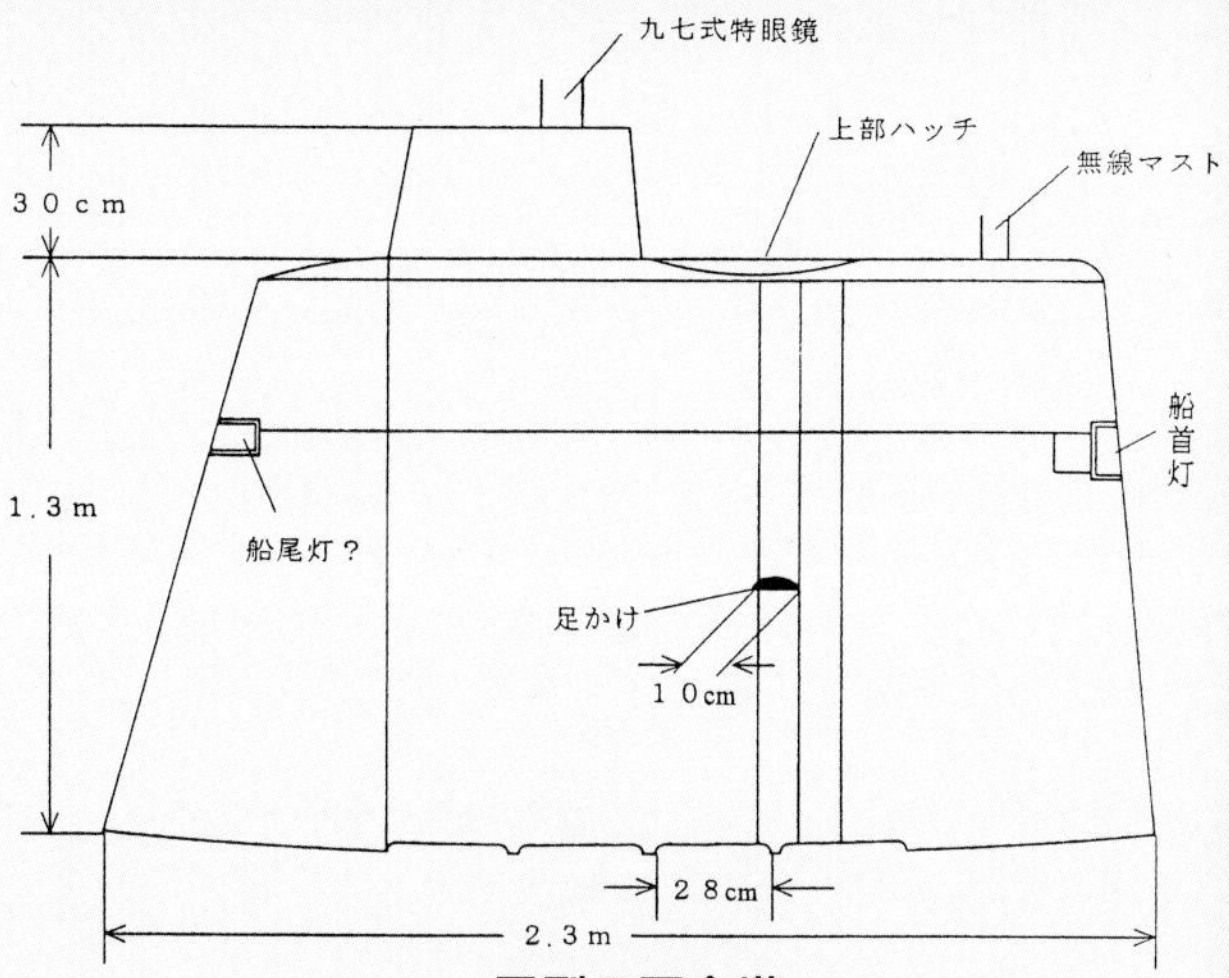

甲型の司令塔

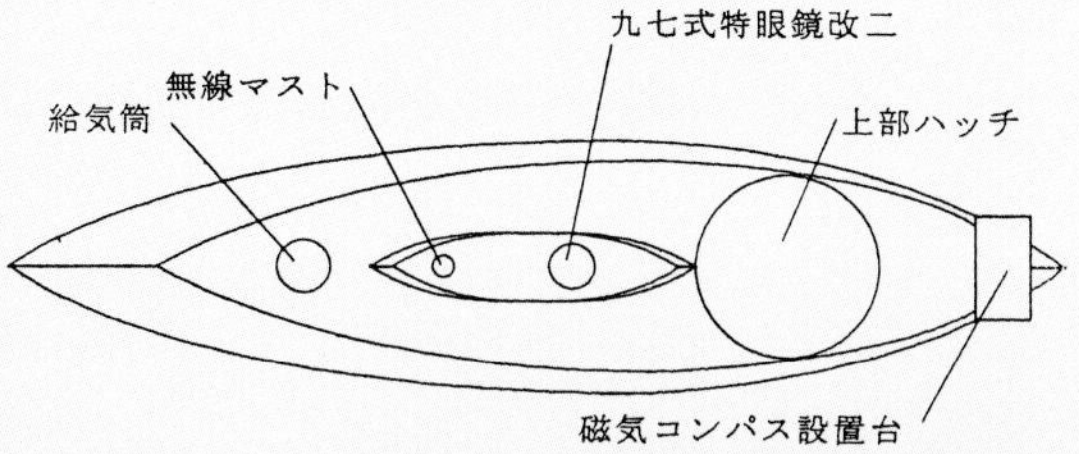

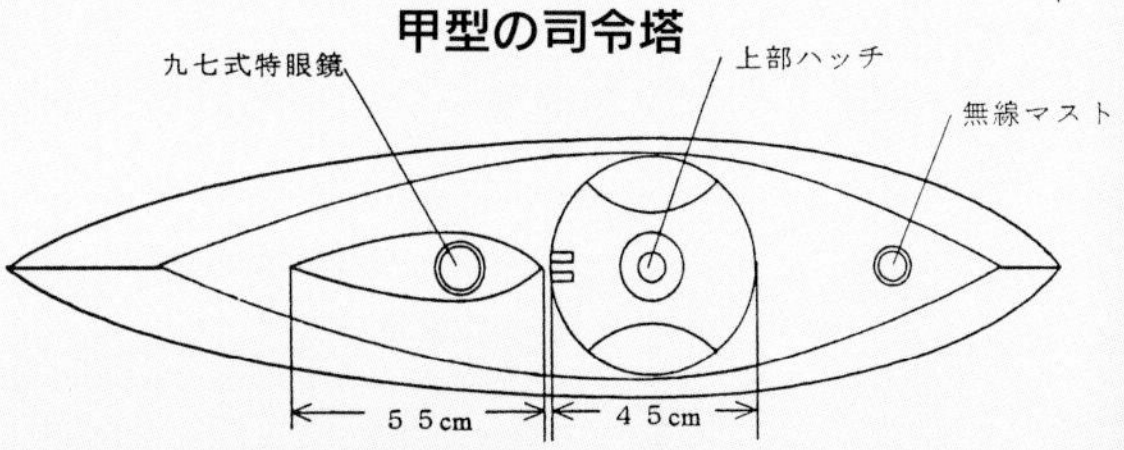

丙型では司令塔の内部配置に変更があったため、外観も変化している。甲型ではハッチの前方にあった無線マストが特眼鏡の後方に移設され、ハッチが前方に移動している。さらに、司令塔後端近くに昇降式給気筒が新設され、その下部には排気筒も新設された。

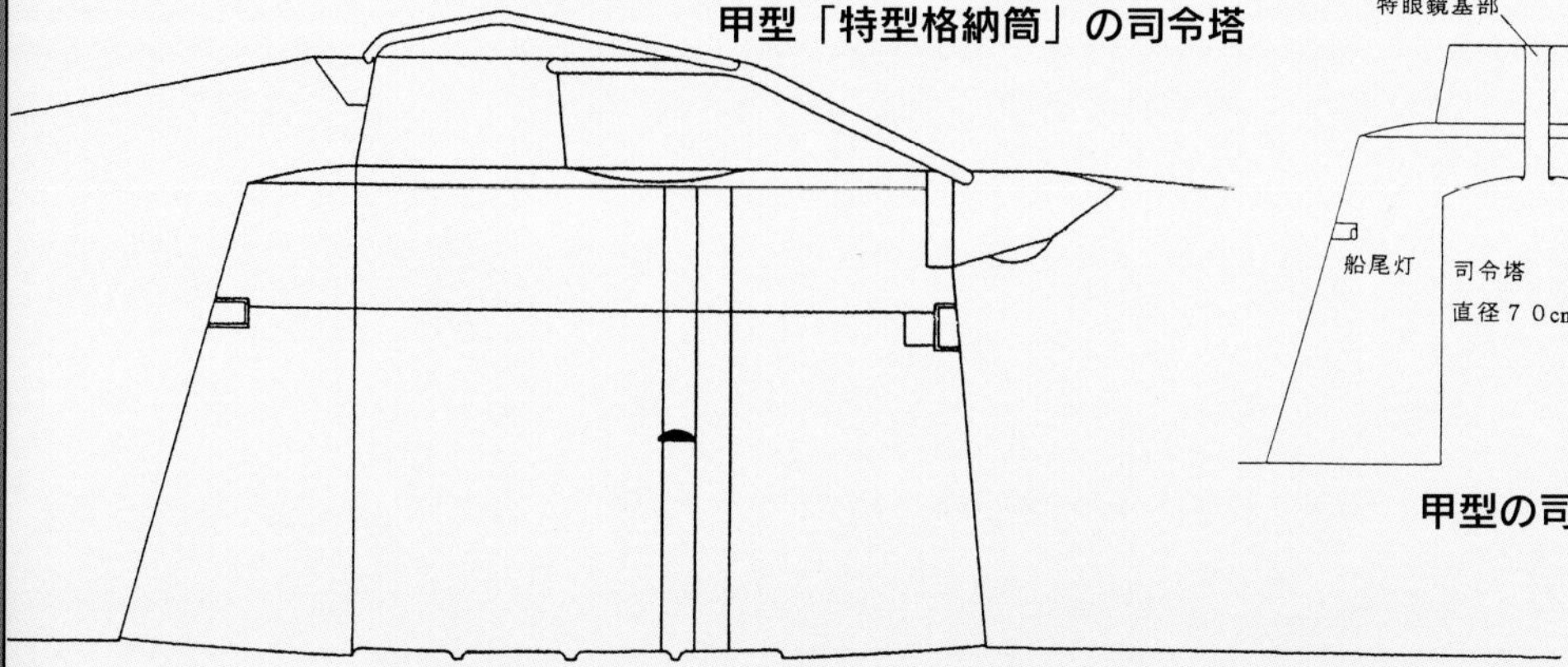

甲型「特型格納筒」の司令塔

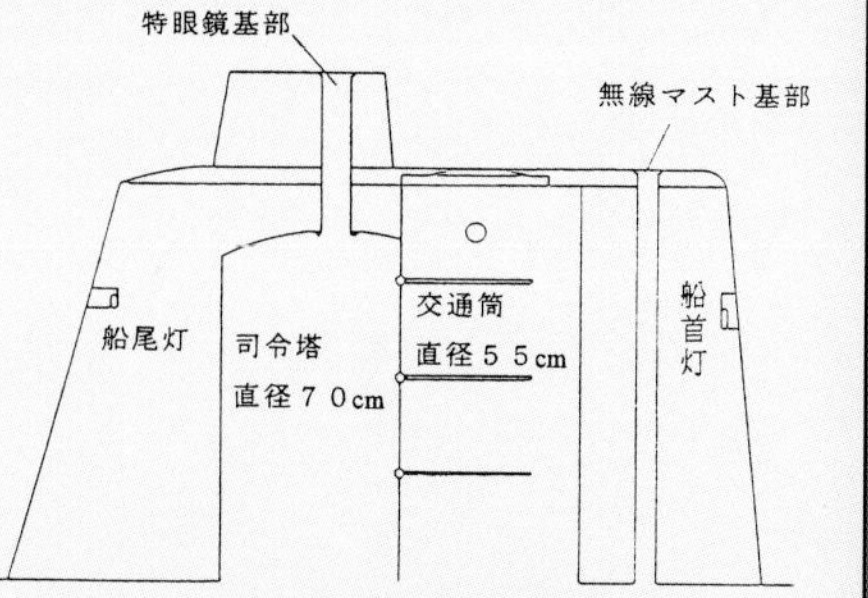

甲型の司令塔内部

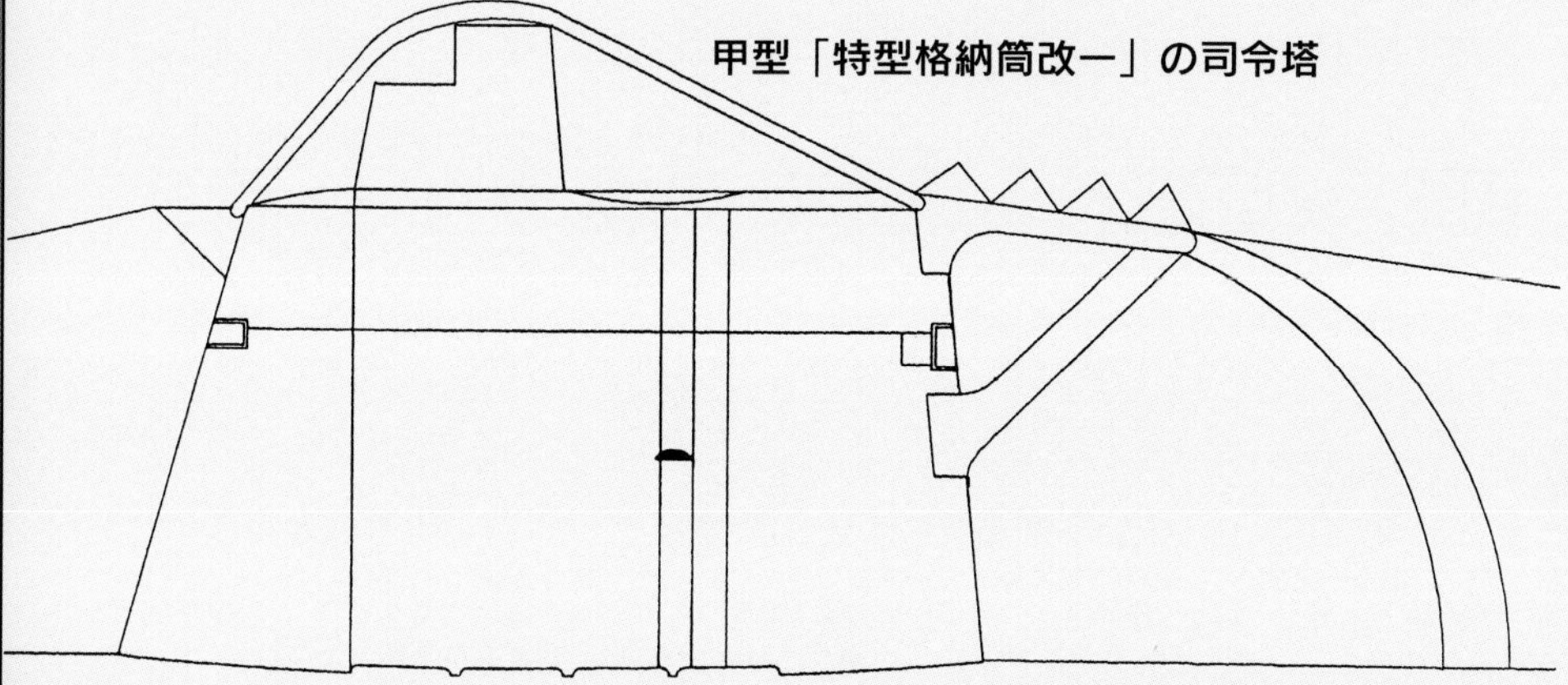

甲型「特型格納筒改一」の司令塔

シドニー、ディエゴスアレス攻撃用の7基の司令塔には、左図のように司令塔前面上部に防潜網切断器と防潜網絡みよけの円弧状のアームが増設された。また、特眼鏡基部の前半部の高さが増している。

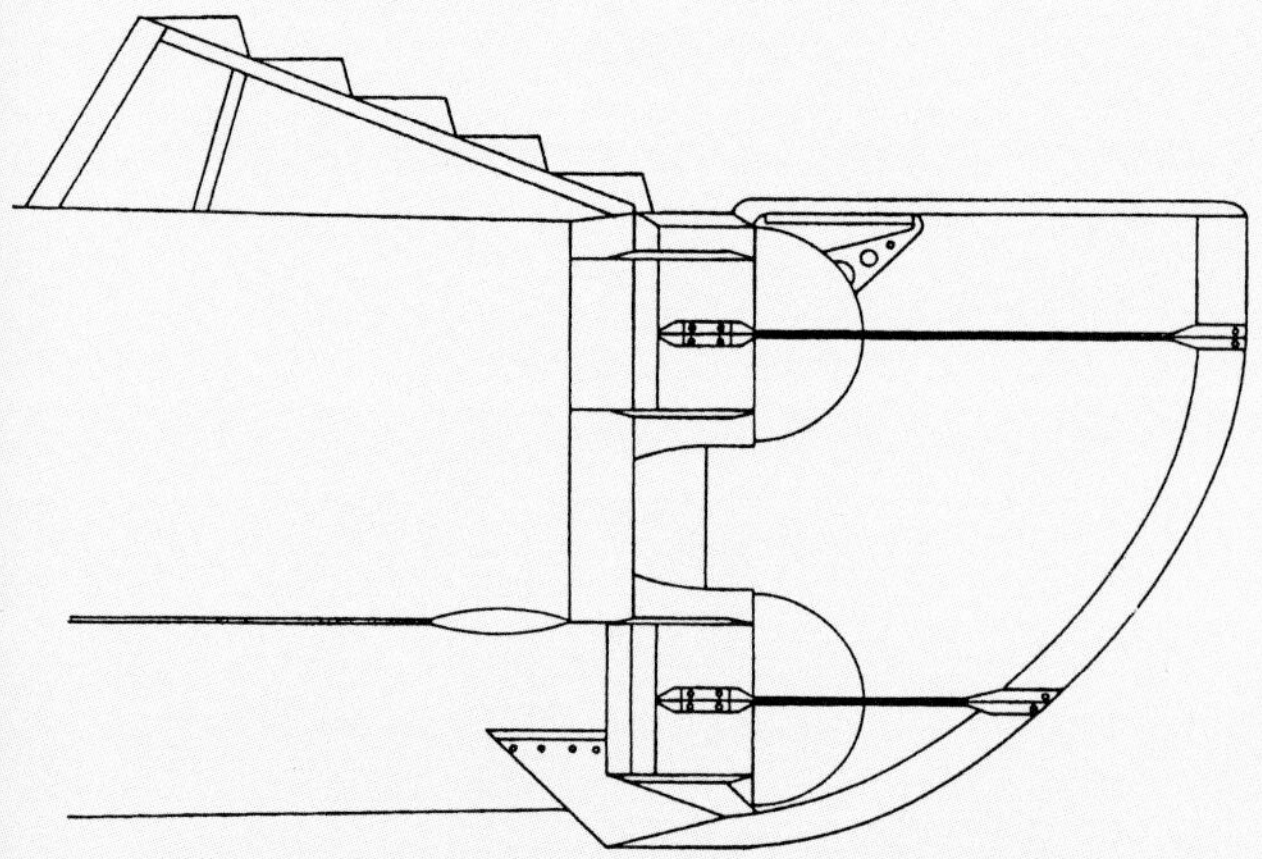

甲型「特型格納筒改一」の防潜網切断器

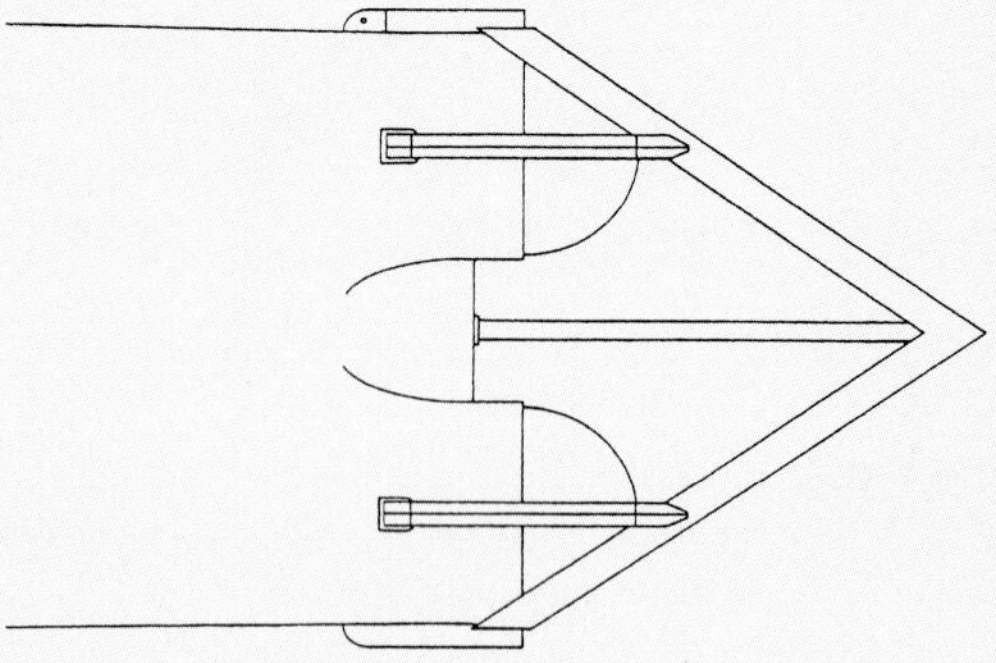

甲型「特型格納筒」の防潜網切断器

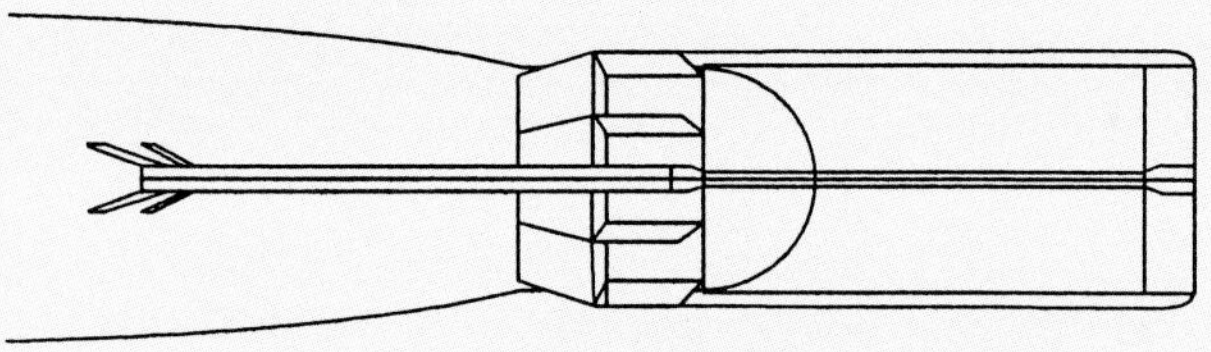

シドニー、ディエゴスアレス攻撃仕様の防潜網切断器。真珠湾攻撃仕様と大きく変わった形状をしているが、真珠湾の戦訓による改良ではない。このタイプも材質的に強度不足で何かに接触すると曲がりやすかった。

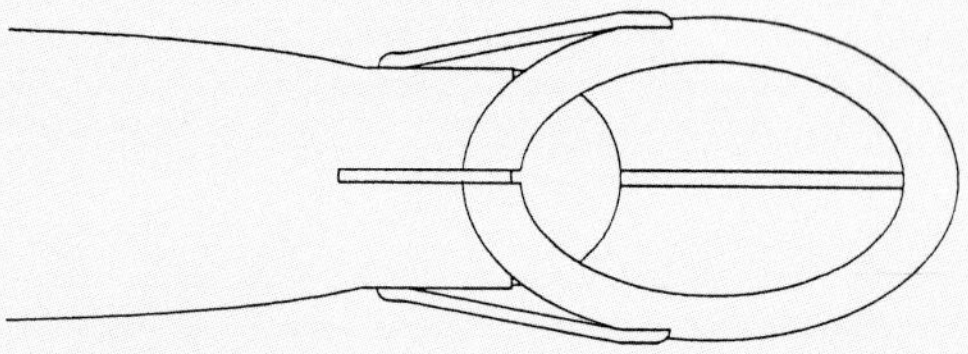

上は真珠湾攻撃用に改装された５基の甲標的に装備された防潜網切断器。しかし、真珠湾の湾口周囲の浅瀬に艇首を接触させて切断器が変形してしまい、魚雷発射の妨げになった艇もあった。

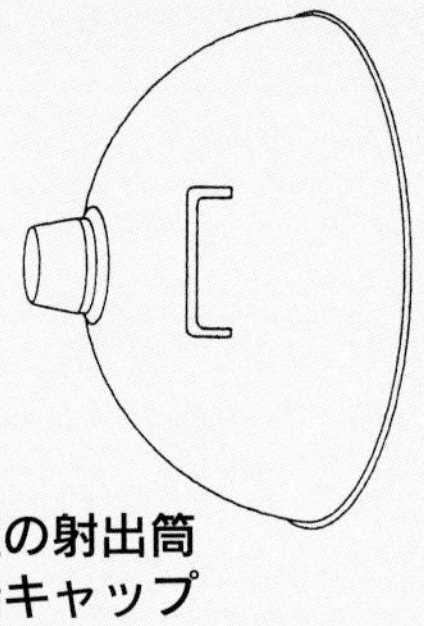

丙型の射出筒先端キャップ

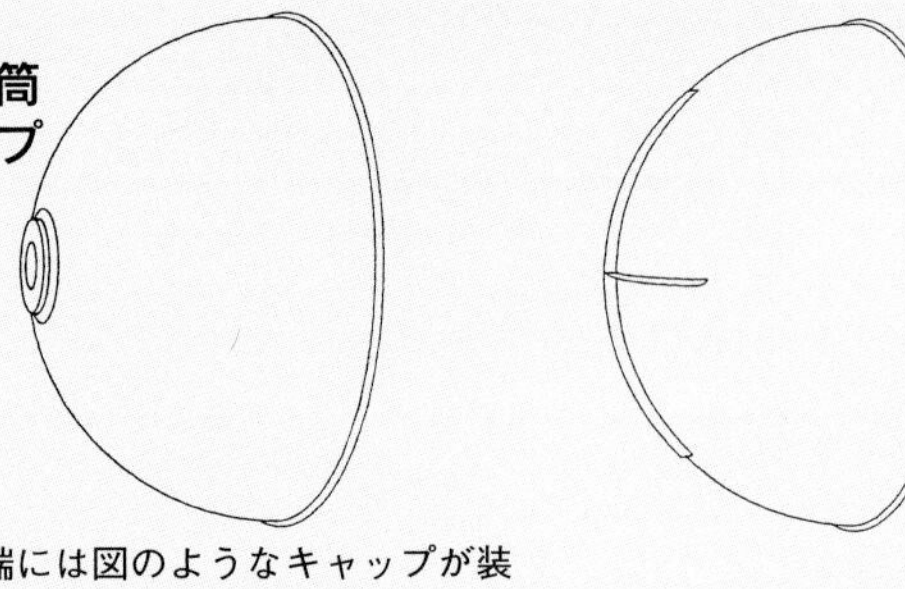

甲型の射出筒先端キャップ

甲標的の魚雷射出筒の先端には図のようなキャップが装着されており、魚雷の射出によって外れるようになっていた。「特型格納筒改一」からは図の丙型のものと同じく把手付きのキャップになっていた。

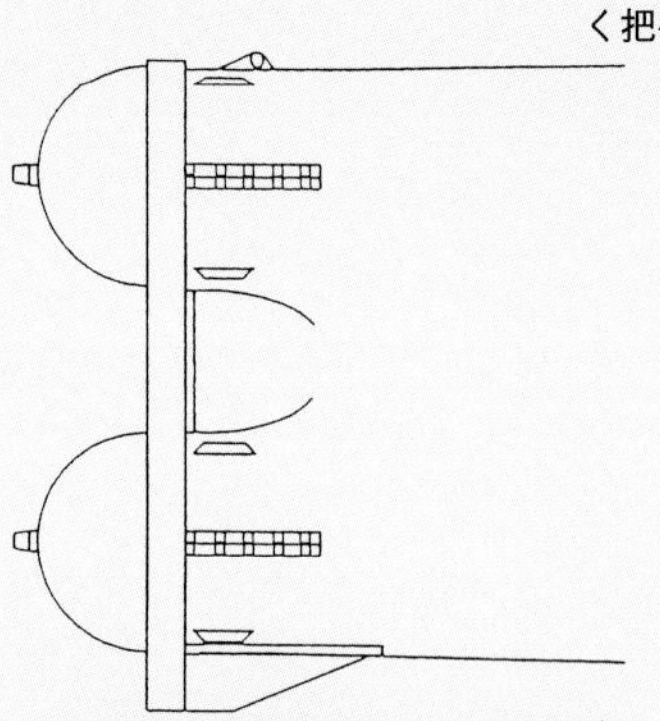

丙型の艇首ガードリング

丙型の艇首ガードリングは、明らかに防潜網の突破用途ではないが、その目的・機能は不明である。

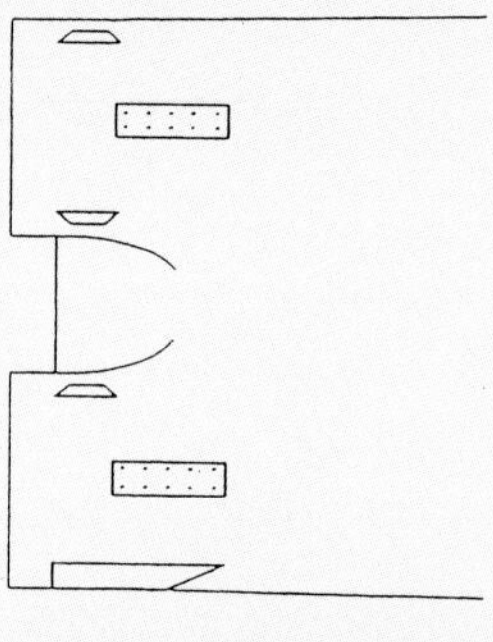

丙型の沖縄基地仕様の艇首部

沖縄の運天基地に配備された丙型の艇首には、目的・機能の不明な箱状のものが付いている。

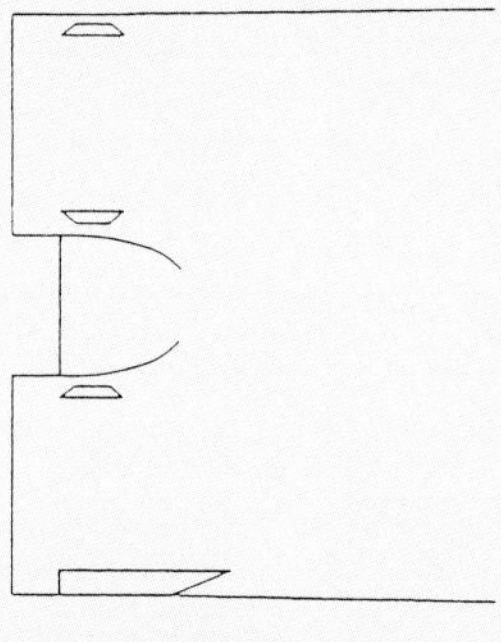

丙型の標準型艇首部

小型のひれが付いたことが甲型との違いであるが、これがどういう目的かは不明である。

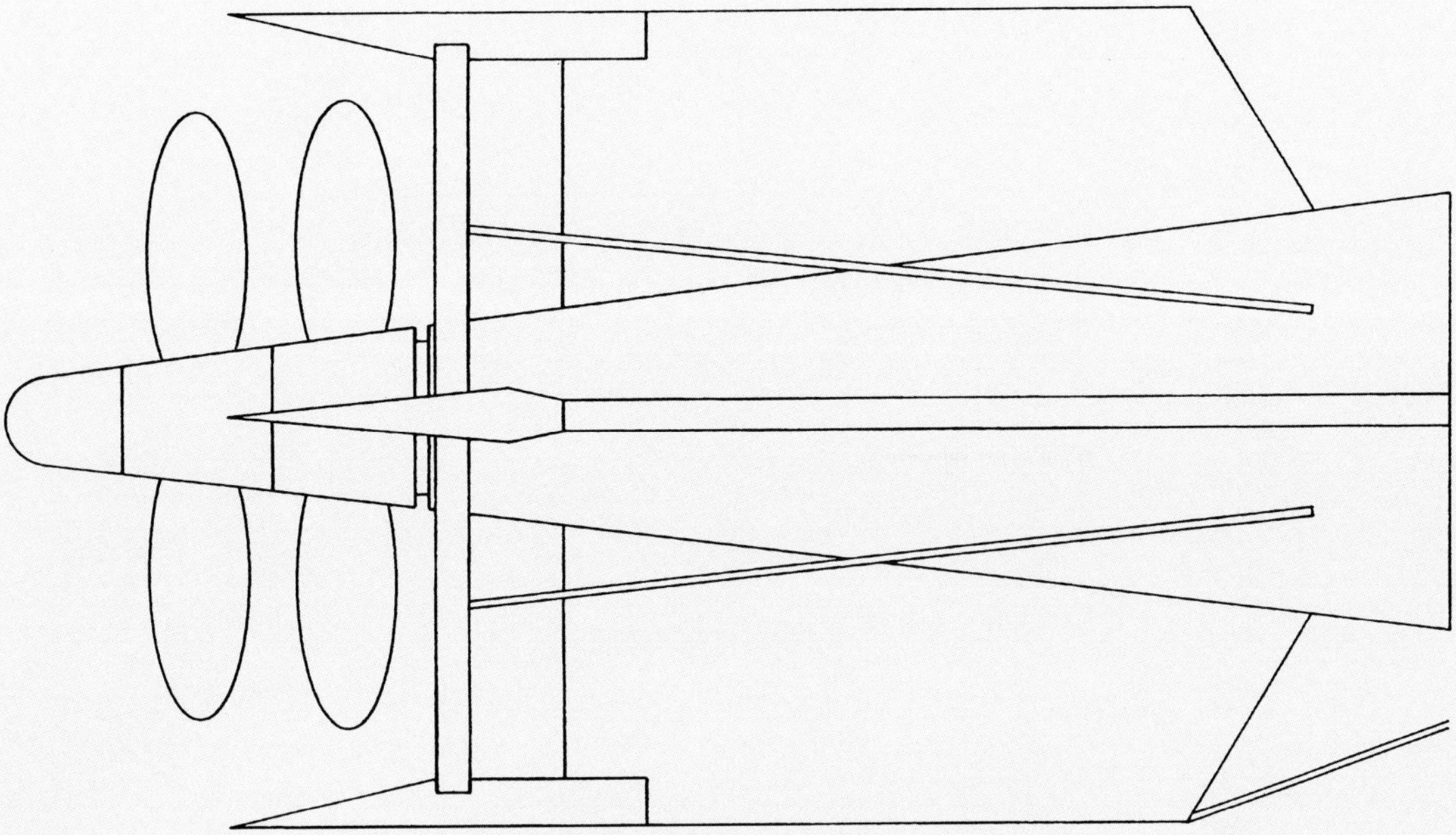

甲型「特型格納筒」のプロペラ・ガード

真珠湾攻撃用に装備されたもの。海底や珊瑚礁に艇尾を接触させてプロペラや舵が変形し航行不能になった例がいくつかあった。なお、図は空圧操舵式のもので舵の面積が小さい。

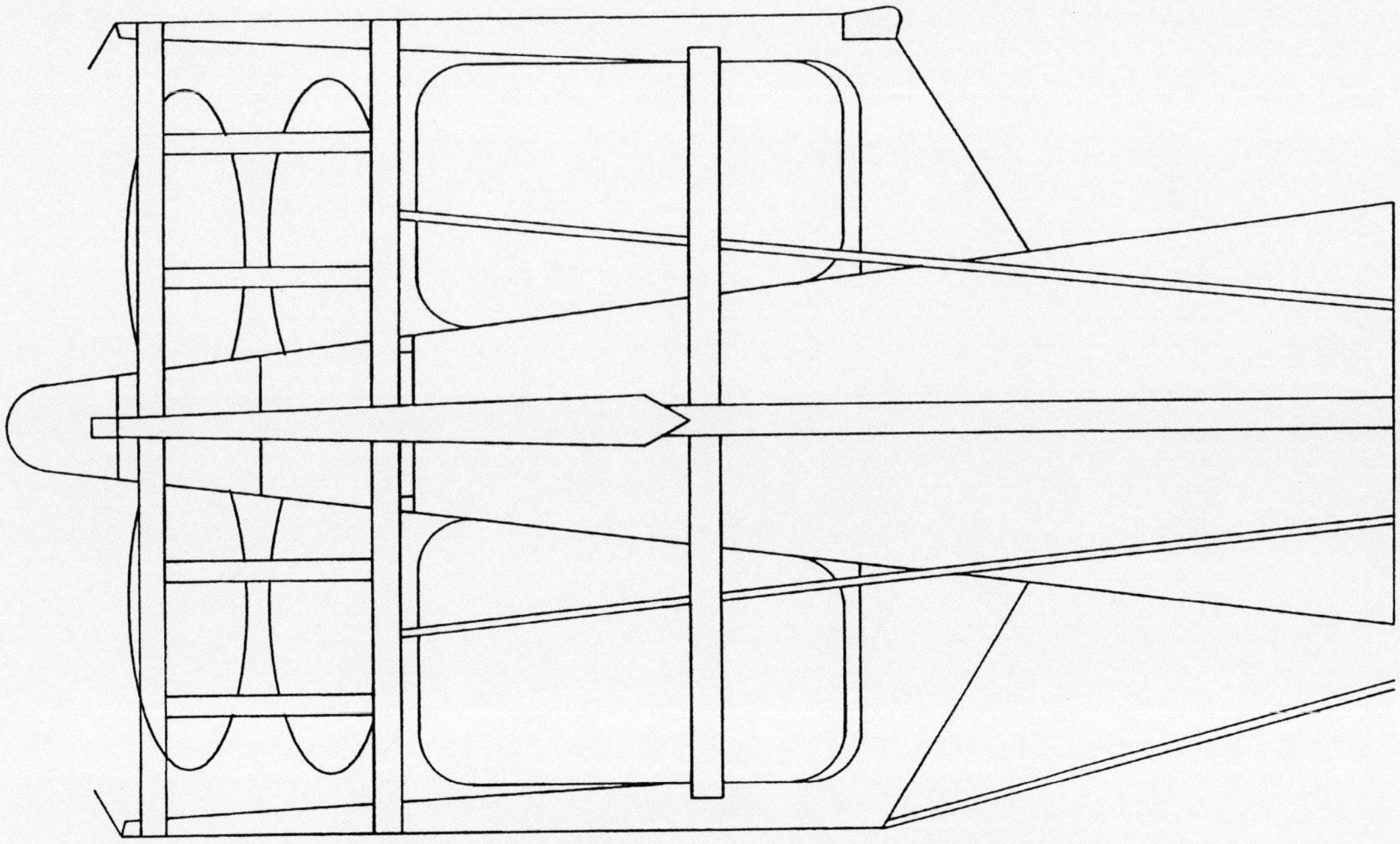

甲型「特型格納筒改一」のプロペラ・ガード

「特型格納筒改一」の三重に強化されたプロペラ・ガード。図の縦舵付きの艇は、操舵が油圧式に変更されており、舵の面積も大幅に増積されている。

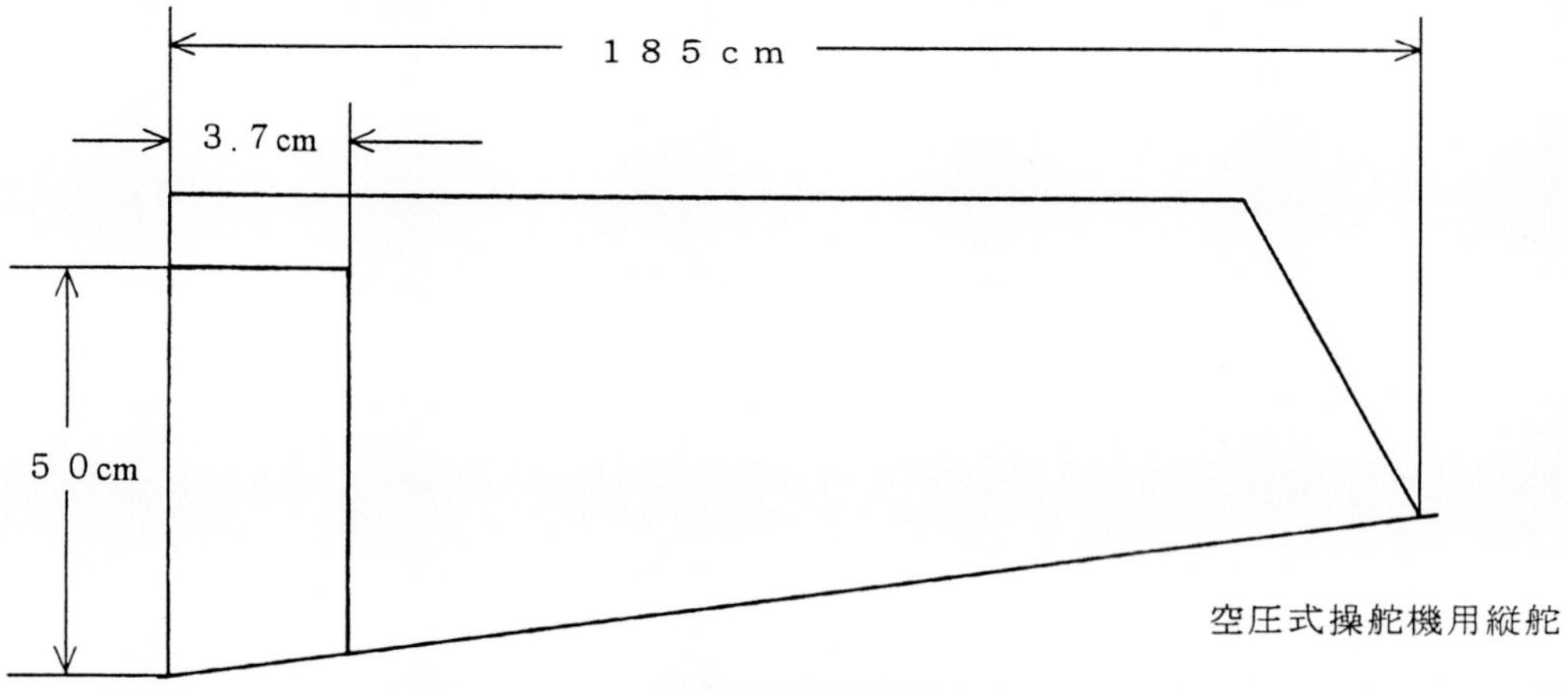

縦舵比較詳細図

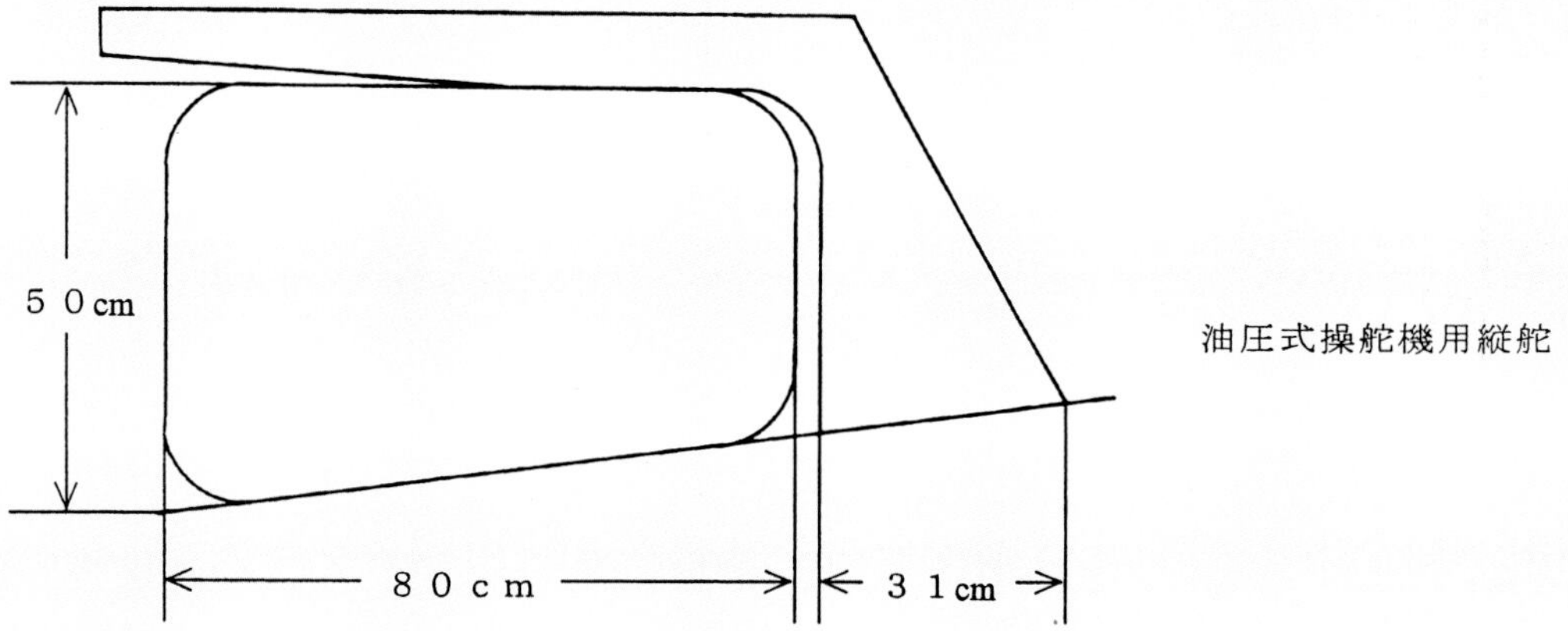

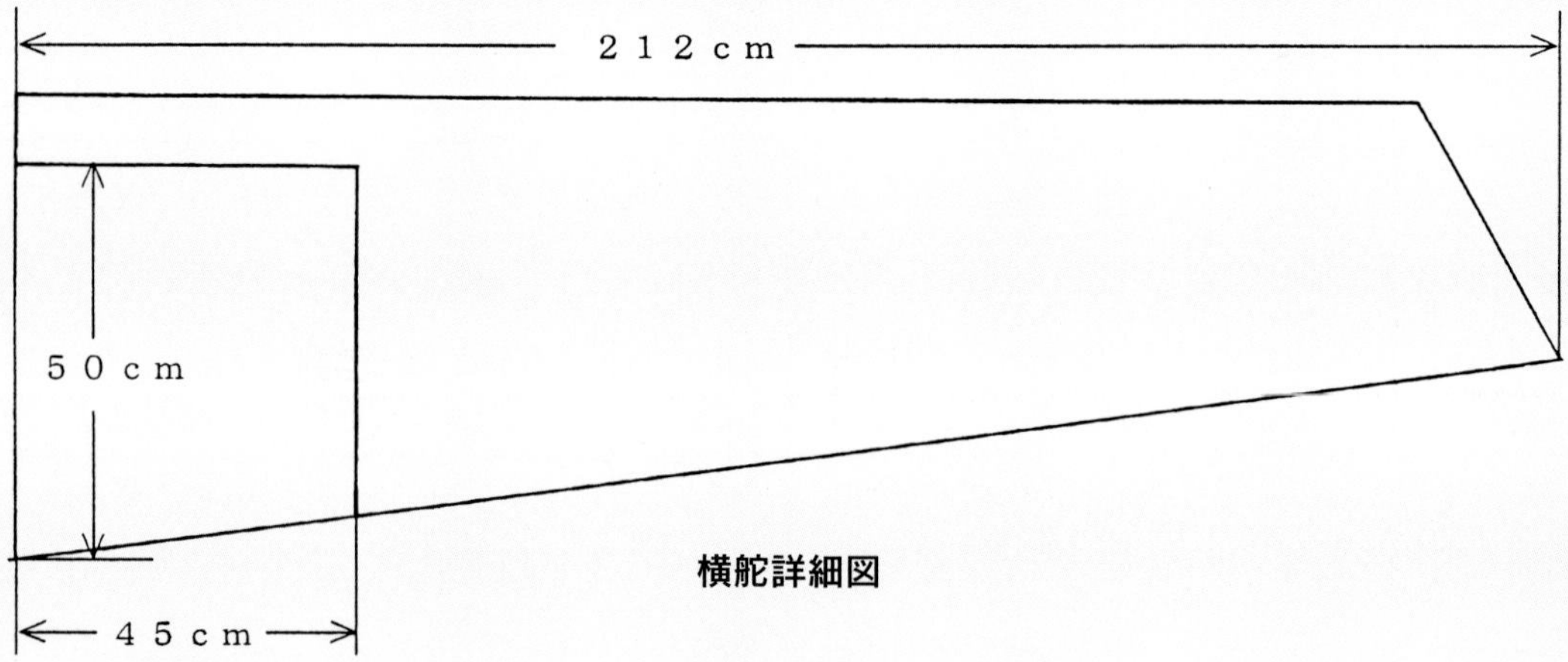

横舵詳細図

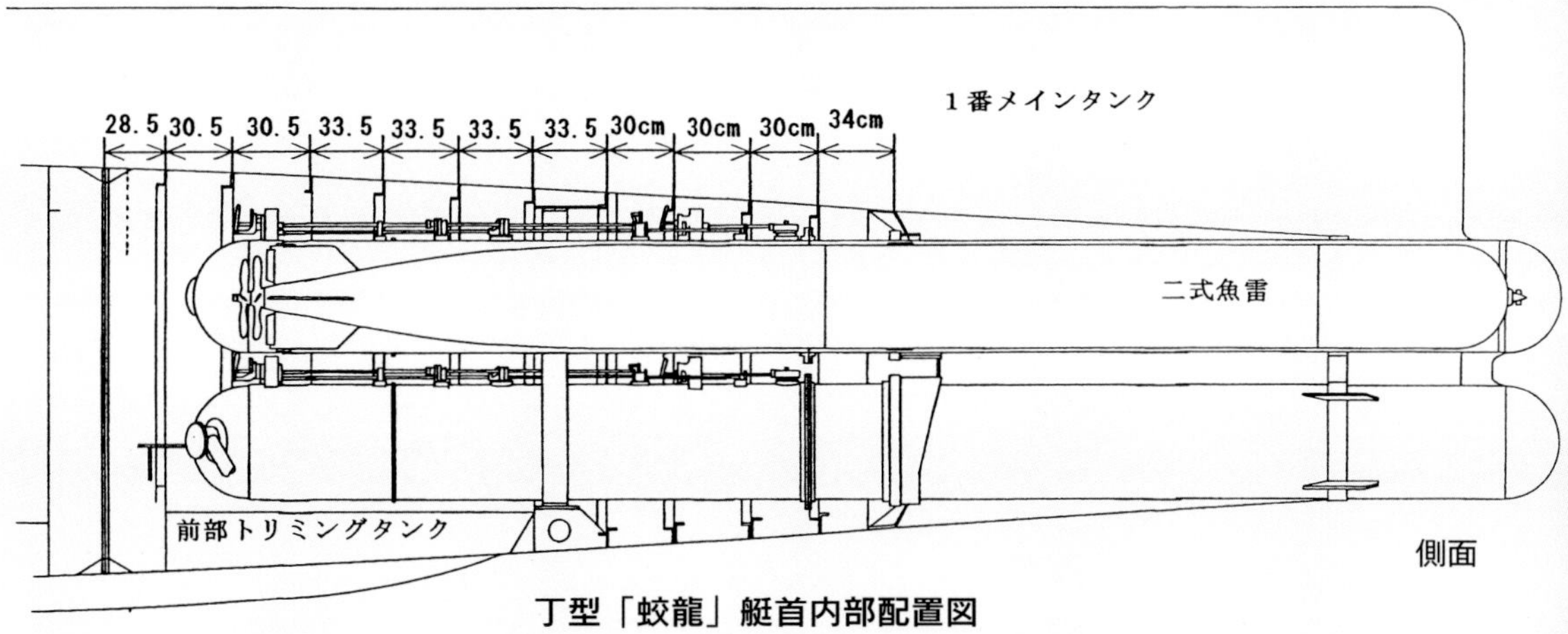

丁型「蛟龍」艇首内部配置図

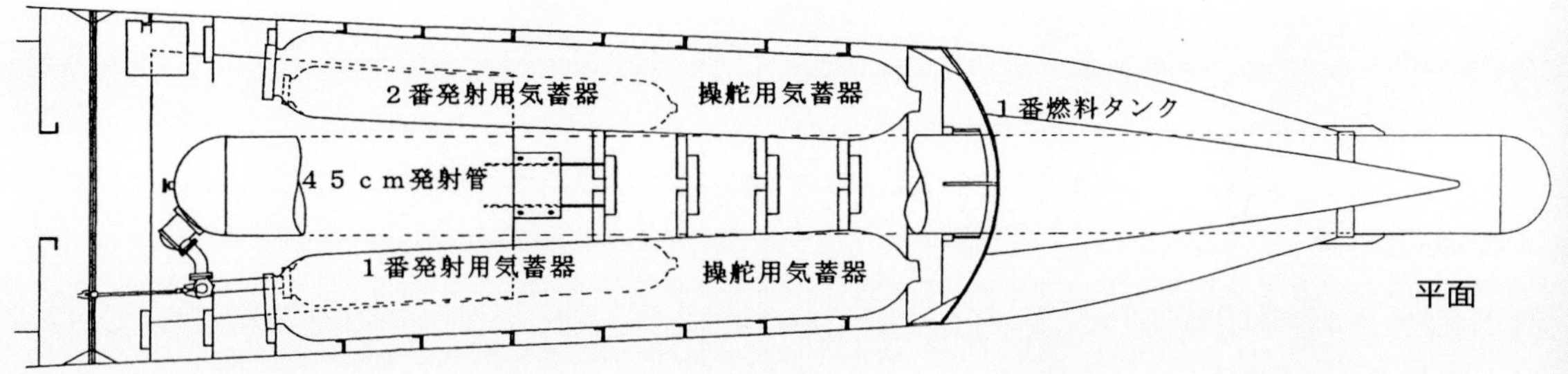

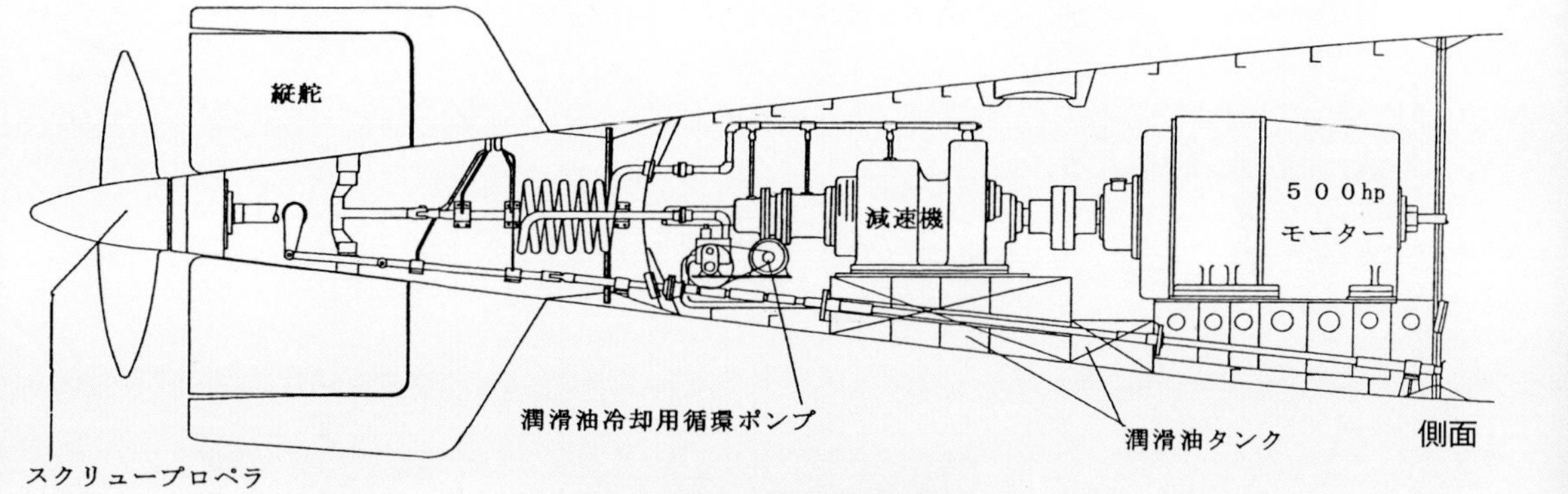

丁型「蛟龍」艇尾内部配置図

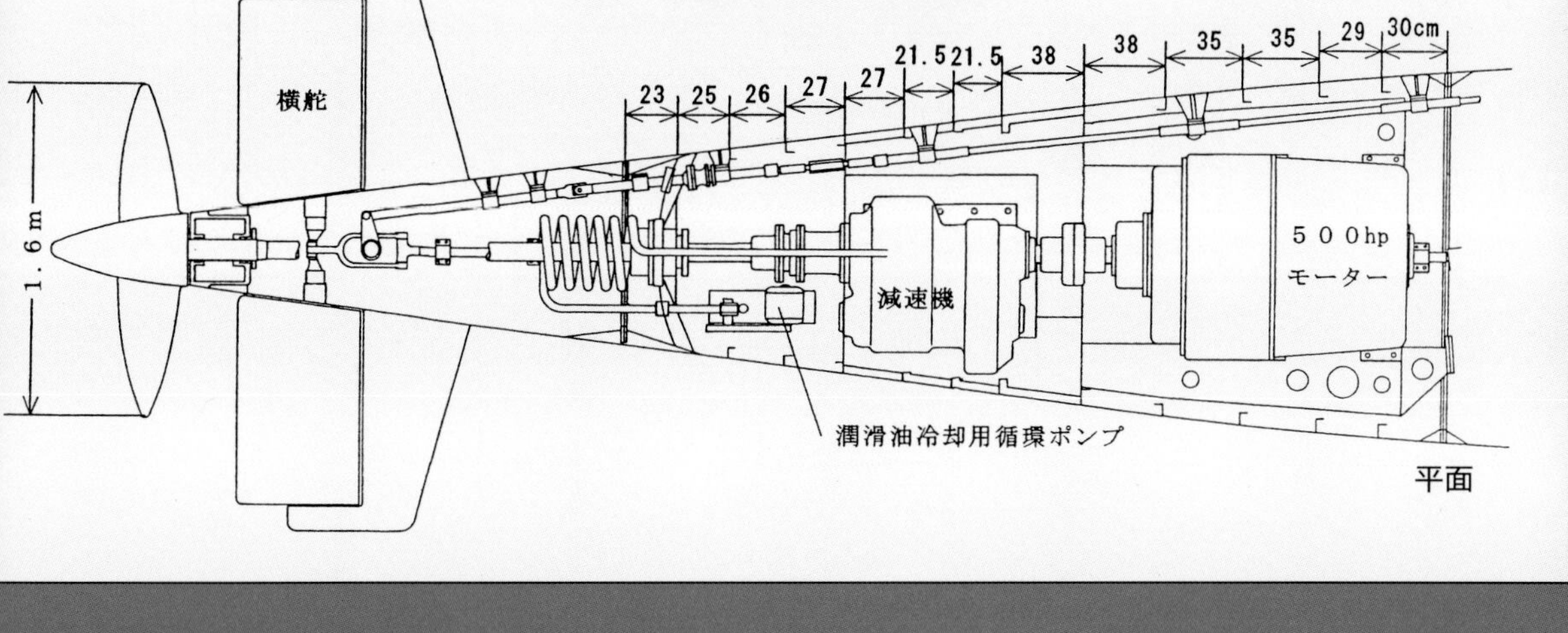

丁型「蛟龍」後部電池室配置図

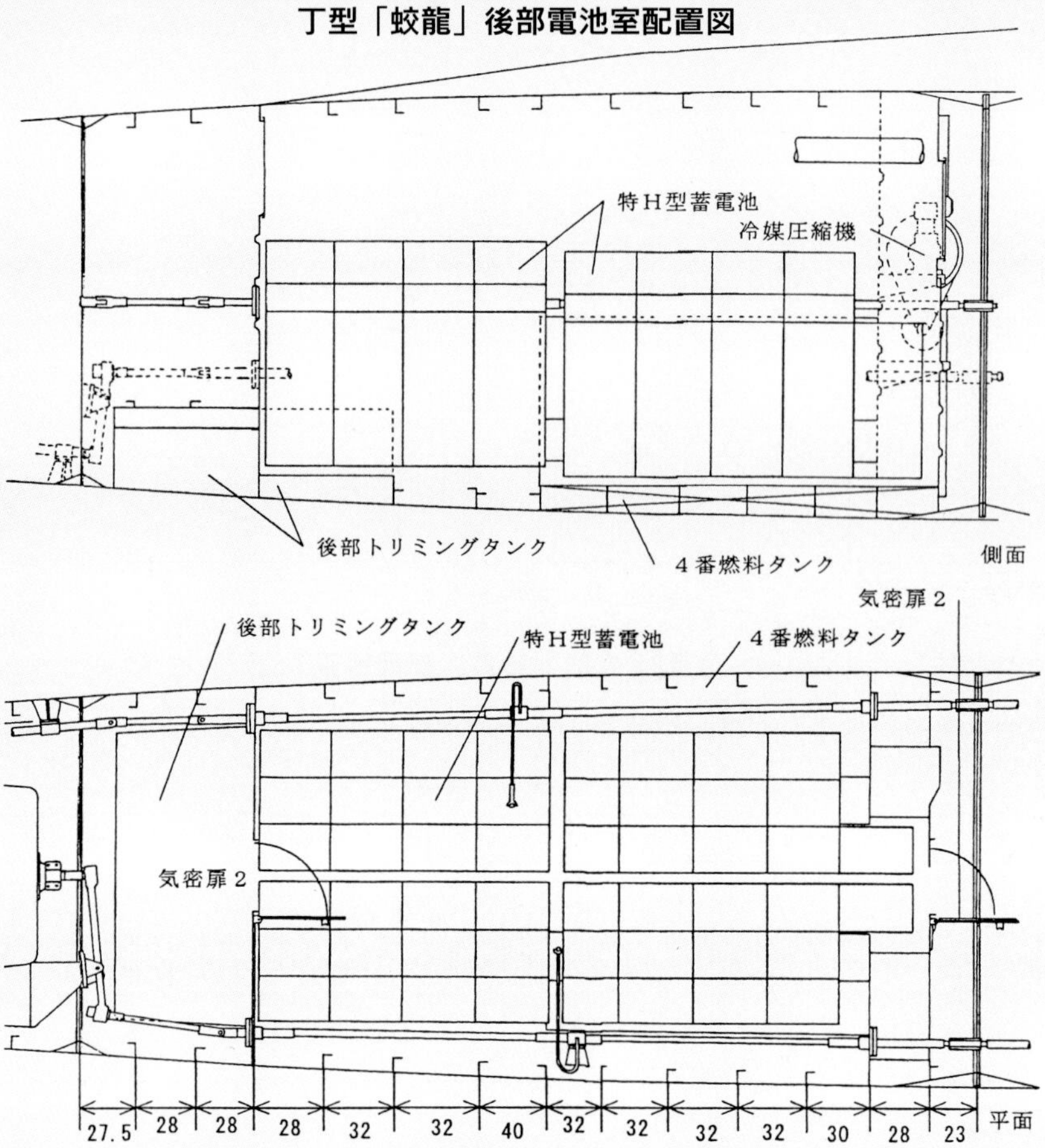

丁型「蛟龍」前部電池室配置図

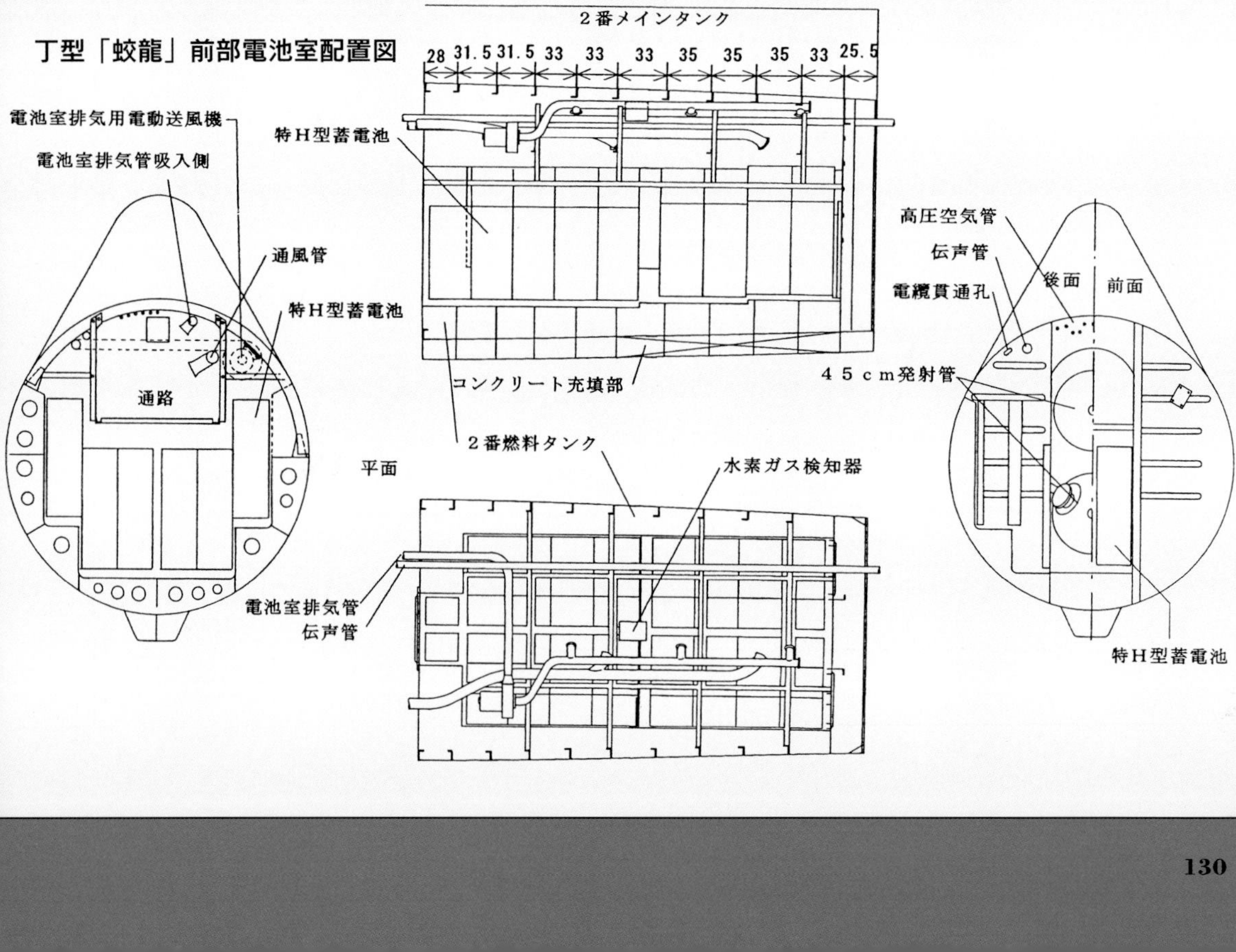

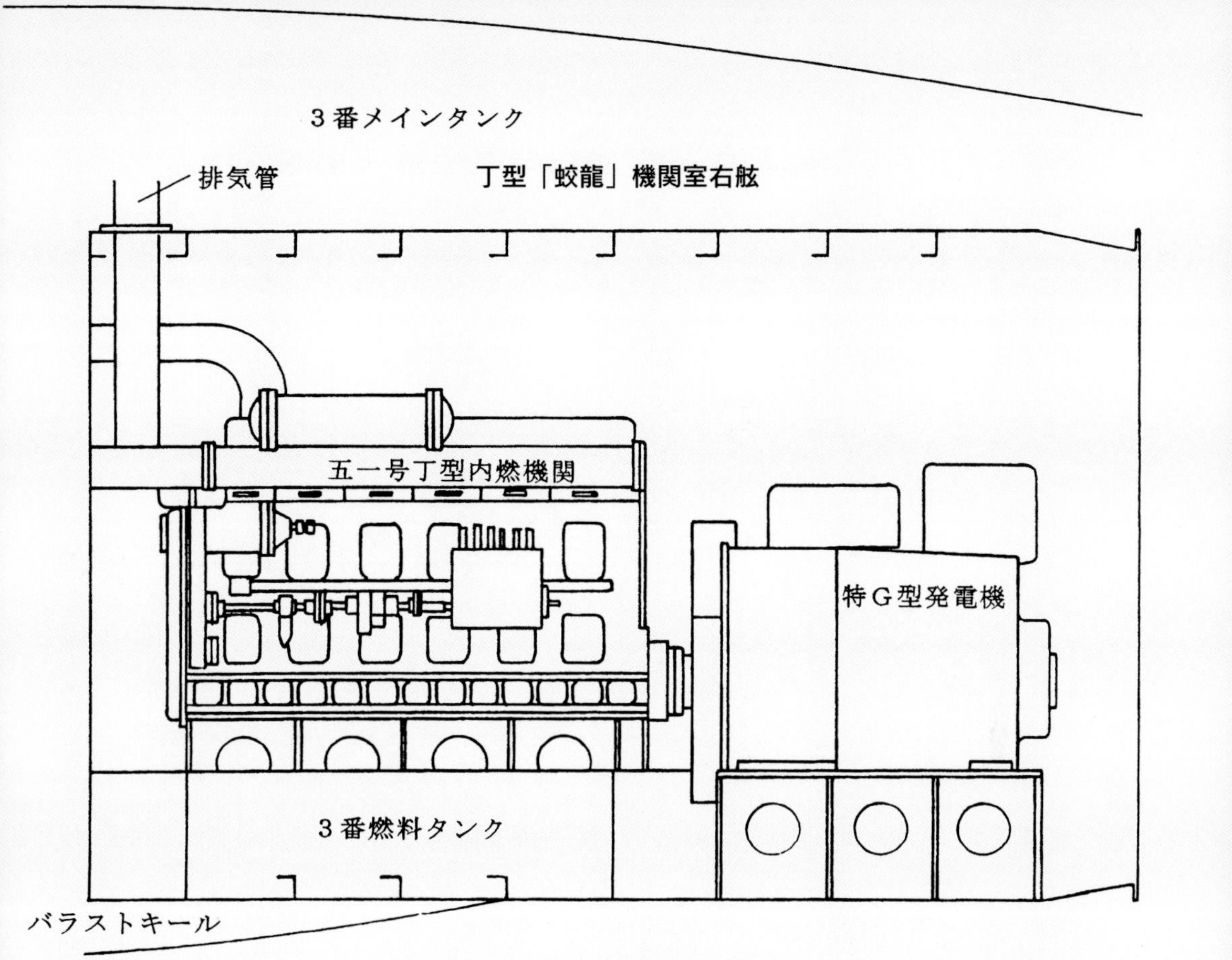

丁型「蛟龍」機関室右舷

丁型「蛟龍」機関室平面

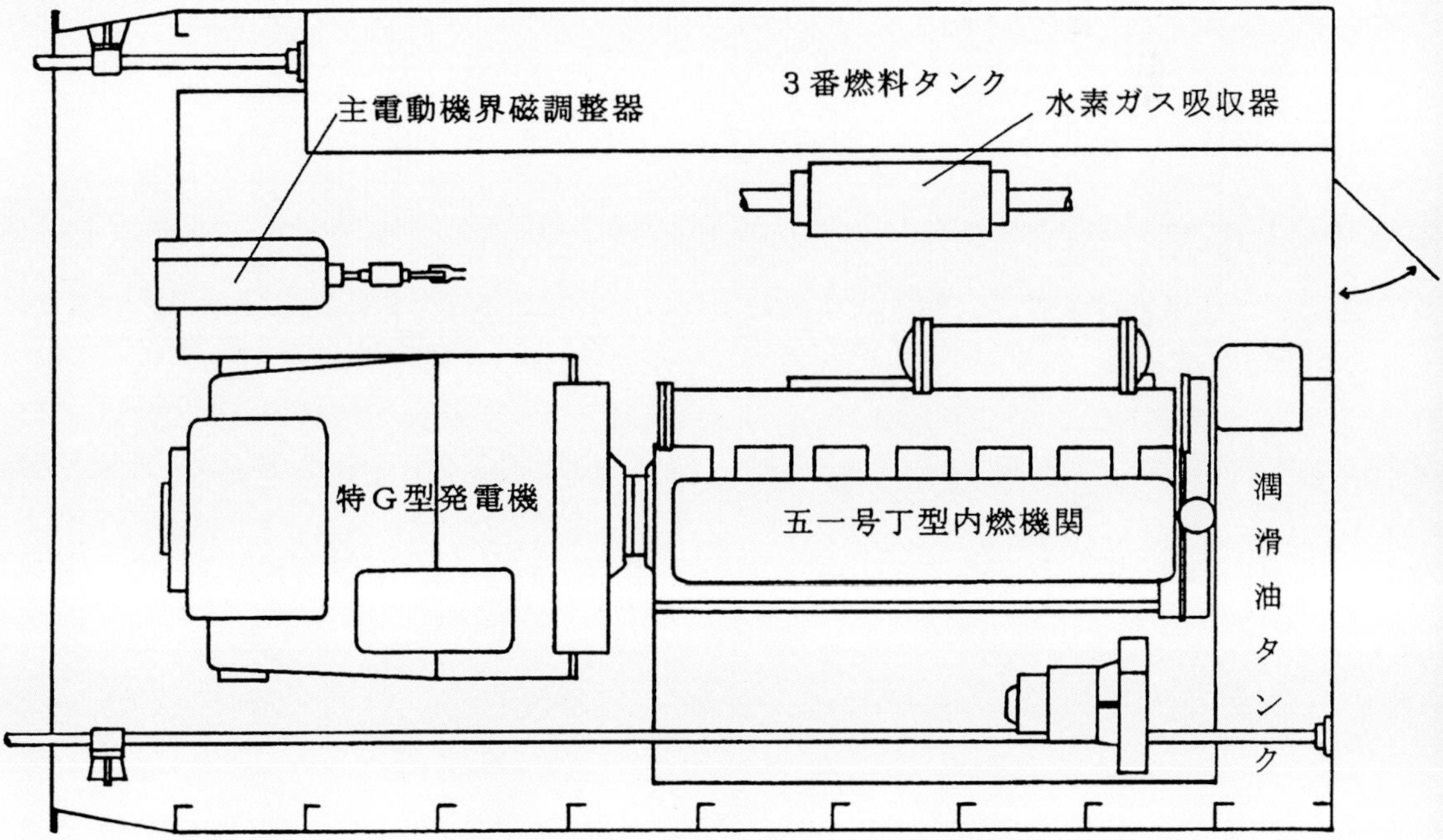

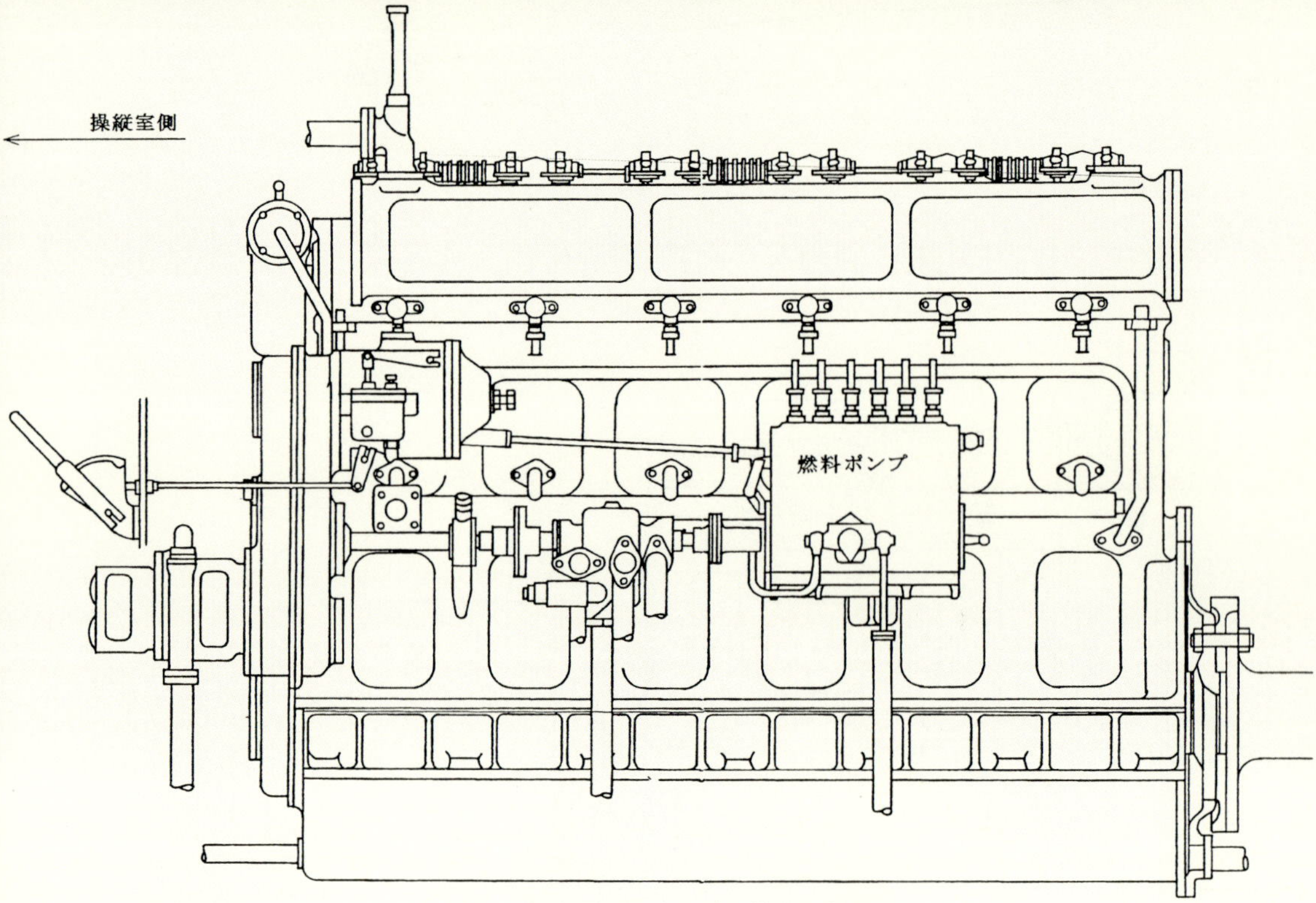

五一号丁型ディーゼル機関側面図

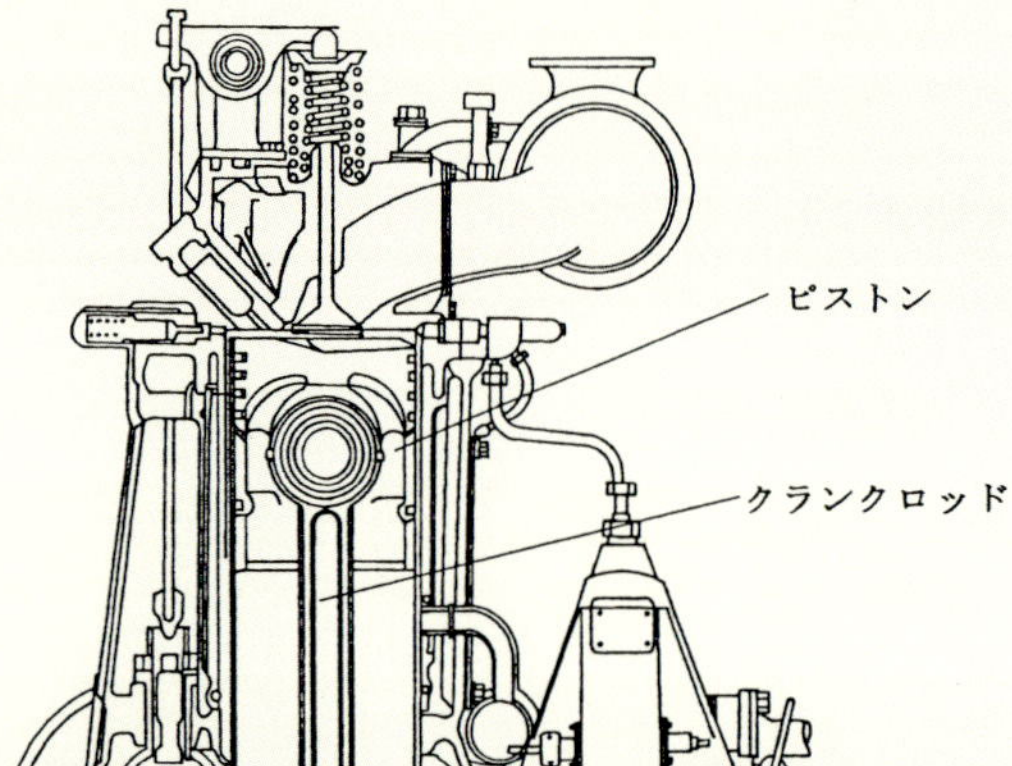

五一号丁型ディーゼル機関切断図

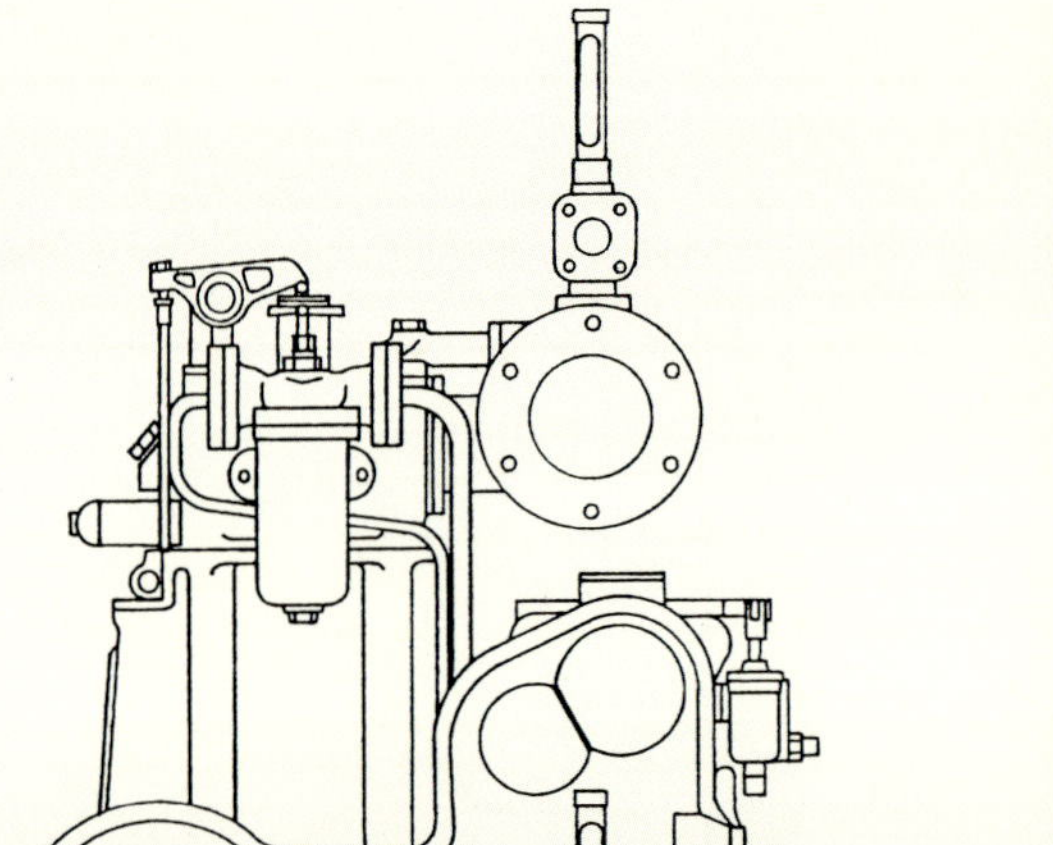

五一号丁型ディーゼル機関前面図

丁型「蛟龍」の司令塔

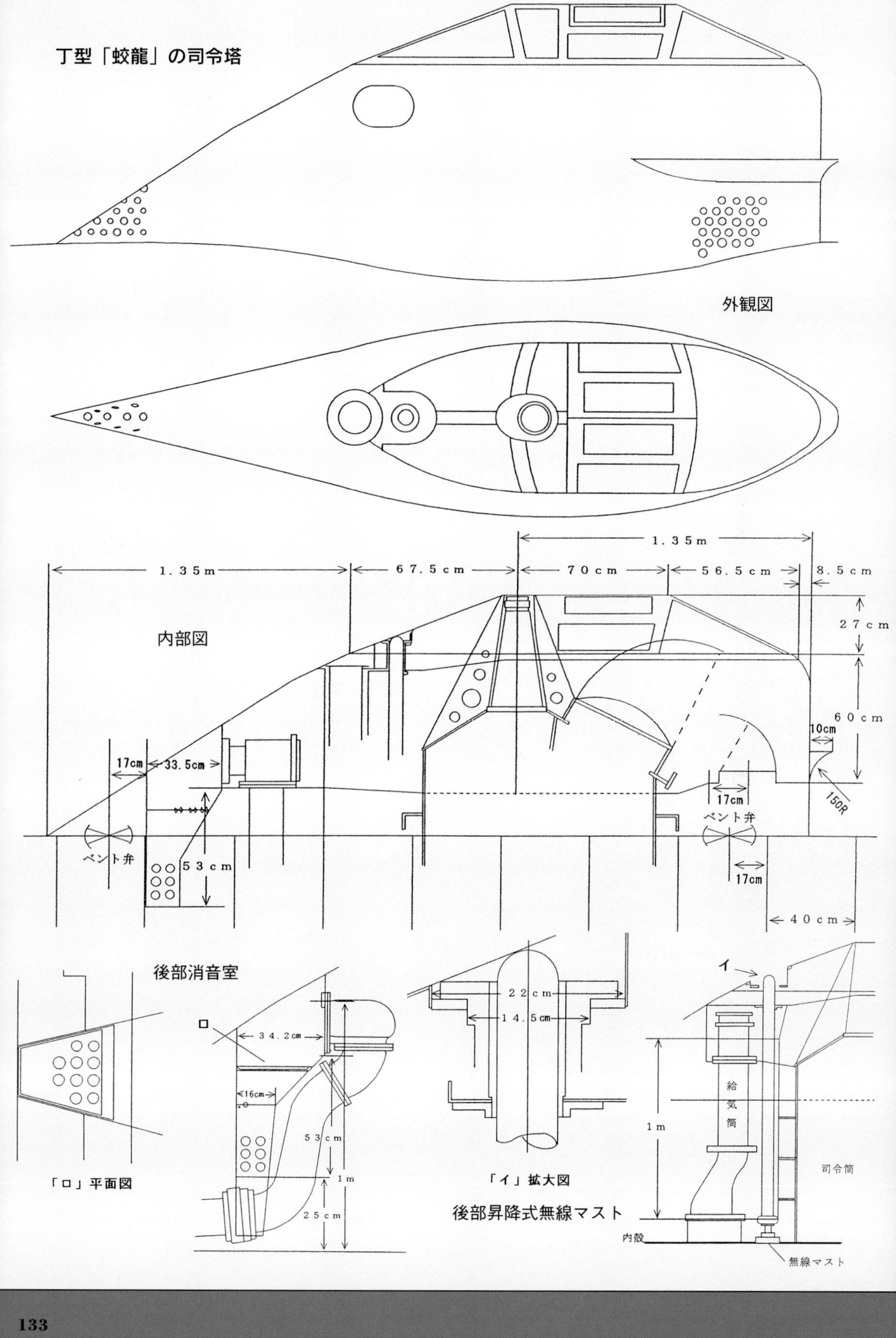
外観図
内部図
1.35m
67.5cm
70cm
56.5cm
8.5cm
1.35m
27cm
60cm
10cm
150R
17cm
33.5cm
ベント弁
53cm
17cm
ベント弁
17cm
40cm
後部消音室
「ロ」平面図
ロ
34.2cm
16cm
53cm
1m
25cm
22cm
14.5cm
「イ」拡大図
後部昇降式無線マスト
イ
給気筒
1m
司令筒
内殻
無線マスト

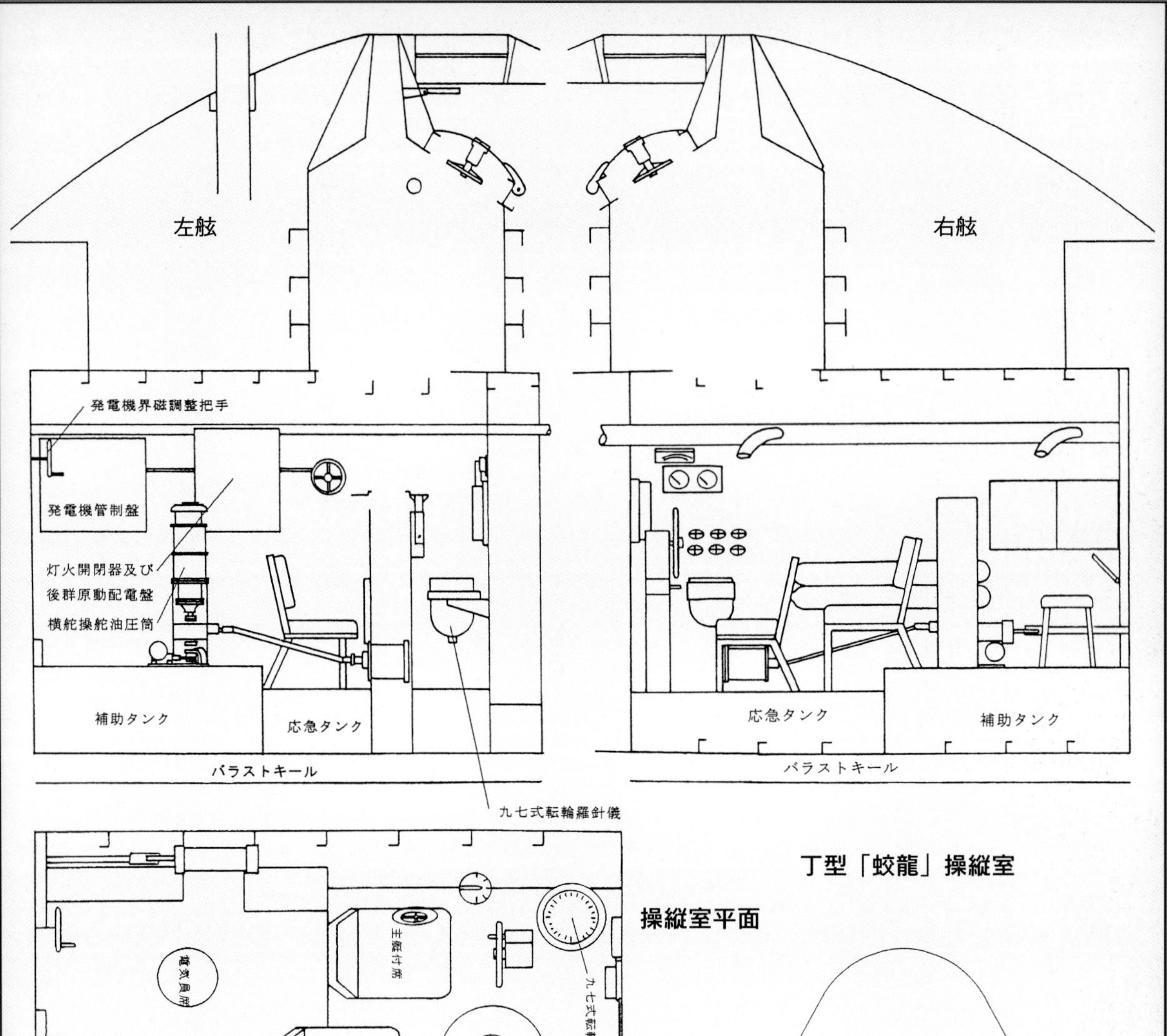
左舷
右舷
発電機界磁調整把手
発電機管制盤
灯火開閉器及び
後群原動配電盤
横舵操舵油圧筒
補助タンク
応急タンク
バラストキール
応急タンク
補助タンク
バラストキール
九七式転輪羅針儀
操縦室平面
主艇付席
艇長席
踏台
副艇付席
九七式転輪羅針儀
横舵操舵油圧筒
ビルジポンプ
酸素瓶
通風管
電纜
通風管
水素吸収管
主電路孔
通風管
覗き窓
油圧管
気密扉１
冷却水吸入管
汚水管
釣合移水管
操縦室後端隔壁
伝声管
電池室排気管
左右傾斜計
気密扉２
通風管
深度計
（最大６０m）
深度計（最大１５０m）
電池取出口
耐圧深度計
操縦室前端隔壁

丁型「蛟龍」操縦室

■検証ドキュメント

真珠湾の甲標的

［第1部］米在泊艦艇の対潜戦闘
［第2部］特潜5艇の行動と最期

［上］1941年10月、日本軍の攻撃の2か月前に米軍が空撮したオアフ島真珠湾全景。北側上空から撮影したもので、画面上端が湾外の太平洋。湾口両岸の白く見える海面が暗礁帯で水中からの侵入者を阻む自然のバリケードになっている。
［下］真珠湾侵入を果たせず、会合点に向かう途中オアフ島東海岸に流され打ち上げられた酒巻艇。

［第1部］米在泊艦艇の対潜戦闘

南雲機動部隊の航空攻撃の真っ最中、
真珠湾の内と外では、水中vs水上の戦いがあった。

文＝**原 勝洋**

六〇年目の真珠湾口外の海底探査

日本海軍の真珠湾攻撃から六〇年目の二〇〇一年（平成一三）一二月八日、主要新聞で太平洋戦争の関連記事を扱ったのは産経新聞（六面と七面）だけだった。

太平洋戦争は、はるか彼方の歴史になってしまったのだろうか。

しかし、今なお当時の事実確認に精力的に取り組んでいる人たちもいる。

二〇〇一年一一月上旬、ナショナル・ジオグラフィック協会TV部門は、日本海軍の秘密兵器だった特殊潜航艇「甲標的」にスポットを当て、「タイタニック」号、ドイツ戦艦「ビスマルク」、ガダルカナルの鉄底海峡、そしてミッドウェーの海底探査の実績を持つロバート・バラード氏を中心に、真珠湾口付近の海底探査の調査プロジェクトを発足させ、綿密な探査を行なった。

その目的は、日米の太平洋戦争における最初の一発を発射した駆逐艦「ワード（DD139）」が真珠湾口で撃沈したという「甲標的」本体の確認であった。

一九四一年（昭和一六）一二月七日の日曜日（日本時間八日、月曜日）、日本海軍「特別攻撃隊」の「甲標的」五基は、ハワイ諸島オアフ島南部、真珠湾口外のママラ湾の予定配備点に展開した母艦（巡潜「丙型」）の後甲板から水中発進した。

その戦果の詳細は今もって不明だが、日本海軍の空母機の真珠湾奇襲翌日、そのうちの一基はオアフ島東岸、真珠湾東方約七四キロ離れたベローズ飛行場から約六〇〇メートルのワイマナロ・ビーチで回収された。

二基目は、日本海軍機攻撃のおよそ二週間後に真珠湾のフォード島西岸の西水道から引き揚げられ、その後二名の艇員を艇内に残したまま、潜水艦基地桟橋用資材として埋められた。

さらに三基目は、一八年半ぶりの一九六〇年六月、米海軍スキューバダイバー・チームの訓練中に、現在のホノルル国際空港東岸、ケーヒ礁湖の珊瑚礁外側の水深二三メートルの海底で発見された。

残る未発見の「甲標的」は二基である。

一基は、哨戒中の駆逐艦「ワード」に撃沈されたと歴史に記録された艇。

もう一基は、近年コンピューター解析により、フォード島の戦艦列を攻撃中、日本機が撮影した記録写真に写っていると判定された艇である。

ナショナル・ジオグラフィック協会の探査チームは、一九九九年に水中文化遺産隊が一〇〇ヘルツの超音波水中聴音機が捉えた円筒形物体を含む多数の標的を、水中カメラと一人乗り小型潜水艇二艇を使って視認した。

真珠湾口の硬質性砂地上の海底には、様々な物体が散在していたが、米軍が投棄したグラマン「ヘルキャット」戦闘機や戦車などに交じって「甲標的」の中央部があった。

しかし、この「甲標的」は、「ワード」が撃沈したとされる艇ではなく、真珠湾攻撃以後、米軍が他の太平洋戦域で鹵獲し調査後に投棄したものだと判明した。

結局、探査チームは二週間の水中探索で、「ワード」が撃沈したと報告した艇も、さらに一九九二年七月二七日に墜落航空機の捜索調査船が、水深一二〇〇フィートで撮影したという「甲標的」の後部電動機室と二重反転推進器も、ついに発見することができなかった。

「ワード」に攻撃された「甲標的」は、本当に撃沈されたのだろうか。それとも、その場はなんとか攻撃を切り抜け逃げおおせたのだろうか。

「特別攻撃隊」の編成

一九四一年（昭和一六）一〇月一九日、海軍軍令部は、連合艦隊司令部の希望通りハワイ奇襲作戦を作戦計画として採用した。そして、「甲標的」のハワイ作戦参加は、一〇月一三日に実施された戦艦「長門」での図上演習の際に許可された。

ハワイ作戦に「甲標的」の参加が決定した結果、「甲標的」を目的地まで運搬する母潜水艦の選定と、その改造工事完成時期が問題となった。

開戦日を一二月八日とすれば、ハワイ進出のため一一月一〇日頃までのわずか一か月弱で、五基の「甲標的」と五隻の搭載潜水艦の改装工事はもちろん、発進テストと訓練も完了しなければならなかった。

これまで考慮されていなかった敵根拠地に潜入、停泊艦を攻撃するという任務を負った「甲標的」には、航続力を延ばすための特型気蓄器の増載、防潜網突破用の網切器、魚雷発射管と推進器の保護材、自爆用爆薬の装備、母艦と艇間の連絡用電話の設置などの工事が施された。工事中から、この潜水艦搭載の「甲標的」は、「特型格納筒」あるいはたんに「筒」と呼び、その実態を秘匿した。

一一月一四日、清水光美長官、参謀長三戸壽大佐、主席参謀松村翠中佐は、呉鎮守府第二会議室において、各潜水艦幹部および「特型格納筒」指揮官を参集し、作戦命令を説明した。

第六艦隊第一潜水戦隊から抽出して編成された「特別攻撃隊」は、「X－1」夜、真珠湾口付近において「特型格納筒」を発進し真珠湾に侵入させ、第一次空襲後敵艦隊を攻撃する。

「X」日および「X＋1」日夜間、ラナイ島西方海面において搭乗員を収容した後、第一潜水部隊として行動する。

敵艦艇がマウイ島ラハイナ泊地にある場合は、「特別攻撃隊」は第一潜水部隊として行動する。

岩佐直治大尉は、当初の計画では七日夜半湾内に潜入し、翌日の日没後まで沈座し、日没後攻撃して脱出することになっているが、長時間は待ちきれないため、航空部隊の第一撃後すぐ攻撃することを申し出た。

清水長官は、それでは収容が困難との理由で岩佐大尉の申し出を却下した。

岩佐大尉は「我々は生還するつもりは少しもありません。収容に関しては司令に一任します」といっただけで、何の意見も希望も述べなかった。

連合艦隊司令部の要望は、

(1)開戦予定日を一二月八日とし、空襲部隊の第一撃は当日の日の出直後の予定。

《注＝日本海軍は、オアフ島の現地時刻算出に一般的な〝グリニッジ時プラス一〇時間〟を用いて〈日本時間一九四一年一二月八日〉のホノルルの日の出を午前六時二七分としていた。一方、米海軍は〝グリニッジ時プラス一〇時間三〇分〟を使用しており、日本側の算出したハワイ現地時刻とは三〇分の違いがあった。ところが、米海軍による一九四一年一二月七日のホノルルの日の出は、午前七時二七分となっており、当日の日の出時刻に関しては、なぜか一時間の差があった》

(2)開戦まで潜水艦の行動は絶対隠密を保つこと。これがため無線電信は一切発信せず、敵の哨戒圏内は昼間潜航して行動すること。

(3)特殊潜航艇の攻撃開始は、味方飛行機の第一撃以後とすること。

(4)各潜水艦は開戦当日、昼間は湾内哨区にとどまり、脱出敵艦の監視攻撃に任じ、その日の日没後に浮上して収容配備に就くこと。

以上の四点であった。

佐々木半九司令は、先任搭乗員・岩佐大尉の意見を参考に攻撃実施計画を立案した。

岩佐大尉は、湾内進入の順序は横山中尉先頭で自分が殿（しんがり）を務めたい、母艦は真珠湾口三〇海里まで接近してもらいたい、そして、攻撃時期を味方飛行機の第一撃直後とするも状況によっては日没を選んでもよいことにしてもらいたい、との三点を希望した。

そこで佐々木司令は、開戦の前々日の日没後、真珠湾口の一〇〇海里圏に達した時点で「特型格納筒」の最後の点検整備を行ない、その後、漸次オアフ島に接近して空襲予定日の前夜、真珠湾口の約一〇海里沖合に達し、湾口を確認したうえ「特型格納筒」を発進させることとした。

一七日夜、呉水交社において、「特別攻撃隊」内の打ち合わせと、真珠湾方面の情報を持って客船「太洋丸」でハワイから帰国したばかりの潜水学校教官・前島壽英中佐と「特別攻撃隊」付松尾敬宇中尉の報告が行なわれた。

前島中佐は、

①高さ約一五メートルの商船ブリッジで七・五海里から真珠湾の入口が明瞭に見えたので、潜水艦の司令塔からでも七ないし八海里で視認可能であろう。

②湾口の西側の浮標（ブイ）は消灯しているが、東側のアロハ・ポイントの掲灯浮標は点灯中である。

③防潜網展張の施設があり、ワイヤの引き上げ、引き下ろしにより防潜網の水路開閉を操作する模様。そして哨戒は駆逐艦を使用、兵力は一直四隻程度、哨戒範囲は湾口から一〇海里以内。

であることを説明した。

この席上、「特型格納筒」指揮官は記念の寄せ書きをした。

盡忠報国　海軍大尉岩佐直治
至誠　海軍中尉松尾敬宇
断じて行へば鬼神もこれを避く
　海軍中尉横山正治
沈勇果断　海軍中尉古野繁實
七生報国　海軍少尉廣尾　彰
細心大胆　海軍少尉酒巻和男

「特別攻撃隊」の出撃

一一月一八日午前、晩秋の日本晴れの天気のなか、五隻の潜水艦は呉工廠桟橋を離れ、倉橋島の亀ヶ首に向かった。各潜水艦が亀ヶ首に着くと、待ち構えていた工廠員の手で、特急工事で完成させた後甲板の搭載用架台に「特型格納筒」が次々と起重機で団平船から搭載された。

同日夕刻、「伊二二潜」に潜水艦長と艇指揮官が集合、軍令部の有泉参謀、工廠の赤坂部員を交えた最終打ち合わせ後、冷酒で翌日の征途を祝った。

「特別攻撃隊」は、豊後水道を通過した後、東に進路を取り、「伊二二潜」を中心に南北に二隻ごと、各二〇海里間隔の散開で並航。ウェーク島およびミッドウェー島の飛行機哨戒圏六〇〇海里内では昼間潜航（四ノット）、夜間水上進撃（一四ノット）と定め、およそ三四〇〇海里の航海に入った。

一二月二日、武力発動を命ずる「新高山登レ　一二〇八」の暗号電報は、安芸灘の柱島在泊の連合艦隊旗艦「長門」電信室から、有線で東京霞ヶ関の海軍省構内にある東京通信隊へ送信され、地下ケーブルによって繋がれている千葉県船橋送信所の大アンテナから、短波と長波によって連合艦隊各艦あてに放送された。

一方、海中を潜航しながら進撃する潜水艦部隊に対しては、東京通信隊が管制する愛知県碧海郡依佐美村の民間会社、国際電気通信㈱依佐美送信所の超特大アンテナを利用して、超長波一七・四四キロサイクル（現・キロヘルツ）により放送された。

隠語「新高山登レ　一二〇八」の意

真珠湾口までの水路の入口にある東西の浮標（ブイ）。この浮標の間を通行しないと左右の浅瀬につかまってしまう。

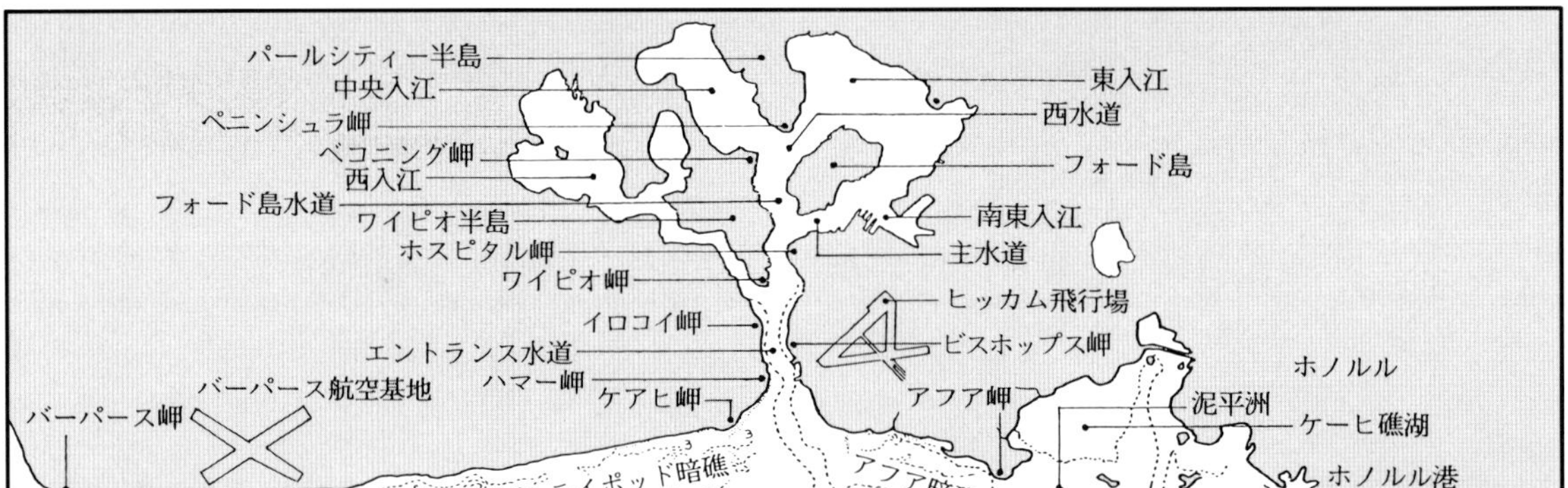

味は「一二月八日午前零時以降、戦闘行動を開始すべし」との開戦の合図であった。

反対に、日米交渉が成立した場合の隠語は「筑波山ハ晴レタリ」で、出撃の全部隊に対し「引き返せ」との命令であったという。

ハワイに向かう全部隊は、「開戦」とくるか「引き返せ」と命ぜられるか、通信傍受に一抹の不安を持ちながら進撃していたのである。

この「新高山登レ」を一二月三日黎明に受信して以降、全部隊は所期の計画通りに行動する余裕ができた。

「特別攻撃隊」の各潜水艦は、開戦二日前の日没までに、予定通りに真珠湾口から一〇〇海里の距離に達し、夜間浮上して最後の「特型格納筒」発進準備を完了している。

「伊二二潜」は「特型格納筒」への糧食の搭載、換気、充電、予備固縛バンドの除去、網切器の取り付けなどの作業を、北東貿易風帯のうねりに翻弄されるなか六時間かけて行なった。

機動部隊の真珠湾空襲の前日、ハワイ海面には先遣部隊（潜水艦）が計画通りの配備位置に占位し、開戦の時を待っていた。

真珠湾口外一〇海里以内に湾口を押し包むように要を湾口に向けた扇形に展開した五隻の「特別攻撃隊」、その外側を第三潜水部隊七隻が固め、オアフ島東方のモロカイ島との間に三隻、西方のカウアイ島間に三隻の第二潜水部隊、そしてオアフ島北方海面に東西に並んだ第一潜水部隊四隻が散開して、機動部隊の空襲により真珠湾から脱出してくるであろう敵艦艇および反撃部隊に備えていた。

「特型格納筒」発進

ハワイ・オアフ島は、北東貿易風帯に位置するため、常に一定に吹きつける北東よりの風に強い影響を受けてい

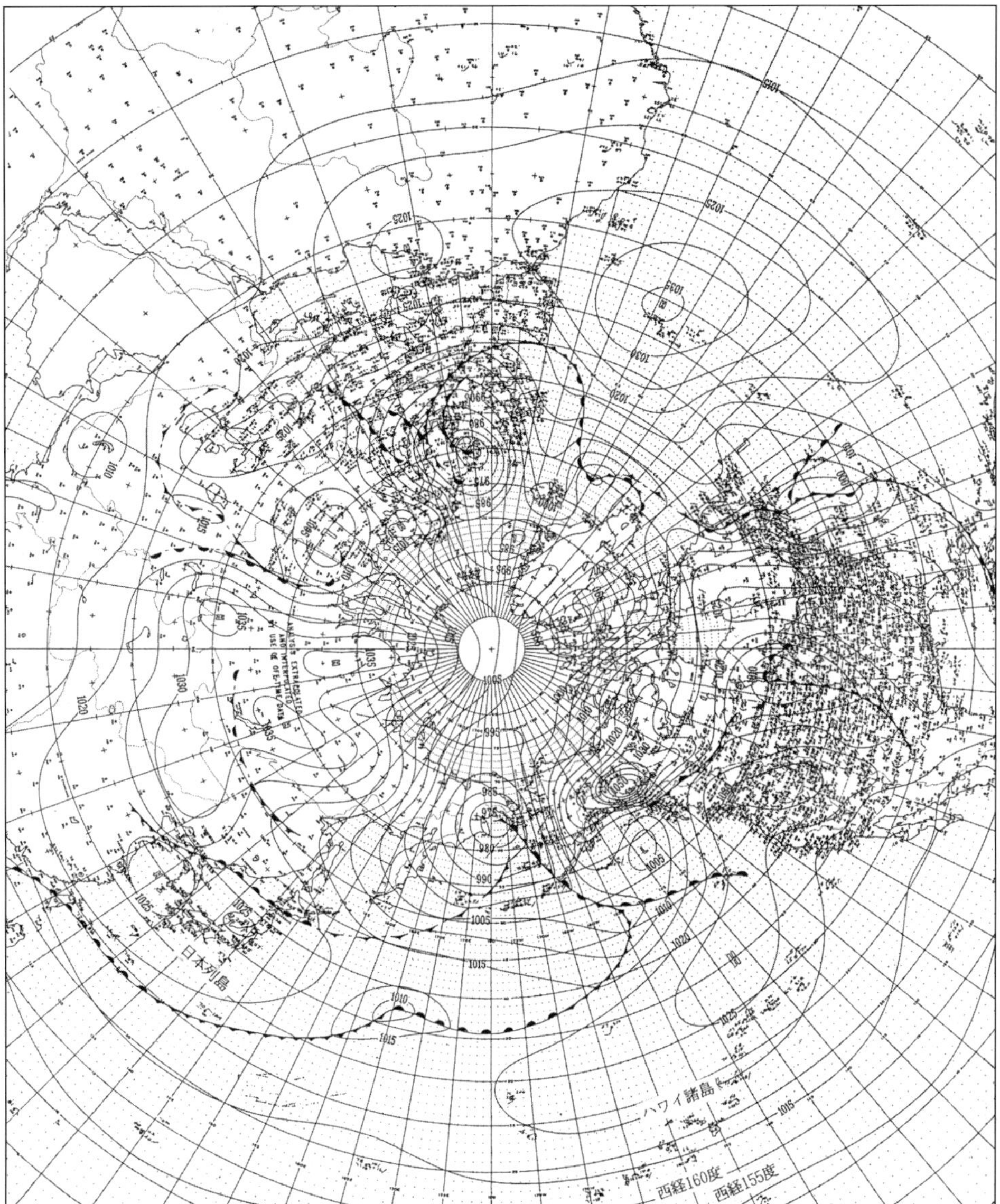

米軍作成の1941年12月7日の北半球天気図。当日朝のハワイ諸島は強風が吹いていた。

る。

一二月七日、ハワイ諸島の北東付近に一〇二五ミリバール（現・ヘクトパスカル）の中緯度高気圧があり、この高気圧の南西部分に位置するオアフ島は、いつもより北北東の貿易風が強かった。

そのため雲が吹き払われ、月齢一九の晴天で視界はきわめてよかったが、海上はまだ暗く、風速一七メートル前後の一定に吹きつける風にうねっていた。

七日午前零時四二分（現地日時、日本日時七日二〇時一二分）、日の出のおよそ七時間前、横山艇は真珠湾の南南西七海里に占位する「伊一六潜」後甲板より水中発進した。

《注＝日本標準時一九時三〇分〜二四時（午前零時）は、ホノルルの米海軍時の午前零時〜午前四時三〇分に対応し、この約四時間三〇分の時間帯は同じ日付になる》

三四分後の午前一時一六分（現地時刻、以下同）、計画では最後に発進するはずだった岩佐艇が、湾口にほぼ正対する九海里沖合で「伊二二潜」から静かに離脱していった。

五九分後の午前二時一五分、「伊一八潜」の古野艇が湾口の南南東一二・六海里から発進した。

午前二時五七分、予定では二番目に発進するはずだった広尾艇が、大幅に遅れて、古野艇とほぼ同じ方位より最短距離五・三海里から発進した。

午前三時三三分、最初の横山艇が発進してから二時間五一分後、「伊二四潜」搭載の酒巻艇が真珠湾口の南西一〇・五海里から発進していった。

海上は相変わらず北北東の貿易風が吹き荒れていた。

真珠湾潜入を目指す五基の小型潜航艇の行く手には、湾口に向かって左手（西側）約三三〇メートルにトライポッド浅瀬礁が、そして右手（東側）にはアファ浅瀬礁が、海中からの侵入者を阻むように横たわっていた。

戦いの火蓋を切ったのは駆逐艦「ワード」だった

七日午前三時四三分、「真珠湾防衛計画」に定められた磁気機雷掃海の日施任務中の特設掃海艇「コンドル」（AMC14）」は、艦首左方向に潜望鏡とおぼしき物体を発見した。

「コンドル」は、哨戒中の駆逐艦「ワード（DD139）」に潜水艦発見を発光信号で通報した。

「ワード」は直ちに「戦闘配置」に就くとともに、音波探知を開始した。当時、米海軍の駆逐艦用ソナーは、「QC-2」改良の「QCB」ソナーで、二四キロサイクル、四〇〇〜二八〇ワットで探知距離一〇〇〇、二〇〇〇、五〇〇〇と一万ヤードの性能だった。

午前五時二〇分（日本日時は、八日の午前九時五〇分）、「ワード」は状況確認のため「コンドル」に発見潜水艦の位置を再確認するが、探知に失敗した。

米軍側記録のこの潜水艦は、おそらく最初に発進した横山艇か、二番目発進の岩佐艇と推測される（以下、米軍側記録の「潜水艦」は「特型格納筒＝甲標的」を意味する）。

この時点で、真珠湾の防潜網は開いていた。

オアフ島南岸の真珠湾口付近の緊迫した状況のなか、同島の真北二三〇海里の海上には、日本海軍の空母機動部隊が出撃準備を整えていた。

空母「赤城」「加賀」「蒼龍」「飛龍」「翔鶴」「瑞鶴」の六隻から第一次攻撃隊一八三機が、一三メートルの北東貿易風帯からのうねりによる艦の激しいピッチングの周期を計り、風上に向首し発艦していた。

午前六時一五分、空母上空で編隊を

12月7日午前3時43分、真珠湾口掃海中の「コンドル」は、最初に特殊潜航艇を発見した。

第14海軍区配属哨戒隊の「ワード（DD139）」（右側）は、開戦前に潜航艇を攻撃した。

組んだ攻撃隊は、一路真珠湾を目指した。

機動部隊指揮官は、「敵空母二隻、甲巡一〇隻所在不明警戒ヲ厳ニセヨ」「電波戦闘管制トナセ但シ超短波ハ通常管制トス」を発令、指示した。

オアフ島南岸真珠湾口付近では、さらなる緊張が始まろうとしていた。

午前六時三〇分、一般備品支給船の「アンタレス（AG10）」は、中部太平洋カントンとパルミラ諸島での任務を終え帰投中で、まさに真珠湾口直前にいた。

「アンタレス」は、曳航してきた鉄製底荷船五〇〇トンをタグボートに移送する予定だったが、合同できないままゆっくり東方向に旋回しようとしていた。

このとき、「アンタレス」は右舷後方海面約一・四キロの距離に怪しい物体を視認した。

この物体は、波に洗われる小型潜水艦の司令塔上部と潜望鏡の部分と思われたが、はっきり確認されなかった。

三分後、上空を飛行中の海軍哨戒機「カタリナ」飛行艇（PBY14-P-1）が旋回しながら目標物の近くに二個の発煙筒を投下した。

午前六時三七分、「ワード」の甲板上官は潜水艦の潜望鏡付司令塔を視認した。その潜水艦は、「アンタレス」の後を追って真珠湾に向かっていた。

三分後、「ワード」は速力を五ノットから二五ノットに増速しながら潜水艦に向け突進した。

午前六時四五分、「ワード」が発砲、「カタリナ」哨戒機も爆雷三個を投下している。

「ワード」が潜水艦を視認して攻撃するまで時間にして五分、その潜水艦は「ワード」に気づくと八〜一〇ノットで「アンタレス」左舷を追尾し、真珠湾に侵入しようとしていた。

潜水艦の外観は、小型司令塔を持つ長さ約二四メートルの円筒形で、甲板がなく、暗緑色をしていた。

「ワード」は、一番砲と三番砲各一発を発射した。

五〇口径四インチ砲の最初の一発は司令塔上方をかすめたが、射程五〇メートルあるかないかで発射した三番砲の砲弾は、司令塔と船体の結合部の水線付近を直撃した。それは数名の乗組員に目撃され、公平かつ疑問の余地のない命中と判定された。

このとき、海面上をスキップする跳弾の形跡はなかった。潜水艦は右舷に傾くのが目撃され、「ワード」の艦尾すれすれを通過した。

砲弾が潜水艦の船体外面で爆発するのは、乗組員に目撃されなかった。

「ワード」は、三番砲発射の直後に深度三〇メートルに調定した爆雷四個を投下した。

潜水艦は砲弾の直撃を受けると、ゆっくり沈んだように見え、投下された爆雷の有効毀害圏内に潜航した。おそらく潜水艦は、爆雷が爆発している有効毀害圏の直上にいたと思われた。

「ワード」は、潜水艦が沈んだと思われる水深三六六メートルに超音波探知を行なったが、その所在を突き止めることはできなかった。

爆雷が爆発した海面には、大量の油が漂っていた。しかしながら、「特型格納筒＝甲標的」は設計上、電池を動力源としており、機器に少量の滑油を使用するほかは、大量の油は搭載していなかったと思われる。

また、その水中速力は最大一九ノットを発揮可能で、通常の潜水艦攻撃から脱出できる可能性を持っているのではないだろうか。

実際、冒頭で触れたロバート・バラードたちによる最新探知器での調査でも、「ワード」が撃沈したと伝える海底に、その残骸は今もって発見されていない。

午前六時四五分、「ワード」は第一四海軍区司令官に「本艦は防御海面区域で行動中の潜水艦に対し、砲撃と爆雷投下で攻撃した」と電報で報告した。

一二月一三日付の「ワード」の戦闘記録には、日本海軍機による真珠湾空襲前の午前六時四五分に、その対潜攻撃は実施されたと明記されている。

これは、ルーズベルト大統領をはじめとする米政府首脳陣が決定し全軍に通達した、「米国自身が過大な危険にさらされることなく、最初の一弾を日本にいかに撃たせるか」の方針に反する軍事行動だった。

太平洋戦争における最初の一撃は、米側にあり、日本は卑怯な攻撃を行なっていなかったのだ。

日本機の真珠湾奇襲

午前七時五五分、駆逐艦「バグリイ（DD386）」は、ヒッカム飛行場上空で戦闘行動に入る急降下爆撃機を目撃した。その時点では、それらは米陸軍機と思われた。

数分後、真珠湾海軍工廠と潜水艦司令部に囲まれた南東入江の最奥部のメリー岬の方角から飛来した雷撃機が、高度九〜一二メートルでフォード島南岸の「戦艦列Ｆ５」外側に停泊する戦艦「オクラホマ」に向け突進した。

雷撃機は、「オクラホマ」から距離およそ一八〇～二七〇メートルで魚雷を投下すると避退した。

魚雷は、「オクラホマ」の艦中央を直撃した。

「バグリイ」は、フォード島戦艦列の対岸にある海軍工廠停泊位置「Ｂ22」に右舷ビルジ・キールの修理のため係留していたので、日本海軍機の雷撃状況を観測できた。

日本海軍第一次攻撃隊の雷撃機四〇機の攻撃目標は、「赤城・加賀」機がフォード島東岸の戦艦列係留地、「蒼龍・飛龍」機は同島西側泊地（空母用）となっていた。

「赤城」隊一二機は大きく左旋回、高度を下げつつ二列の突撃隊形をとり、南東入江で再び左急旋回して戦艦列に機首を向けた。

「九七式三号艦上攻撃機」は、射点四〇〇～五〇〇メートル、気速一六〇ノット（計器速度）、高度二〇メートル、機体前後傾斜ゼロの態勢から重量八三八キロの航空魚雷を投下した。

操縦員は、気圧高度計では測れない高度二〇メートルを、吃水（きっすい）から高さ一九メートルの「赤城」「加賀」の飛行甲板の舷側すれすれに飛行し、その高度での海面の見え具合を目に覚えさせる「勘」によって会得していた。

当時、通常の魚雷発射は昼間で高度一〇〇メートル、夜間二〇〇メートルとされていた。

しかし、真珠湾に停泊する艦艇を雷撃するには、真珠湾の水深が一〇～一二メートルと浅いこと、湾内の地形の制約で射点（発射進入点）が約五〇〇メートルと目標に近接しすぎることの問題があった。

魚雷は飛行機から投下されると空中で左右にローリングする。魚雷の尾部には十字形に縦舵と横舵があり、縦舵は水中航走時に方向を制御する。横舵は射入後、いったん深く沈む（沈度という）魚雷を調定深度まで浮上させ、調定深度を保つ役割がある。魚雷が左右どちらかに傾いたまま射入すると、縦横の舵の役割が交錯して魚雷は迷走してしまう。とくに真珠湾は水深が浅いため、射入直後の沈度を制御する横舵の機能は絶対的な正確さが要求された。

これを防ぐために、ジャイロ安定機により自動的に作動する水中・空中安定舵（飛行機の補助翼と同じ機能）を装備し、さらに空中での効果を確実にするために、射入時の衝撃で外れる木製の翼を安定舵に被（かぶ）せ、空中での舵面積を大きくすることにした。

そして、魚雷頭部に装着した起爆装置の「鉤挺式爆発尖（こうていしきばくはっせん）」は、翼ネジにある安全針を三五〇回転のネジ戻しで外れるようにし、爆発尖安全解脱距離五〇メートルを可能にしていた。

「九一式魚雷改二（二式特框板付（とくきょうばん））」に、特急工事で空中・水中安定装置を装備した改造魚雷の浅海面発射実験による一一本の試験データは、「九七艦攻」により気速一六〇ノット、高度二〇メートルで最大沈度二二メートル、最小沈度九メートル、平均沈度一六メートルだった。

日本海軍雷撃隊の戦果は、写真その他による総合検討の結果、次のように命中確実と認められた。

戦艦「ウェストヴァージニア」に魚雷九本。

戦艦「オクラホマ」に魚雷一二本。

戦艦「カリフォルニア」に魚雷三本。

戦艦「ネヴァダ」に魚雷一本。

標的艦「ユタ」（元戦艦）に魚雷六本。

軽巡洋艦「ヘレナ」に魚雷五本。

発射魚雷四〇本中、三六本が命中したと判定され、その命中率は九〇パーセントとなった。非命中魚雷のうち一本は、射点で沈没と認められた。

これに対し、戦後の米側記録では、

「ウェストヴァージニア」七本。

「オクラホマ」五本。

「カリフォルニア」二本。

「ネヴァダ」一本。

「ユタ」六本。

「ローリー」一本。

「ヘレナ」一本。

となっている。

「ヘレナ」に命中した一本の魚雷の衝撃は、隣の機雷敷設艦「オグララ」の左舷側に亀裂を生じさせ転覆させたと記録されている。

ほかに「戦艦列Ｆ７」に係留中の戦艦「アリゾナ」の左に停泊していた工作艦「ベスタル」は、午前八時二〇分頃、本艦艦尾を通過した一本の魚雷が、およそ三〇メートル離れた「アリゾナ」の艦首に命中したのを目撃したと記録している。

記録写真に写る真珠湾内の「甲標的」

そして、真珠湾奇襲五三年目、コンピューターを活用した写真精密解析によると、日本海軍機撮影の画像の中に、航空魚雷投下によって生じた白波・波紋四個に対し雷跡六本を認めた。

1994年、米国の写真解析会社が、この写真に「ウェストヴァージニア」と「オクラホマ」を雷撃する特潜が写っていると発表した。確かに「横山艇」は「奇襲成功せり」を打電しているが……。

航空魚雷の雷跡と認められない細く、起点に波紋のない二本の白線は、その後方の物体――形状とサイズが特殊潜航艇の司令塔に類似した物体――の位置に集約されていると分析された。

「特型格納筒＝甲標的」搭載の「九七式酸素魚雷」は、雷速四五ノット、炸薬量三五〇キロ。そして、航空魚雷の「九一式改二」は、雷速四〇ノット、炸薬量二〇三キロである。

　写真解析者は、戦艦列の東方約六〇〇メートルの物体（特型格納筒）の位置から、戦艦「ウェストバージニア」と「オクラホマ」（午前八時八分頃転覆）に魚雷が発射されたというシナリオを描いた。

　現実には、この「特型格納筒」の本体が未発見のため、このシナリオは確定されないままになっている。

　しかし、これが事実とすれば、真珠湾口の二二二度（南南西）、七海里に占位する「伊一六潜」から最初に発進した横山艇ではないかと推測される。

駆逐艦「ヘルム」の対潜戦闘

　駆逐艦「ヘルム」（DD388）は、東入江の「浮標X７」に駆逐艦「ブルー（DD387）」と一緒に係留されていたが、午前七時二六分の時点では、消磁装置付浮標のある西入江に向け航行中だった。

「ヘルム」のすべての磁気コンパスと経度測定用経線儀類は、艦体の消磁のため僚艦「ブルー」に置いてきていた。このことは、敵の攻撃を予期していなかったことを証明している。

　午前七時五九分、「ヘルム」がフォード島北岸の北水道から西水道に向きを変え、ワイピオ半島ベコニング岬の中央入江口に近づきつつあったとき、フォード島上空を北西に向け浅い角度で降下する敵機を目撃した。

「ヘルム」は、フォード島南西端にある飛行機格納庫に最初の爆弾が直撃するのを認めると「総員配置に就け」を下令、各砲に給弾を実施した。

　六分後、湾口へ南下中の「ヘルム」は、後部機銃群で湾内エントランス水道上空の日本機を、前部機銃群で避退行動をとる雷撃機を射撃した。

　午前八時一三分、「ヘルム」は湾口の艦船阻塞網と防潜網を通過すると、その四分後に第一番浮標の北側、水道右手に潜水艦の司令塔を目撃した。

「射撃開始」が下令されたが、砲が指向される前に潜水艦は潜航した。

　午前八時二〇分、「ヘルム」は湾口西側のトライポッド浅瀬礁に当たって砕ける波間で岩礁の端に艦底を接触させていると思われる潜水艦に発砲した。

　命中弾は観測されなかった。これは酒巻艇と思われる。

　このとき、「ヘルム」は操舵モーターの電気ショートで艦橋における操舵機能を失った。

真珠湾内北水道の対潜戦闘

　午前八時二六分、空襲下の真珠湾内では湾外一海里沖で潜水艦一隻撃沈の報に引き続き、湾内における潜水艦目撃が報告された。

　あらゆる場合における反撃態勢がとられていた。

　石炭埠頭右手のホスピタル岬沖で、海軍工廠のタグ（曳き船）が体当たりを試みた潜水艦は、中央入江に到達していた。

　軽巡洋艦「ローリー（CL7）」は、フォード島海軍航空隊の北側「F11」の標的艦「ユタ」のすぐ前に係留していた。

　本艦は午前八時と九時の間に信号艦橋から左舷艦尾方向、消磁装置場所近くのヨット・クラブに通ずる水路に小型潜水艦の潜望鏡を発見、「潜水艦警戒」の信号旗を揚げた。

　しかし、「ローリー」の射線内に味方艦船が入り、発砲できなかった。

　中央入江口のパールシティ半島寄りの「浮標D７」と「D７南」にある第四掃海隊係留地の四隻の高速掃海艇のうちの一隻「ゼーン（DMS14）」は、午前八時三〇分頃、南側のフォード島寄りの「K23」に係留する工作艦「メドゥーサ（AR1）」の艦尾、距離一八三メートルの北水道に一風変わった潜水艦を発見した。

　射撃準備をするが、「ゼーン」の南側に並泊する僚艇「ワスムス（DMS15）」「ペリィ（DMS17）」に遮られて砲を指向できず、代わって僚艇「ペリィ」が発砲することになる。

「ペリィ」の後部デッキハウス上の乗組員は、中央入江を目指しつつ西水道を北上しながら、「メドゥーサ」とその南東側に係留する水上機母艦「カーティス（AV4）」の方向に右旋回しようとしている、部分的に浮上している潜水艦を報告した。

「ペリィ」の艦尾四番四インチ砲は、迅速に要員を配置すると二発を発射した。初弾は完全に上に外れ、照準器を二七四メートルに修正して第二弾を発射した。

しかし、弾着観測員は、弾着を視認しなかった。それは、非公式に潜水艦の司令塔もしくは船殻の中で爆発したか貫通したと報告された。

「ゼーン」より中央入江内側に停泊する僚艇「トレバー（DMS16）」は、「ペリィ」の第二弾が司令塔を直撃、司令塔内で爆発するのを目撃している。「メドゥーサ」も同じ敵に発砲した。

空襲下「メドゥーサ」は、「カーティス」の艦尾約四六〇メートル、「メドゥーサ」の右舷後方約九一〇メートルに潜水艦の潜望鏡を目撃、「カーティス」が発砲した直後に潜望鏡めがけて射撃を開始した。

潜水艦は、「カーティス」の後方に位置する小規模な船渠（せんきょ）方向に魚雷を発射した。そして潜水艦は、あからさまに司令塔を海面に現した。

「メドゥーサ」「カーティス」の両艦から多量の砲弾が司令塔に命中するのがはっきりと目撃できた。

弾丸を浴びている間、潜水艦は「カーティス」のほうに戻ろうとしているように見えた。

このとき、東入江から駆逐艦「モナハン（DD354）」が、進路二三〇度でパールシティ半島とフォード島の間の北水道へ南進してきた。

「トレバー」と「ゼーン」の間に停泊していた機雷敷設艦「ブリーズ（DM18）」は、午前八時二五分、司令塔から至急発進するよう信号を受けたおよそ五分後、北水道中に二隻の小型潜水艦の司令塔を目撃した。

そのとき、北水道を南下中の「モナハン」が、「カーティス」に魚雷を発射して失敗した先頭の潜水艦に体当たりするように見えた。

「モナハン」は爆雷二個を投下した。

一〇秒後、およそ二五〇トン級の潜水艦が上部を下にして浮き上がったかと思うと、すぐに沈んでいった。

「モナハン」の戦闘記録

時間をさかのぼる午前七時五三分、東入江のパールシティ半島寄りの「浮標X14」に僚艦四隻と一緒に係留されていた駆逐艦「モナハン」は、無線通信で「182GCT（現地時刻の〇七五二）、至急発進して防御海面の『ワード』と連絡を取れ」と下令された。

二分後、乗組員が真珠湾に飛来した日本機を見て興奮して艦長に報告。彼が艦外に一歩踏み出したとき、ショフィールド兵舎付近から黒煙が立ちのぼるのが見えた。その直後、日本機がフォード島北岸の「F11」に係留している「ユタ」を雷撃した。

午前八時頃、「総員配置に就け」の命令と同時に、「モナハン」の機関長は緊急発進のため、全ボイラーに蒸気を送ることを下令した。

二七分後、「モナハン」は北水道を経由して湾外に出撃するため、速力一〇ノットで航走を開始した。

午前八時三五分頃、敵潜水艦の存在を示す信号旗が「カーティス」に掲げられていると報告があった直後、艦長は「浮標X22」に係留されている「カーティス」の右舷艦尾側約一八〇〜二七〇メートル地点に潜水艦の司令塔を認め、「全速前進」を下令した。

「モナハン」は、潜水艦の潜望鏡と司令塔に向け二番砲を発射した。

砲弾は、ベコニング岬沖に係留されている積荷用起重機を載せた艀（はしけ）を直撃した。

砲撃中止が下令され、「モナハン」は潜水艦に体当たりする態勢に入り、距離約七〇メートル以内に迫ったとき、潜水艦が「モナハン」の艦首に向け急旋回すると魚雷を発射した。

魚雷は二度ほど海面に浮き上がった後、「モナハン」の右舷一八〜二七メートルの距離を並行して通り過ぎ、岸に達すると爆発し高さ六〇メートルに及

真珠湾内の対潜戦闘で特殊潜航艇に対して体当たりを敢行し、潜航艇を乗り越えて致命傷を与え撃沈した駆逐艦「モナハン」。

ぶ水柱が立ちのぼった。

艦長は「全速、面舵一杯」で潜水艦に激突することを下令、右旋回が目標に対し遠すぎたため、戻ると再び体当たりの進路に定針した。

「モナハン」の艦首下に潜水艦が消えたとき、全乗組員は激しい衝撃を予期したが、艦が少し左に傾いて軽い振動を感じただけだった。

「モナハン」が潜水艦を右舷側後部に沿って斜めに乗り越えたとき、潜水艦は艦首部を海面に突き出し、艦尾方向に通過したので、最初の爆雷が投下された。

深度九メートルに調定された爆雷が爆発すると、小型潜水艦の艦首と司令塔が海面に露になった。

二発目の効果は観測されなかった。

艦長は岸への衝突回避のため、「全速後進、取舵一杯」を下令した。

しかし、行脚の衰えない「モナハン」はベコニング岬に急速に接近、艦首艦底部が軟らかな海底に接触した。

「モナハン」が後進をかけている最中に、「潜水艦発見」の第二の警告があったが、黒いケージ浮標と判明した。「モナハン」によって沈められた「特型格納筒」は、遺品から岩佐艇と確認された。

湾口へ向かう水道での敵対射撃

午前八時五五分、水上機母艦「タンジール（AV8）」は、信号司令塔と無線の両方で、別の潜水艦が北水路内で目撃されたとの警告を受けた。

掃海艇「ボォボリンク（AM20）」は、海軍病院のすぐ南の石炭埠頭の西端に係留されていたが、日本海軍機の空襲下を移動中、日本の潜水艦に用心するよう警告を受けた。

艇長は、西入江口のワイピオ岬付近に、味方艦船がいないにもかかわらず何か動く物体を発見した。

艦長は、その物体に三発の発砲を命じた。そして、それが真珠湾内の攻撃後に外洋に脱出しようとする潜航中の日本軍潜水艦で、湾内エントランス水道の左岸を通過していると信じて疑わなかった。

もしこれが事実ならば、岩佐艇のほかにもう一基、戦艦列を攻撃したかもしれない「特型格納筒」が存在した証明の一つになるかもしれない。

軽巡「セントルイス」の対潜攻撃

午前一〇時四分、海軍工廠停泊位置「B17」の軽巡洋艦「ホノルル（CL48）」の外側に係留されていた軽巡洋艦「セントルイス（CL49）」は、フォード島南側の南水道を通って外洋へ向かうため、湾口の一番と二番浮標の内側を航行中、距離九〇〇～一八〇〇メートルから右舷に接近中の魚雷を目撃した。

魚雷は「セントルイス」を直撃する直前に浚渫水道の西方にある浅瀬礁に命中、爆発し、「セントルイス」に何ら危害を及ぼさなかった。

雷跡の起点には、長さ約五メートルの濃灰色の物体が海面上にわずかに突き出ているのが目撃された。

この時点では、この物体が小型潜水艦の一部とははっきり確信を持てなかったが、「セントルイス」の指揮官が、以前に潜水艦基地の展示で見た小型潜水艦の潜望鏡の頂部と同じで、疑問の余地がないと証言した。

その物体に対し、「セントルイス」は右舷の五インチ単装両用砲で三分間射撃した。その結果は不明ながら、およそ三〇秒で潜水艦が視界から消えたので、最初の二斉射が命中したと報告した。

「セントルイス」はその後、真珠湾の南方で作戦中と報告された敵空母の捜索に向かった。

軽巡「セントルイス」は、真珠湾口で潜航艇から雷撃を受けたが、この艇が誰の乗艇かは謎に包まれている。

敷設艦「ギャンブル」艦尾の爆雷投下装置。写真は1944年の状態なので爆雷は当時と異なるが、爆雷のラック（置棚）がよく分かる。

「ブリーズ」「ギャンブル」湾外対潜戦闘

午前一一時八分、近海の哨戒任務に就いた高速敷設艦「ブリーズ」は、湾口沖で魚雷艇が潜望鏡を発見、報告した位置、バーバーズ・ポイントの方位二九七度、ダイヤモンドヘッドの方位七八度、そしてヒッカム飛行場の管制塔の方位三五七度の地点で爆雷二個を投下したが、結果は得られなかった（爆雷投下地点は大ざっぱに見積もって、真珠湾口のほぼ真南一〇～一一キロ沖合となる）。

「ブリーズ」はさらに音波探索を続行し、二五分後、再び潜水艦を同海域に探知、潜水艦音を追尾し超音波探知による深度三七メートルで爆雷攻撃を開始し、二発目に油膜と小数の残骸を認めた。

しかし、この攻撃結果の確証はつかめなかった。

一二時四分、第四掃海隊の高速掃海艇「ギャンブル（DM15）」は、真珠湾口沖の近海対潜哨戒を実施中に、ダイヤモンドヘッド灯台からの方位一六二度（南南東）、距離二・五海里（四・六三キロ）に潜水艦を探知し、爆雷三個を投下した（これがもし「甲標的」だとすると、真珠湾口よりこれほど東へ移動している艇としては、酒巻艇が考えられる）。

なおも哨戒を続ける本艦は、午後四時三一分に浮上潜水艦を発見、一分後に四インチ砲一発を発射したが、左にそれて命中しなかった。潜水艦は米海軍の色で塗装されていたので、「ギャンブル」は射撃を中止し、潜水艦は潜航した。

未解決の謎

一九四一年一二月七日（日本時間八日）、真珠湾内とその湾口沖で繰り広げられた水上艦艇対特殊潜航艇「特型格納筒＝甲標的」の息詰まる戦いを完全に明らかにすることは難しい。

しかし、「ブルー」の戦闘記録と現実が一致したように、ハワイ作戦における「甲標的」の戦いを綿密に再調査する必要があるのではないだろうか。

「甲標的」五基のうち、未だに米駆逐艦「ワード」に撃沈されたと記録される一基と、戦艦列に魚雷を発射したと写真解析された一基の所在は不明であり、捕虜になった酒巻艇と湾内撃沈の岩佐艇以外、搭乗員の行方も謎に包まれたままである。

（はらかつひろ・戦史研究家）

COLUMN 1941.12.7 真珠湾在泊艦艇一覧

(時刻は現地時刻で表示)

主水道、戦艦列“BATTLESHIP ROW”(フォード島東岸)

戦　　艦　ネヴァダ“NEVADA”(BB36)
アリゾナ“ARIZONA”(BB39)
工作艦　ヴェスタル“VESTAL”(AR4)
戦　　艦　テネシー“TENNESSEE”(BB43)
ウエスト・ヴァージニア“WEST VIRGINIA”(BB48)
メリーランド“MARYLAND”(BB46)
オクラホマ“OKLAHOMA”(BB37)
給油艦　ネオショー“NEOSHO”(AO23)
戦　　艦　カルフォルニア“CALIFORNIA”(BB44)
小型水上機母艦　アヴォセット“AVOCET”(AVP4)

東入江“EAST LOCH”(水道北側)

駆逐艦　モナハン“MONAGHAN”(DD354)
デイル“DALE”(DD353)
ファラガット“FARRAGUT”(DD348)
エイルウィン“AYLWIN”(DD355)

ヘンリー“HENLEY”(DD391)
ラルフ・タルボット“RALPH TALBOT”(DD390)
パターソン“PATTERSON”(DD392)

セルフリッジ“SELFRIDGE”(DD357)
ケース“CASE”(DD370)
タッカー“TUCKER”(DD374)
レイド“REID”(DD369)
コニンガム“CONYNGHAM”(DD371)
駆逐艦母艦　ホイットニー“WHITNEY”(AD4)

駆逐艦　ヘルム“HELM”(DD388)
ブルー“BLUE”(DD387)

軽巡洋艦　フェニックス“PHOENIX”(CL46)

東入江“EAST LOCH”(水道南側)

駆逐艦　マクドノー“MACDONOUGH”(DD351)
フェルプス“PHELPS”(DD360)
ウォーデン“WORDEN”(DD352)
デューイ“DEWEY”(DD349)
ハル“HULL”(DD350)
駆逐艦母艦　ドビン“DOBBIN”(AD3)

病院船　ソーレス“SOLACE”(AH5)

駆逐艦　アレン“ALLEN”(DD66)
チュー“CHEW”(DD106)

中央入江“MIDDLE LOCH”(フォード島西北側)

軽機雷敷設艦　ギャンブル“GAMBLE”(DM15)
モントゴメリー“MONTGOMERY”(DM17)
ブリーズ“BREESE”(DM18)
ラムゼイ“RAMSAY”(DM16)

高速掃海艦　トレバー“TREVER”(DMS16)
ワスムス“WASMUTH”(DMS15)
ペリー“PERRY”(DMS17)
ゼーン“ZANE”(DMS14)

工作艦　メデューサ“MEDUSA”(AR1)
水上機母艦　カーティス“CURTISS”(AV4)

西水道(フォード島西岸)

軽巡洋艦　デトロイト“DETROIT”(CL8)
ローリー“RALEIGH”(CL7)
標的艦　ユタ“UTAH”(AG16)
水上機母艦　タンジール“TANGIER”(AV8)

海軍工廠

＊第1号乾ドック
戦　　艦　ペンシルヴァニア“PENNSYLVANIA”(BB38)
駆逐艦　カッシン“CASSIN”(DD372)
ダウンズ“DOWNES”(DD375)
＊浮きドック“YFD2”
駆逐艦　ショー“SHAW”(DD373)
港湾タグボート　ソートヨーモ“SOTOYOMO”(YT9)

海軍工廠

＊工廠岸壁
潜水艦　カシャロット“CACHALOT”(SS170)
機雷敷設艦　オグララ“OGLALA”(CM4)
軽巡洋艦　ヘレナ“HELENA”(CL50)
掃海艇　ターン“TERN”(AM31)
＊工廠係船堀
雑役特務艦　アルゴンヌ“ARGONNE”(AG31)
駆逐艦　ジャーヴィス“JARVIS”(DD393)
マグフォード“MUGFORD”(DD389)
砲　　艦　サクラメント“SACRAMENTO”(PG19)

小型水上機母艦　スワン“SWAN”(AVP7)

艦隊タグボート　サナディーン“SUNNADIN”(AT28)
港湾タグボート　オセオラ“OSCEOLA”(YT129)
ノコミス“NOKOMIS”(YT142)
ホーガ“HOGA”(YT146)

給油艦　ラマポー“RAMAPO”(AO12)
(搭載魚雷艇PT26,PT27,PT28,PT29,PT30,PT42)
重巡洋艦　ニューオリンズ“NEW ORLEANS”(CA32)
工作艦　リゲル“RIGEL”(AR11)
駆逐艦　カミングス“CUMMINGS”(DD365)
軽機雷敷設艦　プレブル“PREBLE”(DM20)
トレイシー“TRACY”(DM19)

重巡洋艦　サンフランシスコ“SAN FRANCISCO”(CA38)
軽巡洋艦　セントルイス“St. LOUIS”(CL49)
ホノルル“HONOLULU”(CL48)
軽機雷敷設艦　プルーイット“PRUIT”(DM22)
シカード“SICARD”(DM21)
艦隊タグボート　オンタリオ“ONTARIO”(AT13)
掃海艇　グリーブ“GREBE”(AM43)
駆逐艦　スライ“SCHLEY”(DD103)
＊工廠岸壁
駆逐艦　バグリー“BAGLEY”(DD386)

南東入江“SOUTHEAST LOCH”(潜水艦隊基地桟橋)

潜水艦　ナーワール“NARWHAL”(SS167)
ドルフィン“DOLPHIN”(SS169)
トートッグ“TAUTOG”(SS199)
水上機母艦/駆逐艦　ハルバート“HULBERT”(AVD6)
ソーントン“THORNTON”(AVD11)
＊クォーリー入江“QUARRY LOCH”
雑役特務艦　サムナー“SUMNER”(AG32)
輸送艦　キャスター“CASTOR”(AKS1)
＊貯蔵庫入江“MAGAZINE LOCH”
潜水艦救難艦　ウイッジオン“WIDGEON”(ASR1)
潜水母艦　ペリアス“PELIAS”(AS14)
魚雷艇　PT20,PT21,PT22,PT23,PT24,PT25

石炭貯蔵庫埠頭(エントランス水道)

掃海艇　レイル“RAIL”(AM26)
ボウボリンク“BOBOLINK”(AM20)
ターキイ“TURKEY”(AM13)
ヴィレオ“VIREO”(AM52)
〈ターン“TERN”(AM31)〉

地区隊基地(ビスホップス岬/エントランス水道)

沿岸掃海艇　コッカトゥー“COCKATOO”(AMc8)
〈クロスビル“CROSSBILL”(AMc9)〉
〈コンドル“CONDOR”(AMc14)〉
リードバード“REEDBIRD”(AMc30)
防潜網作業船　アッシュ“ASH”(YN2)
シンコナ“CINCHONA”(YN7)
警備艇　109号(YP109)
未区分船　チェンホー“CHENGHO”(IX52)
＊防潜網ゲート
港門船(YNg17)

ＹＡＧＴ(射撃標的)/ＹＣ(艀・バージ)/ＹＤ(デリック船)/ＹＤＴ(潜水調査母船)/ＹＯ(燃料搭載艀)/ＹＰＫ(ポンツーン収納艀)/ＹＲ(浮き作業台)/ＹＳ(荷役用艀)

［第2部］特潜5艇の行動と最期

横山艇、岩佐艇、古野艇、広尾艇、酒巻艇、5艇の特殊潜航艇の軌跡を追う。

文＝葭 英夫

一九四一年一二月六日、眠りにつく週末の真珠湾

米国は太平洋の布石であるハワイ諸島、とりわけオアフ島の真珠湾（ワイモミ湾――真珠湾の現地語名）を筆頭に、各島嶼に配備した軍事関係施設の防御計画のため必要な兵力を投入していた。

これは米国側が敵性国からの攻撃に備えたもので、もっぱら防御に比重が置かれており、それには次の三つの要素があった。

①湾口掃海
②海面哨戒
③航空哨戒

ハワイ諸島は、米海軍配備区域としては第一四海軍区と呼称され、その司令部は真珠湾に置かれ、司令官はC・C・ブロック少将であった。

真珠湾口掃海は第一四海軍区掃海隊が当たり、磁気機雷と係留機雷の探索・除去、海面哨戒は第一四海軍区配属の旧式駆逐艦四隻による湾口より沖合一〇海里の監視、さらに航空哨戒は、フォード島の第一四区海軍航空隊（司令官P・N・L・ベリンジャー少将）麾下の第九任務部隊第一、第二哨戒飛行群が、連日実施していた。

航空哨戒の範囲は、オアフ島南方の艦船訓練海域の対潜哨戒、艦船出入り時の護衛と真珠湾口の日施哨戒（毎日定例的に行なう哨戒）であった。

当時、ハワイの米太平洋艦隊は「第三警戒法」という警戒態勢を敷いていた。これは、オアフ島をはじめ外部諸島に対する敵の奇襲が迫った場合、全員戦闘配置に就くという臨戦態勢であった。

このような情勢のなか、一九四一年一二月六日（現地日時、以下同）の夜は更けていった。

当夜、夜間哨戒に出動していたのは、第一四海軍区哨戒隊所属の旧式駆逐艦「ワード（DD139）」（艦長ウィリアム・W・アウターブリッジ大尉）ただ一隻であった。

一二月六日夜半、真珠湾軍港に在泊していた艦船は、戦艦以下補助艦船総計九〇隻余であった。平和時の最後の土曜日の夜、艦影は墨絵のごとく闇の中に黒々と溶け込んだように居並んでいた。

「コンドル」、潜望鏡発見！ だが「ワード」は捕捉できず

時刻は過ぎ、当直哨戒艦「ワード」の艦橋にある航海時計の針は、早くも一二月七日午前零時を回っていた。日米両国にとって運命の日とも呼ぶべき早朝を迎えたのである。

〇三三〇、「ワード」は哨戒の最終の進路を取りつつ、その艦首を真珠湾内に向けていた。

哨戒任務はすこぶる単調、かつ平穏なものであった。十数分後にはこの単調な任務も破られることになるのだが、まだ誰も知る由もなかった。

一方、日施掃海作業中の特設掃海艇「コンドル（AMC14）」「クロスビル（AMC9）」の二隻のうち、「コンドル」は予定区分の掃海作業を終了し、真珠湾口の艦船阻塞網および魚雷防御網（以後は防潜網と表記）に向かってゆっくりと航行していた。

そのとき、「コンドル」の艦橋に立っていた当直将校P・C・マックロイ予備少尉は、左舷方向に並行して走る白いさざ波をたてるものを見つけた。それは潜水艦の潜望鏡に似ていた。

当直士官は、操舵員のアターリック二等兵曹と通信員のチャベス一等兵曹に、問題の海面を指さして問いかけた。

「あれは何だろう！」

老練な操舵員は一目見るなり、「潜望鏡です！」と叫んだ。時刻はちょうど〇三四二であった。

哨戒艇「ワード」。ウィックス級の1艦。オアフ島真珠湾の第14海軍区哨戒隊に所属し日米開戦の日の前夜から真珠湾口のママラ湾の日施哨戒に出動、7日早朝、日本の空母飛行機隊の空襲に先んじて特殊潜航艇に対して開戦の火蓋を切った。

「コンドル」は、暗い海面を移動するこの疑わしい"棒"の位置を正確に計測した。発見位置は、真珠湾口の防潜網より約一・五一海里（約二・八キロ）沖合の、湾入口の燈浮標の南西一・七五海里（約三・二四キロ）、水深一一八フィート（約三六メートル）、計測時刻は〇三五〇であった。

一九四一年当時、米海軍では潜水艦の湾口付近での潜航を禁止していた。したがって、「コンドル」が発見した潜望鏡が、外国の潜水艦のものであることは明白であった。

「コンドル」が針路をそのまま保持すれば衝突の危険ありと判断した当直士官は、あわてて「取舵、一杯！」を操舵員に命じた。

一方、相手の潜水艦も「コンドル」に気づいたらしく、潜望鏡は海中に消えていった。

〇三五七、「コンドル」は付近を哨戒中の駆逐艦「ワード」に対し、「西寄りの針路で潜航中の潜水艦らしきものを発見、速力九ノット」と、発光信号を送った。

この信号を受信した「ワード」の当直士官O・W・ゲプナー予備中尉は、どう処理してよいか分からなかった。そこで大急ぎで、L・F・ブラット予備少尉をアウターブリッジ艦長のところに行かせた。

艦橋に飛び込んできた艦長は、「コンドル」の信号を読むやいなや、ただちに総員起こしを命じ、乗組員を戦闘配置に就けて付近の警戒に当たった。

そして約一時間にわたって付近海域を捜索したが、問題の潜水艦らしき艦影を見ることも水中音波探知機でのコンタクト（接触）音の捕捉もできず、発見できなかった。

艦長は、たぶん「コンドル」の若い当直士官が、流木か何かを潜望鏡と見間違えたのだろうと考えた（当時、真珠湾では、しばしば「怪潜水艦発見」の誤報騒ぎが起こっていた）。

「ワード」は警戒態勢を解き、当直員を除く乗組員は全員が寝台に潜り込んだ。

開いていた防潜網、「横山艇」「岩佐艇」が湾内突入に成功！

「ワード」が懸命に「コンドル」が発見した潜水艦を捜索中の〇四三八、真珠湾口に張られていた防潜網がゆっくりと開き始めた。防潜網が完全に開き終わり艦船が通行できるようになるまで、約一〇分かかる。

当日、防潜網は〇四五八以降、掃海艇「クロスビル」を入港させるために開かれたままになっていた。

「ワード」はその後も捜索を続行したが、依然として手掛かりをつかむことができなかった。

〇五三二、掃海艇「コンドル」は、「クロスビル」に続いて防潜網が開いたままのエントランス（出入り）水道に入った。

真珠湾軍港規定では、朝の〇八〇〇までは、一隻が入出港するたびに防潜網を開閉することになっていたが、その時はすぐにほかの艦が出港する予定だったため、係りの水兵が面倒がって開けたままにしていたのである。

このため「コンドル」が発見した潜水艦は、〇五〇〇過ぎには、まんまとエントランス水道に入り込めたと考えられる。

この推定通過時刻から逆算してみると、〇〇四二、真珠湾口の二一二度（南南西）、距離七海里（一二・九六キロ）から発進した「第一号格納筒」の「横山艇」の公算大と推定される。

理由は、「コンドル」が潜水艦を最初に発見した位置が「横山艇」の針路と完全に一致しているからで、「コンドル」の接触を振り切って、〇四四八以降、開放された防潜網を容易に通過し、湾内にひそかに侵入していったと考えられる。

また、「横山艇」より遅れること三四分の〇一一六、湾口一七一度（ほぼ湾口の南）、距離九海里（一六・六七キロ）より発進した「第二号格納筒」の「岩佐艇」は、「ワード」が「コンドル」が発見した潜水艦捕捉のため、湾口南西の海面で重点的に反復捜索中、その間隙を縫って手薄になった湾口中央水道（湾口沖の浮標の間）を、堂々と一直線に潜航突破を敢行し、真珠湾エントランス水道入口の開いた防潜網を容易に通過できたはずである。

横山艇長、岩佐艇長の二艇は、湾口通過に際し、防潜網に配置されていた兵隊に看破されることがなかった。潜水艦が潜航しながら通過するには危険極まりない、水深わずか一二〜一三メートルの水道に潜航して侵入したのであった。

両艇の侵入成功に対して、発進母艦では明確な情報の把握は不可能であったが、「横山艇」は七日夜遅く、母艦の伊一六潜あてに、「奇襲成功セリ」の暗号略号に定められた「セ、セ、セ、……」と「セ連送」を発信し、その成功を伝えてきた。

しかし、「岩佐艇」のほうは、戦後、米国側の潜航艇引き揚げ記録によって初めて湾内突入成功の事実を知り得たのである。

〇六三〇、「ワード」は帰港すべく防潜網沖一海里（一・八五二キロ）のところを航行中であった。

新たな潜水艦発見！「ワード」これを撃沈

七日〇六二六、第一四海軍区航空隊麾下の第一哨戒飛行機群第一四哨戒飛行中隊所属の哨戒爆撃用「PBY3カタリナ」双発飛行艇三機が、日施航空哨戒のためカネオへ湾泊地を離水、針路を航空哨戒範囲であるオアフ島南方海面にある艦隊訓練区域に向けた。

七分後の〇六三三、真珠湾上空に差しかかったとき、機長ウィリアム・ターナー少尉の「PBY3」（シリアルナンバー「14−P−1」）の見張り員が眼下に広がる湾口に、船の航跡に隠れるようにして司令塔を浮上させて航行中の潜水艦を発見した（時間的に見て明らかに「横山艇」「岩佐艇」とは別の潜水艦）。

〇六四〇、「PBY3」は現場付近に発煙弾を投下し、潜水艦の潜む位置を付近の「ワード」に知らせた。

一方、「ワード」の進行方向右舷前方を、特務艦「アンタレス（AG19）」が、鉄製平底船（HDS2）を曳航しながら真珠湾に向かっていた。これを見ていた「ワード」の操舵手が「おや、あれは？」と呟いて双眼鏡を目に当てた。曳航艦と艀の中間の引き綱のこちら側に、なにやら黒いものがチラチラと波間に見え隠れしているからだった。双眼鏡のつまみを回すにしたがってレンズの焦点が合ってきた。

「ゲプナー中尉！」、操舵手は当直士官に双眼鏡を手渡して、「あれを見てください」と、曳き船と艀の中間を指さした。「あの船の後ろに隠れるようについているのが、司令塔のように見えるのですが……」。

確かに黒いものが曳き船の後をつけているように見えた。双眼鏡を覗いた中尉は、「潜水艦だ！　艦長に報告しろ！」と怒鳴るように命令した。

〇六三七、「艦長、早く艦橋へ出てきてください！」との当直士官の知らせに、アウターブリッジ艦長は艦橋へ一目散に駆け上がっていった。

それに先立つこと七分前の〇六三〇、「アンタレス」艦長は自艦の右舷後方一五〇〇ヤード（約一三七〇メートル）に怪しい物体を発見していた。ちょうど司令塔が海上に出ていたのである。艦長は、それを明らかに深度調整を誤り、再び潜航を試みている潜水艦と判断した。ただちに「アンタレス」は、発光信号で数回にわたり「我、怪潜の追尾を受けつつあり」と「ワード」に報告した。

数分後、「ワード」の艦内にこの朝二度目の「総員、配置に就け！」の号令がかかった。続いて、この奇妙な小型潜水艦に向かって「機関室、全速前進！」が下令された。発砲準備をするやいなや、艦長は続けざまに「取舵一杯、前進全速！」を下令、艦は高速航走に移った。

波に煽られたのか、潜水艦の葉巻型の胴体が海面に躍り出た。塗装はくすんだ緑色をしており、司令塔には小さな貝がびっしりと付着していた。

「ワード」は射距離一〇〇ヤード（九一・四四メートル）で艦首一番主砲を発砲した。しかし、この太平洋戦争の米国側の第一弾は、相手の司令塔が小さ過ぎたために外れてしまった。

同時刻に、上空の「PBY3」からも二発の航空爆雷が投下された。

「ワード」の第二弾は、七五ヤード（六八・五八メートル）の至近距離で潜水艦と並航したときに三番主砲から発砲され、司令塔の基部に命中した。

潜水艦は左に傾き、そしてゆっくりと沈み始めた。

「ワード」が潜水艦の前方を通過したとき、艦長は「爆雷投下始め！」と大声で下令した。爆雷長W・C・マスクザウイッツは素早く正確に爆雷の深度指針を調整すると、第一発目の爆雷を水面下の潜水艦の艦首に投下した。投下爆雷は全部で四発であった。

「ワード」の見張り員が、自艦後方の潜水艦の沈んだあたりの海面に油が湧き上がったのを見つけた。同艦は付近を捜索して撃沈したことを確認、撃沈時刻を〇六四五と記録した。

〇六五三、「ワード」は真珠湾の第一四海軍区司令部に、「我、防衛海面区域内における潜水艦に対して、砲撃と爆雷攻撃にて撃沈せり」と報告を発信した。沈没地点は、一二〇〇フィート（約三六六メートル）という水深を考慮すると、真珠湾口より約三海里南の、おおむねダイヤモンドヘッドとバーバース岬を結ぶ線上の湾口西側のケアヒ岬の沖合と思われる。

「ワード」が撃沈した潜航艇は「広尾艇」か？

さて、この「ワード」が撃沈したと報告した潜航艇は、五艇発進した甲標的「特型格納筒」のうちのどの艇であろうか。

「ワード」の撃沈報告発信時刻〇六五三の時点で、「横山艇」と「岩佐艇」は湾内侵入を果たした公算大であるので除外される。湾内侵入を果たせなかった三艇のうち、「酒巻艇」は撃沈はもとより被弾・爆雷被爆の形跡がないので除外される。残るは「古野艇」と「広尾艇」になる。

そのいずれかの鍵を握るのは、一九六〇年七月、ケーヒ礁湖外側の海底から引き揚げられた潜航艇であるが、それは爆雷による影響は認められたが、司令塔には砲弾命中の跡はなかった。

筆者は後述のごとく、この艇は「古野艇」と推定している。したがって筆者は、「ワード」が撃沈したとする艇は、「広尾艇」と推定するものである。

「第四号格納筒」の「広尾艇」は、〇二五七、湾口の一五一度（南南東）、五・三海里（九・八二キロ）という、五艇のうち真珠湾口にもっとも近い距離から発進している。

『特別攻撃隊A・i攻撃詳報』によれば、第四号筒の「広尾艇」は、当初、伊一六潜搭載の第一号筒（横山艇）に次いで、二番目に発進する予定になっていた。しかし、発進の際に大きく予定が変わり、四番目に発進することになった。

「広尾艇」の発進遅延の原因は不明であるが、「第五号格納筒」の「酒巻艇」と同じくジャイロ・コンパス（正式には安式九七転輪羅針儀。磁石ではなく転輪を使った羅針儀。方角測定用）の故障だったのかもしれない。

なぜならば、内地出撃の一一月一八日、「岩佐艇」のジャイロが故障し、急遽取り替えのために出港が一日遅れた事例を含めると、ジャイロに関しては出撃五艇のうち四艇が何らかのトラブルを起こしている。したがって「広尾艇」もジャイロ故障の可能性が十分あり得るといえる。

「広尾艇」は、もっとも湾口に近い位置から発進しながら、湾口に達するまでにおよそ三時間半も要したことになる。これは、ジャイロ・コンパスの故障のため、潜航中の自艇の位置が確認できず、進出方位角度の測定に非常な苦労と努力を要したからと思われる。

潜航して進出すれば、ジャイロの誤差修正は不可能である。艇長は唯一の進航手段として、潜望鏡を露頂しながら航走し方位誤差の修正中に、湾内に向かっていた「アンタレス」を発見し、その航跡をうまく隠れ蓑として利用して侵入を図ったものと推察される。

今日まで「ワード」による撃沈と認定されているのは、この司令塔に命中弾を被った最初の艇のみである。

このシーンは二〇世紀FOXの映画「トラ・トラ・トラ」でも登場したので、強烈な印象を持たれている方も多いだろう。

「ワード」、さらなる対潜攻撃

「ワード」はその後も引き続き厳重な警戒態勢をとっていたところ、水中音波探知機がもう一隻の潜水艦らしき推進器音を捉えた。

艦長はただちに「爆雷戦用意」を下令し、激烈な爆雷攻撃を敢行した。やがて自艦の艦尾の水面に、大きな油の泡が不気味に浮き上がってくるのを認めた。撃沈時刻は〇七〇六であった。

しかし、この潜水艦の撃沈は米国側でも確証をつかむに至らず、未確認記録になっている。

しかしながら、日米開戦の発端となったこの戦闘で、なんと旧式駆逐艦が二隻もの小型潜水艦を撃沈していたのである。その戦功は「殊勲甲」ともいうべき、抜群の戦果であった。もし、この二艇が湾内に潜入していればどのような混乱が起こっていたかは、火を見るよりも明らかである。

この「ワード」の未確認記録となっていた潜航艇の撃沈は、戦後一五年間も経過した一九六〇年（昭和三五）に沈没していた一隻の潜航艇が偶然の機会に発見されたことで、事実として確認されたのである。

しかし、一九六〇年以降に刊行された真珠湾に関する戦史を見ると、「ワード」に司令塔を砲撃されて撃沈された最初の潜航艇と、一九六〇年に引き揚げられた潜航艇が同一視され、混同されている事実に気づく。

以下は、筆者個人の私的考察ではあるが、この三番目に発見された特殊潜航艇について、米国側の記録と日本側の記録との関連性についてあらゆる観点から詳細に分析してみようと思う。

発見三番目の潜水艇 それは「古野艇」か？

一九六〇年（昭和三五）六月一三日、真珠湾口より〇・八六海里（一・六キロ）東のケーヒ礁湖の珊瑚礁外側の北緯二一度一七分四八秒、西経一五七度五六分、水深七六フィート（二三・一六メートル）の海底の珊瑚礁上で沈没している小型潜航艇が発見された。

発見者は、当時米海軍潜水学生だったバッフェル中尉であった。彼は潜水艦基地からの指令で、アクアラングをつけた潜水訓練要員として、湾内での海中障害物除去の訓練中、ケーヒ礁湖の外側で、海底の砂地に小型潜航艇らしいものがあるのを目撃した。そして浮上して教官に報告した。

ジェリー・ギャロウェー教官もただちに潜水して、それがかつて日本海軍が真珠湾奇襲に使用した潜航艇であることを確認した。発見された艇体は一面に珊瑚が付着していたが、破損はしていないようであった。

七月の調査の結果、引き揚げ可能と判定され、米海軍はただちに引き揚げを指令した。七月一五日、米海軍救難隊により作業が開始された。

この潜航艇は魚雷を射出筒に装填したままであった。しかも弾頭の炸薬は一九年の時を経過したにもかかわらず爆発威力は有効だった。引き揚げに際して、射出筒内にあった二本の四五センチ九七式酸素魚雷が救難隊によって除去されたが、これは非常に危険な作業であった。

そして潜航艇の艇体の六個所にワイヤーが玉掛けされ、救難船「カレント（ＡＲＳ22）」のクレーンで引き揚げられた。一九年ぶりに日の目を見た長さ二三・九メートルの艇体は、艇内部の海水、砂を発射管より滴らせながら、常夏の太陽の下にその全容をさらけ出したのである。

真っ黒な錆が付着し、所々を珊瑚に覆われていた艇は、防潜網の保護索など若干の付着装備が失われ、船底部分がひどく腐食していたが、大きな穴や損傷の跡は見られなかった。

七月一九日、米海軍救難専門家が初めて艇内に入って、詳細な調査を行なった。

このとき、最初に艇内に入り調査したのは、基地主席幕僚のトンプソン大佐であった。調査所見はおおむね次のようなものであった。

①乗員二名の遺体および文書は何も残っていなかった。
②司令塔ハッチは、内側から締められていなかった。
③艇の内側の壁の損傷がひどく、沈没中の一九年間に受けた自然損傷だけとは考えられない。
④艇腹に軽い凹(へこ)みがある（電池室付近に爆雷攻撃を受けたと見られる穴が、後で見つかった）。
⑤泥の詰まった艇内のパイプは、曲がり折れ、また捩(ねじ)れ、電池室にある隔壁防水扉の蝶番(ちょうつがい)が曲がっていた。
⑥司令室の電気モーターが基部から外れて、計器や照明灯のガラスが砕け散っていた。
⑦二発の魚雷と自爆用の大型爆薬一発は、そのまま残っていた。

なお、大型爆薬の時限信管には未だ硫黄分が残っていたので、沈艇用爆薬は起爆されていなかった。

⑧乗員の所有品として、ボロボロになった一着の戦闘服、飛行用半長靴が片方、飛行手袋が一つ、一足のゴム底スリッパ、一本の一升瓶、携帯工具として、レンチ、Ｔ型レンチ、スパナ、ペンチ類など数点。

このような結果、この艇は魚雷を発射する前、つまり目的を達成する前に米軍の攻撃、おそらく爆雷の間接的な衝撃を受けて、その結果沈没したという推定がなされた。また、艇内の内部爆発の可能性も考えられた。

トンプソン大佐は、「この艇は爆雷攻撃を受けて、致命的な損傷を受けたものと推定される」と報告している。

ところで前記の遺留品に関して、生前筆者が、真珠湾奇襲の特潜十勇士のただ一人の生き残りである酒巻和男氏に伺ったことを紹介してみよう。

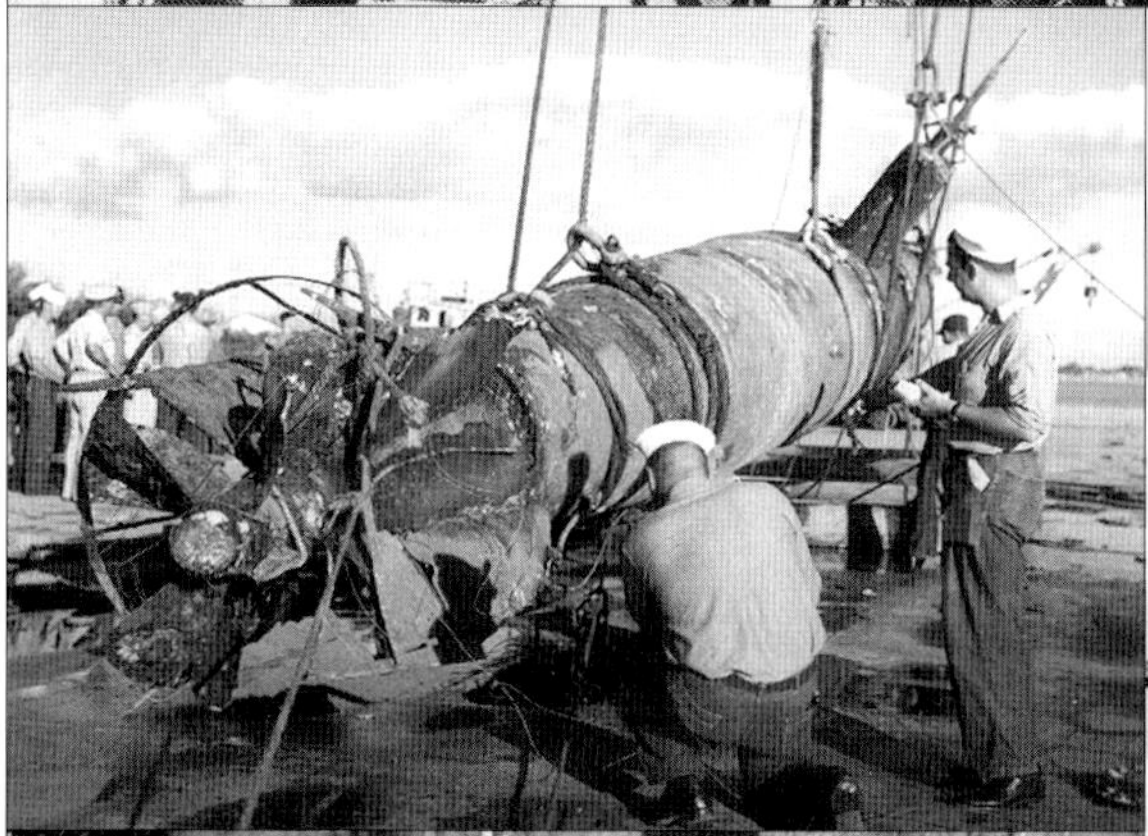

1960年７月、真珠湾の湾口の東、ホノルル国際空港とホノルル港の中間のケーヒ礁湖沖合の海底から引き揚げられた特殊潜航艇。1961年に日本に返還され、以来広島県江田島の第一術科学校に展示されている。［上］潜望鏡（特眼鏡）は、ほとんど真後ろを向いて固着している。［左下］操縦室付近の艇底の破口部。本艇は「古野艇」説と「広尾艇」説の二説がある。

まず、誰しも興味を抱くであろう一升瓶に関しては、

「艇長たち五人が協議した際、便器、弁当、飲料水を準備していくかなぁと話し合いました。遺留品の一升瓶は、中身は酒ではなく飲料水であると断定的にいえます。私の場合、特攻出撃時の戦闘配食として握り飯の弁当一・五回分と水筒のような物に水を詰め込んだものを携行しました。他の艇はそれぞれ事情が異なるため多少の差はあったと思われます。母艦からの心尽くしでサイダー、シロップ、葡萄酒、清酒、チョコレートなどが少しずつありましたが、チョコレートなどは食後に喉が渇き水分の摂取が大きくなるため丁重に断りました。ただし、清酒については、お清めや負傷時の消毒のためにウイスキーの小瓶などに少量携行することを艇長会議時に決めました。古野艇長は酒豪でしたが、主飲用水を酒にしたとは到底考えられません。攻撃が長日時になり食糧が絶えた場合、水だけが生命の綱となるからです。また、空き瓶は小便器代わりに利用も可能です」

ということで、一升瓶は飲み水の容器であると断定されていた。

さらに酒巻氏は食糧についても説明されたので、ついでに要約しよう。

ドロップ、「森水」や「グリコ」のキャラメル、一般の色変わりの飴玉、金平糖、ビスケット等は、カロリーの摂取が容易であり水分なしで食べることができた。軍用糧秣の携行食糧であった乾パンも少々持ち込んだ。

飲み物では、コーヒー、ココア、紅茶類は、飲んだ後神経が興奮したり舌に残り後味が悪いために敬遠された。

発進後、敵艦攻撃までの間に攻撃を受けたり艇内作業で何らかの負傷があったときの備えとして、母艦の軍医長から特に火傷・切り傷の薬品、内臓の薬品、衛生剤の持ち込みの指示を受けた。メディカル・ボックス（救急箱）には、外傷用としてワセリン、メンソレータム、赤チン、火傷用軟膏類、小刀、鋏、ガーゼ、脱脂綿、包帯、三角巾。内服薬として解熱・腹痛・頭痛の薬、下痢止めの胃腸薬が持ち込まれた。ただし、消毒薬のオキシフル等の揮発性が高くにおいのきつい薬品は、狭い艇内での異常な艦内臭に薬品臭が加わるため、乗員の健康維持・精神安定の面から避けられた。眼精疲労、目の乾燥防止のため「大学目薬」一本を持ち込んだ。

さて、本題に戻ろう。

引き揚げ艇における問題は二名の搭乗員の行方だが、考えられることは、

①脱出した。
②一九年の間に遺体が溶けて消滅した。
③遺体が自然流出した。

の三点である。

この件に関して米側では、次のような見解をとっていた。

まず、①については、本艇の乗員は母潜水艦に帰る予定だったので、脱出の用意をしていなかったことと、沈没した場合でも「生きて帰らぬ決意の軍神たち」だったから、自決は考えられても脱出は考えられない。②については、米海軍軍医官たちは、一九年間も海中にあれば骨まで溶けてしまうとの考えを主張したが、人間の歯は十分その腐食に耐え得るし、帯革のバックルとか襟章の金属部分は残るはずという疑問が持たれた。一九六〇年七月の引き揚げ後の調査の段階で、米側が考えていたのが③の仮説であった。たとえ無意識であったとはいえ、酒巻少尉の例があるからである。

以上の点を基にして、筆者は次のように推測してみた。

艇体外部の損傷に関しては「甲標的甲型」の艇体構造を知らなければならない。通常の潜水艦の複船殻式に対して、本艇は単船殻式であった。

当該潜航艇が爆雷攻撃を受けたことは事実であるが、引き揚げ時に見つけられた小さい凹部の損傷と、五〇センチほどの穴があいていたという二つの説がある。この両方の損傷説は、何を意味するのであろうか。

一、小さい凹部の発見説について。

まず爆雷攻撃が、直接外殻部に命中して損傷したとは考えられない。

二、五〇センチほどの穴があいていたことについて。

五〇センチの破孔が発見されたことについては、当時、当該艇が水深約二〇メートル付近を潜航していたところへ爆雷攻撃を受け、直撃またはきわめて近い至近爆発を受け被害を被ったものと推測される。

特に直撃弾ならば、単船殻（外船殻部）の耐圧鋼板は破壊され、大きくめくれ上がり、引き裂かれたような複雑かつ大破孔ができているはずである。

このほかに素人の考えではあるが、次のような場合が考慮される。

(a)間接攻撃により、艇側にできた凹部に牡蠣殻、海藻などが付着しているを浮揚後に錆落としを行なった際、艇体耐圧鋼板が何らかの変質によって老朽化して、穴があいたのではないか。

(b)被弾沈没時、電池槽から流れ出た電解液が、浸水によって電池室が満水となった際、外殻部の耐圧鋼板を内側から腐食させた。艇の使用鋼は軟鋼（マイルド・スチール）で、炭素濃度がおよそ〇・三パーセント以下、引張強度が約四九〇MPa以下の一般鋼材であった。

しかし、直撃弾を受けたとする根拠は、次の事項からもその確実性が薄らぐのである。

A.米側専門官は直撃弾による爆発とは見ていない。

B.直撃弾により破孔五〇センチもの損傷を受ければ、艇内浸水も数分とはかからず、また、乗員の負傷した可能性も十部考えられる。そのため、艇外へ脱出する機会はなかったものと推測できる。

C.電池室に被弾したならば、戦後の艇内調査の際には、爆雷の破片の一つぐらいは残されているはずであるが、米側調査報告ではこの点については触れていない。

以上の観点から、艇の被った凹部損傷と、破孔損傷の間には、大きな矛盾がある。筆者はこの事実に鑑み、至近爆雷による損傷説と、もう一つの内部爆発説のいずれか、さらにまた、双方

の複合関連原因説を総合的に考察してみた。

結論としては、複合関連説に重要な原因があるように思われる。

潜航艇が湾口に向けて潜航中、Mk6爆雷の攻撃を受けた。爆発深度が的確なため、至近距離で炸裂した破片が航行中の艇に当たった。調査では損傷個所は後部電池室付近と報告されており、司令塔下の操縦室の乗員はかなりの衝撃を受け、その場にうち倒されたことだろう。

この衝撃は艇にとっても大変なものであった。小型艇は動力源として想像以上に大量の二次電池を搭載しているために、通常でも電池から水素や砒素（ひそ）を含んだ有毒ガスが放出されていた。このため、艇後部電池室には水素ガス吸収器冷却風路が、さらに、司令塔下の操縦室にはパラジウム水素ガス吸収器が装着されていた。

電池室外板に衝撃を受け、各電池から電解液（希硫酸と蒸溜水の混合液）が流れ出し、そのために電池が放電し切って、その極限で電池が爆発を起こしたか、または流れ出た電解液から発生した水素ガスが、何らかのスパーク（たとえば身体に発生した静電気）によって爆発したか、速度制御器の摩擦によって発生した火花によって爆発したかのいずれかであろう。

これが原因で、隔壁防水扉の蝶番が吹き飛び、配管したパイプ類が折れ曲がり、電動モーターが基部から外れ、さらにまた各種計器板、艇内灯が破損し、ガラス類が砕け散った。

もっとも致命的なことは、潜航艇にとって命の綱ともいうべき、動力用蓄電池の完全放電であった。そのため、六〇〇馬力の電動機を回転させることができずに航行不能となり、そのうえ艇内の空気に汚染が発生した。

通常でも炭酸ガスやその他のガスで汚れ気味の艇内の空気が、電池の放電により発生した有毒ガス（水素ガス）の白煙のために汚染され始め、やがて破損した隔壁防水扉の隙間より操縦室に流れ込み、炭酸ガスと水素ガスが混合した非常に刺激性の強い空気となった。

このため、艇内の空気圧が異常に高圧となってきた。充満した悪い空気は調節のために通風機により排出し、電池ガス吸収装置および排気通風機などの操作によって処置するとともに、携帯用空気清浄装置によって酸素を放出し艇内空気の浄化が試みられた。

しかし、酸素気蓄装置とボンベを結ぶ通気管の折損、コンプレッサー、各種通風機装置運転の電源トラブル（電池の完全放電）のために、全く作動させることができなかった。

一方、電池室は内部爆発により穴があいたためか艇内への浸水が始まり、汚水がひたひたと艇底部に溜まりだし、時間の経過につれて、その水量が増して、ついには司令塔下の操縦室付近まで及んできた。艇内の溜まり水を前・中・後部の調整タンクへ排水する汚水排水ポンプも作動せず、もうこれ以上の潜航は不可能の状態となってきた。

艇長は、もはやこれまでと決断するや、艇付（下士官）に海図、各種文書（命令書）を素早く始末させたうえ、艇の自爆装置の爆薬に点火しようと試みたが、暗闇の中で懐中電灯か携帯用二次電池による艇内非常灯（非常灯具の損壊のため、前者の可能性が大であると思う）の小さな光の輪の中では、非常な難作業だったであろう。

切迫した状況下で、有毒ガス、汚水の浸水が増加する中で作業を行なうことは、非常に困難であり危険でもあった。何よりも時間的余裕というものが皆無であった。

当時の特潜乗組員は、艇を放棄した場合には陸上の敵陣に切り込みを敢行しようとする気概を持っていた。乗員二名は、敵陣へ切り込むために携帯していた軍刀（海軍士官の短剣にあらず、陸戦隊用の純然たる日本刀）と一四年式将校拳銃のみを持って艇外に脱出した。

艇内の遺留品がバラバラなところから見て、おそらく暗闇の中で、戦闘服および軍靴などを身につける時間的余裕もなく、艇内への激しい海水の流入の中を脱出していった痕跡がありありとうかがえるのである。

脱出した乗員は多分、脱出直後のさらなる爆雷の水中爆発による爆死か、または、被爆時の衝撃によるガスの吸引のために意識が朦朧（もうろう）となって溺死したのではないか。

あるいは、海岸近くまで泳ぎ着いたが、太平洋独特の大きな巻波（サーフィンなどに利用する大きなうねり）に巻き込まれて沖合に流されたか、さらには、当該海域はサメがよく出没するといわれており、脱出後サメに襲われたとも考えられる。少なくとも、海岸に到着することができなかったことだけは事実であった。

撃沈された潜航艇は、〇二一五、真珠湾口一五〇度（南南東）、距離一二・六海里（二三・三三キロ）から発進した、「第三号格納筒」の「古野艇」であると筆者は推定している。

「古野艇」が僚艇の中でいちばん遠い位置から発進し、進出針路も真珠湾口のもっとも東寄りであり、ホノルル港外のサンド島西方沖を通過し、湾口の燈浮標を目指す北西コースであった。

攻撃隊指揮官・佐々木半九大佐によれば、艇のジャイロ・コンパスは、ハワイ進出中、ミッドウェー島沖で小さな故障があったが、伊一八潜に乗り組んでいた整備下士官、宇野真二曹、木本薫二三曹の応急修理により復旧した。

ジャイロ・コンパスは潜航中も正常に作動しており、発進以後、五時間にわたって古野艇長は沈着冷静に操縦していた（攻撃潜航艇は、速力を微速七ノットぐらいで航行していたと思われる）。

しかし、水中聴音機を装備していなかったために、「ワード」に捕捉されていることを知る由もなかった。

艇は真珠湾口を目指して一路順調に潜航していた。しかし、日の出前に防潜網を通過せよと指示されていたが、これは不首尾に終わった。

「ワード」が〇七三〇に撃沈したと主張する潜水艦は、経緯度と進出針度、通過予定時間、および進行状態（潜航中）などから推定して、四要素ともおおむね一致している点から「古野艇」に相違なしと思われた。

出撃前、古野中尉が寄せ書きに「沈勇果断」と鮮やかに墨筆を揮ったことは、艇長としての大胆さのなかにも、細心の注意力と、沈着冷静、武勇さの一端を物語るものであった。

なお、この筆者が「古野艇」と推定する潜航艇の引き揚げ後のエピソードについては、「エピローグ」に記すことにして、次に「酒巻艇」について考察しよう。

「酒巻艇」の発進

七日〇三三三、真珠湾口の二〇二度（南南西）、距離一〇・五海里（一九・四四キロ）より発進した「第五号格納筒」の「酒巻艇」は、出発直前になって整備員がジャイロ・コンパスの故障を報じてきた。しかし、艇長の酒巻少尉は闘志を燃やして出撃していった。

「酒巻艇」は『特別攻撃隊A・i攻撃詳報』によれば、一二月六日に第二番艇（広尾艇）に次いで、三番目に発進することに決定されていた。しかし、いざ出撃の際、「広尾艇」の故障により第五番目に発進することになった。

「酒巻艇」は、発進後は静かに最微速で航行し真珠湾へと航走していった。だが、ジャイロの故障のために思わぬ方向に走り始めていた。しばらくして潜望鏡を覗いたところ、見えるはずの真珠湾は見えない。

その後、何度も潜望鏡を上げて方位を確認し、方向を九〇度も変えて航走した。しかし、この航走も全く徒労に終わった。夜明けとともに太陽が昇り始めた。

艇長の脳裡に、これまでの苦しい思いが浮かんできた。

進行海域の海図研究、潮汐表の検討、敵艦攻撃の想定を海図に記入。米国軍艦のデータ調査研究（兵学校時代から、雑誌『海と空』『海洋少年』『ポケット海軍年鑑』『写真集米国の軍艦』、同『英国の軍艦』特集号、深谷甫氏の『米国軍艦艦型図集』『ジェーン海軍年鑑』で研究したもので進出時は整理済）。さらに、襲撃法の研究（大竹潜水学校での座学、模型を使った研究練習）等々……。そして、いちばん留意したことは、進出中の心身の充実・整理であった。

各自、潜航艇の機器、艇体の保守維持に努力をした。

進出途中、五名の艇長たちは、ハワイ在の外務書記生になりすました古川猛少尉の港内浚渫工事の報告は受け取っていなかった。

酒巻少尉は出撃前日に、「大洋丸」でホノルルに赴いたときの日本士官三人の情報に接したのみだった。前島寿英中佐（潜水艦）、鈴木英少佐（航空）、松尾敬宇中尉（特潜）の情報は、在泊艦船（主力艦）の行動を知らせるのがやっとだった。

〇七五二、ついに忌まわしい開戦時刻を迎えてしまった。

開戦後、「酒巻艇」は深度を浅くとり潜望鏡の露頂回数を多くしながら湾口を目指した。間もなく、米艦に発見され爆雷攻撃を受けたが、被害はなく反転避退した（この艦は「ワード」と推定。「ワード」は、全く忠実な番犬のごとくその任務を全うしていた）。

ところで、七日の朝は、在港軍艦一二四隻と特務艦二四隻のうち、駆逐艦は「ヘルム（DD388）」だけが唯一、湾内を航行中であった。「ヘルム」は〇七二六に東入江から運行を始め、〇七五五にはちょうど磁気機雷防止装置の調整のため、西入江に進入中であった。しかし、〇八一三、「ヘルム」は日本機の空襲から逃れるために疾駆して湾口を通過して外洋へ向かっていた。

オアフ島の東部のワイマナロ浜に打ち上げられた「酒巻艇」。発進直後からジャイロの故障に見舞われ苦闘を繰り返した。真珠湾口の珊瑚礁で二度座礁し艇首網切器が曲がってしまった。

〇八一七、「ヘルム」が湾口水道から出たとき、操舵員が怪しい艦影を発見した。

「艦長！」と操舵員はけたたましく叫んだ。「小型の司令塔が見えます。二時の方向」、「ほら、あそこです。波間に浮き沈みしています」。

艦長は操舵員の指先を目でたどった。見えた！ 潜水艦のものらしい司令塔と潜望鏡が、湾口第一号浮標の近くで珊瑚礁から離礁しようと浮き沈みしていた。しかし、その潜水艦（酒巻艇）は、「ヘルム」が発砲する前に潜航してしまった。

〇八一九、湾口西側のトライポッド礁上に再び司令塔が現れた。

「ヘルム」は二五ノットに増速しながら激しく右へ回頭すると、潜水艦目掛けて突進した。

「砲戦用意！」

艦長は反射的に命令を下した。

「目標までの距離一〇〇〇ヤード（九一四・四メートル）、撃て、撃て！」

「ヘルム」の主砲と副砲が、ほとんど同時に火を噴いた。しかし、砲弾は一発も命中せず、この間に潜水艦（酒巻艇）は岩礁を滑り抜けて、再び海中に姿を消してしまった。時に〇八二一であった。

「ヘルム」は、ただちに無電で司令部に報告した。「国籍不明の怪潜水艦、湾内に潜入……」。

この「ヘルム」の打電した情報を、ようやく汽醸（軍艦の機関室の汽罐の蒸気を起こして進行準備をすること）ができ、起錨して発航したばかりの駆逐艦「モナハン（ＤＤ３５４）」の無線係が傍受した。

「酒巻艇」は、トライポッド礁を離礁時に艇首の防潜網カッターを曲げてしまい、魚雷射出筒一門が発射不能になっていたが、再度湾内に向けて侵入を企てた。それから間もなく二度目の座礁に見舞われた。酒巻艇長は必死の離礁作業を行ない、やっとのことで成功した。このアクシデントにより、残る一門の射出筒も発射不能となってしまった。

一瞬、酒巻艇長は、非常手段として艇もろとも敵駆逐艦に体当たりして撃沈しようとも考えたが、すぐさま考え直して魚雷を節約しようと決めた（彼は艇首の損傷で魚雷が発射不能になっていることに気づいていなかった）。

艇長たちは出撃前に戦艦、空母、巡洋艦を狙うよう指示されており、酒巻少尉自身も戦艦「ペンシルヴェニア」を（現在、入渠中とも知らず）攻撃しようと決意していたからである。

艇は再び湾口侵入を繰り返し試みたが成功せず、時刻は移り海上は夜の帳に包まれた。

酒巻艇長は湾内突入を取りやめて、再度ほかの戦域（シンガポール）に出動することを決意し、艇付の稲垣二曹に対し集合地点のラハイナ島へ向かうことを告げた。そして、艇は水上航走で東方に向かった。戦後、酒巻氏は筆者に、航走中、艇付に対して本人の精神維持のため、磁気羅針儀を握らせていたと語った。

そのうち、左前方に山の形が見えてきた。それにより酒巻艇長は、モロカイ島とラナイ島の間の集合地点（ラナイ島南西七海里）に来たと推定した。

しかし、それは酒巻艇長の錯覚であった。実際には艇はすっかり海流に流されて、そこはまだオアフ島東端にあるマカプー岬沖であった。左前方に見えた山は、マナナ島（兎島と呼称）とカオヒカイプ島であった。

その頃すでに酒巻艇は、電池の消耗のために航行することが困難となっていた。そのうちに岩礁（水深一〇メートル）に座礁してしまった。艇内の蓄電池から電解液が流れ出し、有毒ガスが充満し、完全放電のために艇の行動に終止符が打たれた。

酒巻少尉は脱出に際し、自艇爆破を敢行するべく破壊装置をセットし点火したが、この破壊工作は失敗し、後に艇は鹵獲されてしまう。

酒巻少尉と稲垣清二曹の二人は、泡立つ波間に身を躍らせて岸に向かって泳いだが、稲垣二曹はハワイ特有の激しいうねりの波の中で気を失い行方不明となった。酒巻艇長は浜辺に打ち上げられ、無念にもデイヴィッド・M・阿久井軍曹によって捕虜となった。

酒巻少尉がその時身につけていたものは、越中褌と母親から贈られた千人針の胴巻き、お守り札、そして首から下げたストップウォッチだけであった。

生前、酒巻氏は乗艇脱出前後の模様や航行中の様子などを、次のように語ってくれた。

「航行中は頭を衝撃から守るため、飛行兵用の皮革製の搭乗帽をヘルメット代わりに被っていました」

「脱出時は、艇長、艇付の順に艇外に脱出し、着衣は艇もろとも爆破処分するために艇内に投げ込みました」

「稲垣二曹も越中褌一本だけを身につけていました。脱出後の連絡用の懐中電灯を持ち出したかどうかは記憶に残っていません。艇上からの飛び込みは、艇長命令に基づき艇付が先に行ないました。私は自爆用火薬に点火したのを確認しましたが、その後、艇内の酸素濃度の加減からか、導火線の途中で火が立ち消えたために失敗しました」

「通信兵装として、艇内にきわめてお粗末な円筒の無線機がありましたが、役に立たずほとんど使用しませんでした。母艦からは受信不能だし、艇からは特定の符号発信を必要時に繰り返すだけですが、それも母艦で受信できた経験は、日本での訓練中でもきわめて稀でした。私は全然使わなかったし、使う必要もありませんでした。発信は艇長が発信符号を命令し、艇付がそれを打鍵しました。

しかし、母艦との連絡に際し、呼出符号は決定していませんでしたが、その周波数は定められていました。数個の暗号符号だけは決め、できるだけ、その暗号状況となれば打電するようにという日本での事前打ち合わせでした。たとえば『セ』連続キーを叩けば『我、奇襲に成功せり』という内容でした。戦後分かったことですが、五艇中の一艇のみは『セ』暗号符号を受信できたように思えますが、それが事実ならば全く上々の出来事です。他は受信が不可能であったか、全然発信しなかったかのいずれかです。

私の場合は無線発信の数個の符号に合致することがなかったし、無線を信用しなかったので何も発信しませんでした」

「ツリム調整のため、狭い前部通路をはうように移動し、パーマネント・バラストとして使用していた鋳鋼製の煉瓦大の大きさのインゴットを移動させていました。そのとき、汗ばんだ軍服から露出している手首など、静電気の青白い火花に襲われることが数知れずありました」

この「酒巻艇」の座礁した海岸は、オアフ島東岸のワイマナロ・ビーチのベローズ陸軍飛行場の兵舎にほど近い沖合であった。同海岸へは北東から貿易風による大きなうねりが押し寄せ、ボディー・サーフライドの適地とされている由。二人はこの大きな波に翻弄されて、容易に浜辺に到達できなかったものと推測される。

放棄された艇は、二人が離脱後、セットしたはずの自爆装置が作動せず満潮のために離礁して漂流していたが、後日、米海軍調査団により発見され鹵獲された。艇内調査の結果、各種文書、海図、救命胴衣一着、日本刀一振り、サイダー瓶、菓子、乾パンなどの糧食が押収された。

なお、稲垣二曹の遺体は、翌日海岸に漂着し発見された。

湾内で撃沈された潜航艇

○六五四に「ワード」から発信された暗号電報は、慣れない下士官が暗号解読に手間取ったために、第一四海軍区の当直士官ハロルド・カミンスキー少佐は、○七一二まで報告を受け取れなかった。

彼は報告に接するやいなや、第一四海軍区司令官C・C・ブロック少将に伝達し、同少将は、ただちに応急任務の駆逐艦「モナハン（DD354）」に出港を命じ、「ワード」を援助させるとともに、さらに待機中の駆逐艦にも汽醸を命じた。

○七五三、「モナハン」が汽醸を上げつつあったとき、日本の雷撃機により標的艦「ユタ（AG16）」が攻撃された。艦長は「戦争だ！」と図太い声で叫んだ。

○八二七、同艦は、軽巡「デトロイト（CL8）」から湾口沖合哨戒をTBS（無線電話）で命令された。ただちに錨地を後にし、フォード島の西水道を南西に向けて航走中、無線係が傍受した「ヘルム」の通信内容を報告した。「艦長、潜水艦が湾内に侵入したそうです」。この報告を受けた艦長バフォード少佐は、「馬鹿な！」と吐き捨てるような口調でいった。

「空襲はともかく、この浅い湾内に潜水艦が潜ったまま入れるものか！」

「しかし……」

副長が味方の艦を指さしていった。

「艦長、あれを見てください。三隻のマストに『潜水艦発見、警戒せよ』の信号旗が揚がっています！」

これは、艦橋配置の信号兵が〇八三五に視認したものであった。

この三隻は、中央入江に停泊していた駆逐艦「ブリース（DD122）」、工作艦「メデューサ（AR1）」、水上機母艦「カーティス（AV4）」であった。

〇八四〇、航行中の「モナハン」に駆逐艦「デイル（DD353）」が追従してきた。その時、「デイル」の後方を通過した魚雷は、明らかにフォード島西側の艦隊泊地に停泊中の軽巡洋艦「ローリー（CL7）」を狙っていた。魚雷は巡洋艦の艦首下を通過し、フォード島の渚で爆発した。

「デイル」は素早くこの潜水艦を排除するために「モナハン」に通報した。潜水艦を「カーティス」の近くで発見し爆雷攻撃を行なったが、さっと体をかわされてしまった。その間、「モナハン」はこの潜水艦を見失ってしまった。

しばらくして、「モナハン」は、「カーティス」から二五〇ヤード（二二八・六メートル）の位置に潜水艦の司令塔を発見した。この潜水艦は、「ユタ」のすぐ後ろに係留中の水上機母艦「タンジール（AV8）」と北水道を挟んで中央入江入口側の「カーティス」の両艦から砲撃を受けていた。

「モナハン」は、この潜水艦に体当たりを決意し、〇八三七、潜水艦に向け突進を開始した。

くだんの潜水艦は「モナハン」に対して魚雷一発を発射したが、わずかに外れて対岸のフォード島で爆発した。

〇八四三、「モナハン」は艦首から潜水艦に体当たりを敢行し、わずかなショックと振動があっただけで、潜水艦の上を乗り越した。その直後に二発のMk6爆雷を投下した。水面が小山のように盛り上がり、さらに海中をかき回すようにして、潜水艦はもんどりを打って沈没した。沈没位置は、ベコニング岬の東北東の中央入口付近、水深三五フィート（一〇・六七メートル）と推定される。

湾内で撃沈されたもう一隻の潜水艇

軍港内海軍工廠係船堀には、軽巡洋艦「ホノルル（CL48）」、軽巡洋艦「セントルイス（CL49）」、重巡洋艦「サンフランシスコ（CA38）」が舳先を並べて係留されていた。

日本軍機により「ホノルル」は至近弾を受けて重油タンクに穴があき、損傷した。

この時、外側に係留されていた「セントルイス」は、〇九三一に急遽、外洋へ出るために解纜した。

それから約三〇分後、「セントルイス」がちょうどエントランス水道の湾口に差しかかった時、右舷艦首の方向から、二本の魚雷が同艦に向かって突進してくるのが視認されたという。

しかし、二本とも外れて水道入口の暗礁に当たって爆発した。潜水艦は魚雷二本を発射した後、艇首が急に軽くなって前方に跳ね上がり、司令塔まで露頂した。

「セント・ルイス」はこの司令塔を発見し砲撃を加え、おそらくこの艇を撃沈し得たと判断した。

ほぼ同じ頃に、駆逐艦「ブルー」も「セントルイス」が砲撃したのと同じ

日本機の空襲下、対空戦闘をしつつ真珠湾外に出動し、二度にわたって特殊潜航艇に対し攻撃を加えた駆逐艦「ブルー」。

真珠湾内に侵入した特殊潜航艇の「岩佐艇」に対して体当たりを敢行し撃沈した駆逐艦「モナハン」。

潜水艦らしい艦を発見し攻撃していた。「ブルー」は、〇九一〇、湾口入口浮標を通過し、外洋に出て哨戒任務に従事しており、前述の通り潜水艇を撃沈している。

この、湾口付近で「セントルイス」に砲撃された潜水艦は、七日の夜の二一三六、母艦の伊一六潜に対し自己名を発信し、「奇襲成功セリ」の「セ連送」を発し、さらに八日〇〇四一にも「セ連送」を発信、八日〇一四四、かすかに「我、行動不能」の特定信号を発信して、その後連絡を絶った「横山艇」ではないかと思われるが、定かではない。魚雷を撃ち尽くした「横山艇」は、三日後の一一日まで湾内をうろうろ行動して果てたとの説もあるが、疑問でる。

「岩佐艇」と「横山艇」

湾内において撃沈された二艇のうちの一艇は、その後米海軍が、軍港内に建設中であった潜水艦基地の埠頭埋め立て用の土砂を海中から採取中に発見した。その損害程度は大破であった。

米海軍はこの艇を引き揚げて有効な資料回収のために調査を行なったが、損害が相当ひどかったため、乗員の遺体もそのままに丁重な慰霊祭を行なった後、同埠頭の基礎固めとして埋められた。

この際、乗員の一人が大尉の袖章を付けていたため、「特型格納筒」乗員中、ただ一人の大尉であった岩佐直治大尉と佐々木直吉一曹の乗艇であることが確認され、「モナハン」の撃沈記録が立証された。

一方、酒巻少尉が後日になって「抑留所内の新聞で、司令塔の横に二個の砲弾の貫通孔のある潜水艇が引き揚げられた写真を見たことがある」と証言した艇は、「横山艇」との推定もあるが、筆者はこれも「岩佐艇」ではないかと考えている。

エピローグ

真珠湾内における米海軍潜水艦基地の埠頭埋め立て地の礎となった「岩佐艇」、湾口沖合で撃沈されたと筆者が推定する「広尾艇」は、現在では回収不能、引き揚げ不能のまま放置されており、前者は地中深く、後者は海底深く横たわっている。

「酒巻艇」は、オアフ島ベローズ・フィールドで鹵獲された後、米国民の戦意高揚と戦時国債募集のために米本土各地で一般公開されたが、現在はテキサス州のニミッツ提督記念館に展示されているという。

「横山艇」は引き揚げられたともいわれているが、米側の引き揚げ記録も記録写真も公表されていない。いまだに真珠湾内に沈んでいるのか、それとも任務を達成し、湾外へ脱出後消息を絶ったのか、謎のままである。

「古野艇」と筆者が推定する艇は、一九六〇年（昭和三五）七月に海底より引き揚げられた。当時、この艇に関して厚生省業務二課では、

「艇の番号が分かれば乗員の氏名が分かるが、当時艇に番号が付けられていたかどうかはっきりしない（特潜はハワイ進撃に際しては隠密行動をするために、母潜水艦ともども固有艦名を全部塗りつぶしていた。当初の艇番号と配属乗組員の記録は残っていない）。今までに発見された三隻の乗員氏名も分かっていないようだ。何とか手掛かりが欲しいので、目下外務省を通じて米国側に問い合わせ中だ」

といっていた。

また、当時の日本政府は、ハワイの日本総領事を通じて、第二次大戦の貴重な記念品であるため、ぜひ母国に返還されるように要請した。この申し出は快諾され、日米間で輸送に関する取り決めが完了した。

海上輸送は、米軍供与の揚陸艦を日本に回航する便で行なうことになっていた。海上自衛隊第九次回航隊（隊長下舞忠一佐）が、揚陸艦「おおすみ」（ＬＳＴ４００１。旧名ダジェット・カウンティー、ＬＳＴ６８９）、「しもきた」（ＬＳＴ４００２。旧名ヒルズデイル・カウンティー、ＬＳＴ３５５）、「しれとこ」（ＬＳＴ４００３。旧名ナムスモンド・カウンティー、ＬＳＴ１０６４）の三隻を日本へ回航するため、米国に派遣された。

帰路、真珠湾に寄港して旧海軍特殊潜航艇を搭載するよう命令された。

回航艦隊は一九六一年（昭和三六）六月一九日、真珠湾に入港した。そして揚陸艦「しれとこ」が搭載艦となり、起重機船「ＹＰ１２１」によって潜航艇が吊り上げられて「しれとこ」の上甲板にゆっくりと降ろされた。

七月一〇日午前九時、横須賀に回航艦隊が帰着。防衛庁は、戦史室および海幕艦船課の専門家を派遣し調査を行なうこととした。

潜航艇は七月二八日頃に陸揚げされ、損傷部分を補修したうえ、旧海軍兵学校の地である江田島の海上自衛隊第一術科学校に引き取られた。

それから一〇年余り経った一九七三

真珠湾内の海底から引き揚げられた「モナハン」に沈められた特殊潜航艇。艇内に残っていた海軍大尉の袖章から岩佐直治大尉の乗艇と判明した。艇体はほぼ完全に破壊され、艇尾も千切れていて、司令塔には５インチ砲弾の貫通孔が開いている。破口部の外鈑は手前がめくれていることから左舷側から右舷側へ貫通したものと思われる。

年（昭和四八）の時点でも、この特潜艇の艇番号、乗員名はそれまでの調査にもかかわらず全く分からず、遺族の方々の中に、「今さら詮索する必要はない。そっとしておいて……」という声も出てきた。

古野繁実中尉（当時）の実兄、古野昭男さん（当時六〇歳）は、「珊瑚礁に乗り上げた一隻を含めて、四隻のその後の消息が分からない現在、乗組員を詮索してほしくない。九人全員の慰霊碑でいいのでは……」と語った。

このため、第一術科学校でも遺族の気持ちを汲んで調査を打ち切り、「永遠の謎」にすることが決められたのであった。

「あの作戦は五隻のチーム・プレーだった。引き揚げられた艇は魚雷を発射しておらず、戦果を挙げ得なかった。やはりそっとしておきたい。掘り下げれば推定できるだろうが……」と、当時の松代格三第一術科学校副校長（海将補）は語っていた。

筆者は長い間、自分なりに明白にしようかどうか迷い続けた。今、明確な資料を調査しておかなければとも思い、また反面、ご遺族の気持ちを思えば余計な詮索は控えるべきだとの自問自答を繰り返した。

しかし、その果てに決断をし、日本海軍を記録する会の機関誌『日本海軍』第四号（昭和五三年五月発行）に寄稿したのが本拙稿の初出であった。本稿はその折の拙稿を削除、加筆したものを再掲載させていただいたものである。しかし、紙幅の都合もあり書き加えたい事実をすべて盛り込むまでには至らなかった。これらは新たな機会を待つことにしたい。

思えば、多数建造された旧日本艦艇の中で、特殊潜航艇ほど数奇なものはない。そして、特潜は建造所が呉であり、往途は呉港外の亀ヶ首で母潜水艦に背負われて出撃した。艦は軍艦旗を翻し、その壮挙を祝すようであった。

そのうちの一艇が一九六〇年に発見され引き揚げられた。米国の好意で返還が決まり、内地への送還も建造国こそ違え、同じ新生自衛艦旗を翻した供与揚陸艦の懐に抱かれて帰国し、終焉の地はかつて乗員の学舎であった呉市の江田島の校庭という、まことに珍しい運命をたどった潜航艇であった。

末尾に改めて戦死された九名の特潜乗員、そして平成一一年一一月二九日に他界された酒巻和男氏のご冥福をお祈りいたします。

（あしひでお・海軍史研究家）

甲標的戦闘記録

真珠湾攻撃から沖縄戦まで、「甲標的」の各戦闘行動を時系列順に追う。

調査・制作＝奥本 剛

①「第一次神亀隊」真珠湾攻撃
昭和16年12月7日〜9日

②「第二次神亀隊」シドニー湾攻撃
昭和17年5月14日〜6月1日

③「第二次神亀隊」ディエゴスアレス湾攻撃
昭和17年5月6日〜6月3日

④ガダルカナル島ルンガ泊地攻撃
昭和17年11月6日〜12月13日

⑤ミンダナオ海のゲリラ戦
昭和19年11月〜昭和20年3月

⑥「丙型・丁型」沖縄防衛戦闘
昭和20年3月25日〜4月7日

真珠湾攻撃に参加した酒巻艇から発見された真珠湾内襲撃計画図。フォード島を反時計回りに周回する針路が記入されており、湾内侵入後、真っ先に戦艦列に向かい、これを攻撃することが主目的であることが読み取れる。

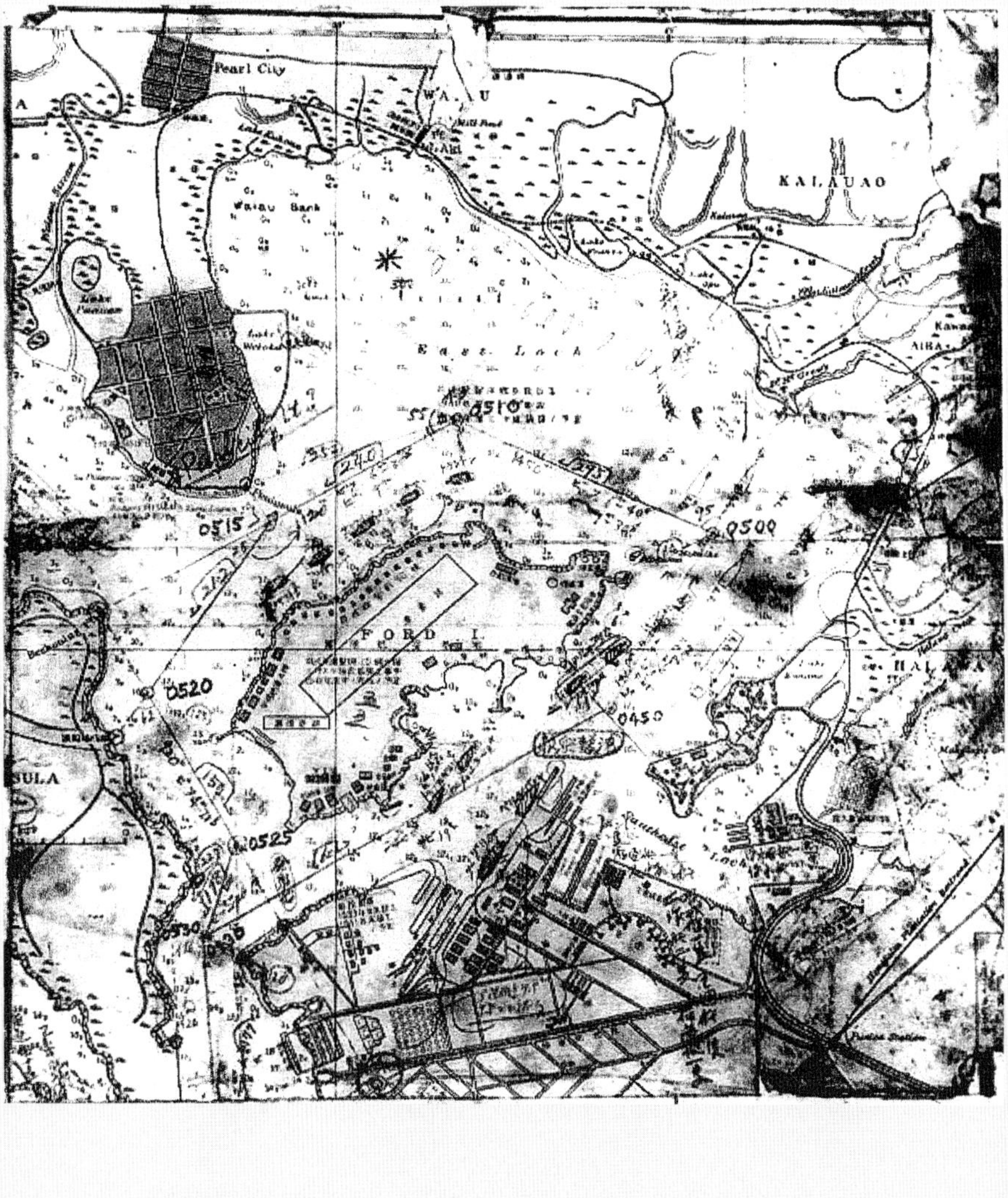

甲標的戦闘記録①

「第一次神亀隊」真珠湾攻撃

昭和16年12月7日～9日

昭和16年（現地日時）

11月18日　第一次神亀隊、亀ヶ首沖を出撃。
「伊二二」搭載艇＝艇長・岩佐直治大尉
艇付・佐々木直吉一曹
「伊一六」搭載艇＝艇長・横山正治中尉
艇付・上田　定二曹
「伊一八」搭載艇＝艇長・古野繁實中尉
艇付・横山薫範一曹
「伊二〇」搭載艇＝艇長・広尾　彰少尉
艇付・片山義雄二曹
「伊二四」搭載艇＝艇長・酒巻和男少尉
艇付・稲垣　清二曹

12月7日
〇〇四二　「伊一六」から横山艇、真珠湾口の南南西二一二度、七海里の地点より発進。
〇一一六　「伊二二」から岩佐艇、真珠湾口の南一七一度、九海里の地点より発進。
〇二一五　「伊一八」から古野艇、真珠湾口の南南東一五〇度、一二・六海里の地点より発進。
〇二五七　「伊二〇」から広尾艇、真珠湾口の南南東一五一度、五・三海里の地点より発進。
〇三三三　「伊二四」から酒巻艇、真珠湾口の西南西二〇二度、一〇・五海里の地点より発進。
〇三四二　真珠湾口を哨戒中の小型機雷掃海艇「コンドル」が、潜望鏡とおぼしき物を発見。発煙筒二発投下、続いて爆雷投下。
〇四〇五　「コンドル」より近海哨戒艦、駆逐艦「ワード」に対して「西方進路に潜水艦発見」の発光信号。
〇四〇八　「ワード」、戦闘配置に就く。
〇四四三　「ワード」、戦闘配置を解く。
〇五二〇　「コンドル」、甲標的が真珠湾口の浮標に向かっていくのを確認。
〇六三〇　備品支給船「アンタレス」の右舷前方一四〇〇メートルに怪しい目標物発見。海軍哨戒機が上空を旋回し二個の発煙弾投下。次いで爆弾または爆雷を投下。
〇六四〇　「ワード」、甲標的発見。
〇六四五　「ワード」、甲標的に砲撃開始。司令塔基部に一発命中と判断。直ちに浅深度爆雷四発投下。
〇六五一　「ワード」は、「防衛区域を行動中の潜水艦を攻撃、砲撃を加え撃沈せり」とオアフ島の第14海軍区司令官へ報告。
〇七一五　第14海軍区司令官は、駆逐艦「モナハン」に緊急出動を命じる。
〇七四〇　第2哨戒中隊指揮官より太平洋艦隊司令部当直参謀へ、潜水艦撃沈を報告。
〇七五〇　横山艇（?）、戦艦「ウエストヴァージニア」を雷撃。続けて戦艦「オクラホマ」を雷撃（?）。
〇七五五　「ワード」、音響探知機が新たな甲標的を探知。
〇八一七　真珠湾口の哨戒海域に急行中の駆逐艦「ヘルム」が、真珠湾入口水道右側に潜水艦の司令塔を発見。しかし、砲撃照準中に潜航し姿を消した。
〇八二〇　「ヘルム」は、再び浅瀬の岩礁に打ち寄せる波間に座礁していると思われる潜水艦を発見し発砲したが、命中とは判

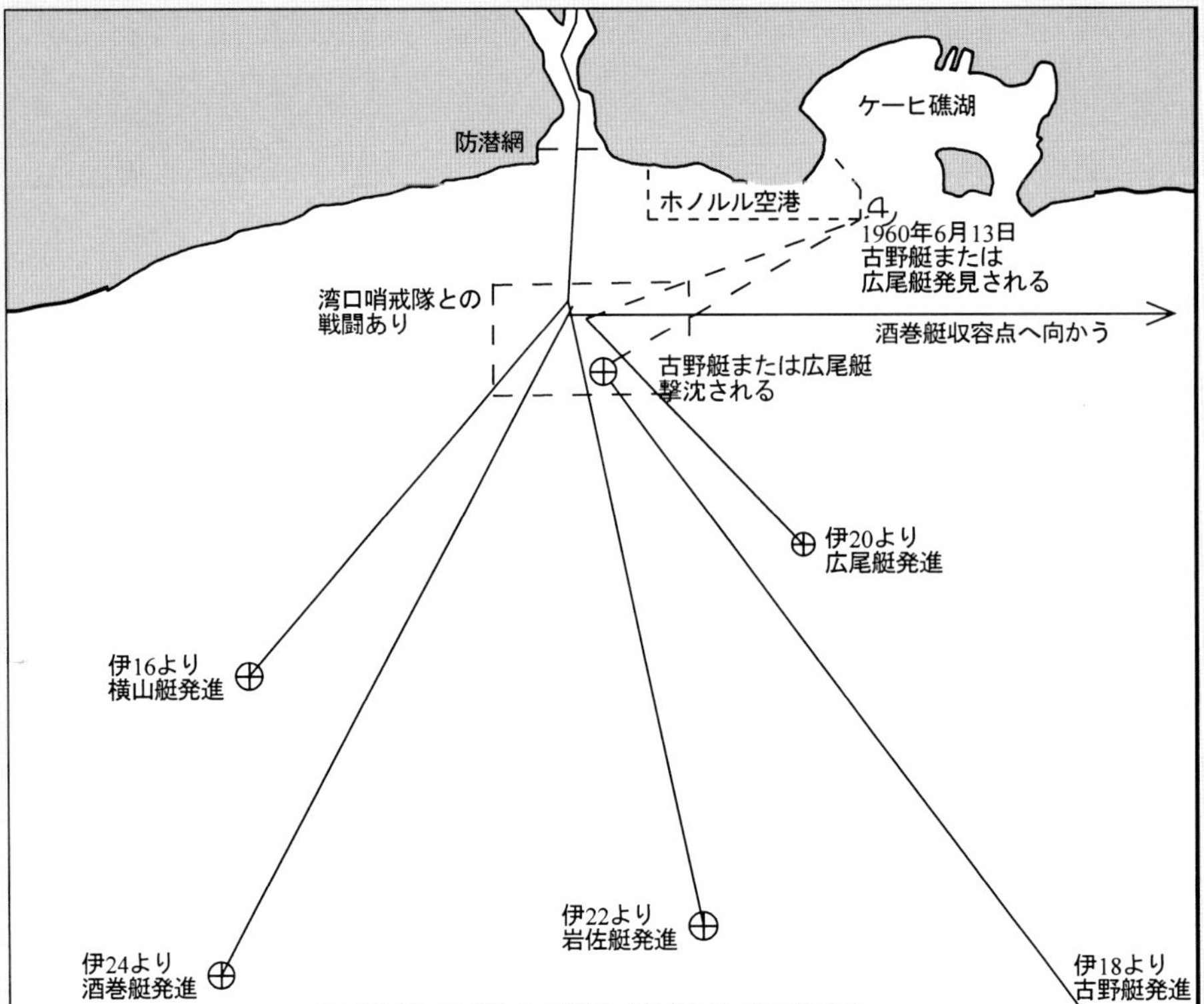

甲標的５艇の真珠湾侵入行動図
1941年12月7日

定できなかった。

○八三五　駆逐艦「モナハン」、水上機母艦「カーチス」が「敵潜水艦発見」の旗信号を上げているのを見る。

○八三七　「モナハン」、岩佐艇を前方一〇〇〇メートルに発見。そのとき、岩佐艇は「カーチス」に向け魚雷一本を発射したが命中せず。

○八四三　岩佐艇が「モナハン」に魚雷を発射したが命中せず。「モナハン」は岩佐艇に体当たりを敢行し撃沈。

一〇〇〇　軽巡「セントルイス」が、真珠湾入口水道を外洋に向けて航行中、自艦へ向かってくる魚雷二本を発見したが、魚雷は暗礁に命中して爆発した。「セントルイス」は潜水艦の司令塔を発見し砲撃、二発命中と判断した。

二二四一　「伊一六」、同艦が搭載した横山艇より「奇襲成功セリ」を受信。

二三三〇　～8日〇三三〇の間に各潜水艦は、第一収容配備点（ラナイ島西方海域）に着き終夜水上で「甲標的」を待ったが、ついに一基とも会合できなかった。

12月8日　〇〇五一　「伊一六」、横山艇よりかすかに「航行不能」の特定符号を受信。その後、まったく連絡が途絶えた。

〇四〇〇　小型水上機母艦「ハルバート」（旧駆逐艦）、横山艇の潜望鏡発見。体当たりを敢行するが横山艇は潜航しこれを回避。この後、三日間の爆雷攻撃の末、横山艇を撃沈。

夜間　8日、各潜水艦は昼間潜航し、夜間第二配備（二隻ラナイ島西方海面、三隻ラナイ島南方海域）に就き待機したが、この日も「甲標的」の消息は何も得られなかった。

12月9日　〇二〇〇　「特別攻撃隊」指揮官・佐々木半九大佐は、収容の見込みは少ないとみて次のとおり下令。

一、未だ各潜水艦とも搭乗員を収容し居らず。
二、七日（現地日時六日）夜、敵の警戒状況より見て、筒（甲標的）は確実に湾内に進入、敵を攻撃し得たるものと想像せらるるも、その後の状況並びに戦果不明。
三、一〇日（現地日時九日）黎明に至らば、「伊二〇、一八、二四」は収容配備を撤収し哨区に就け。「伊二二、一六」は、一一日（現地日時一〇日）黎明まで付近陸岸を捜索したる上、哨区に就け。

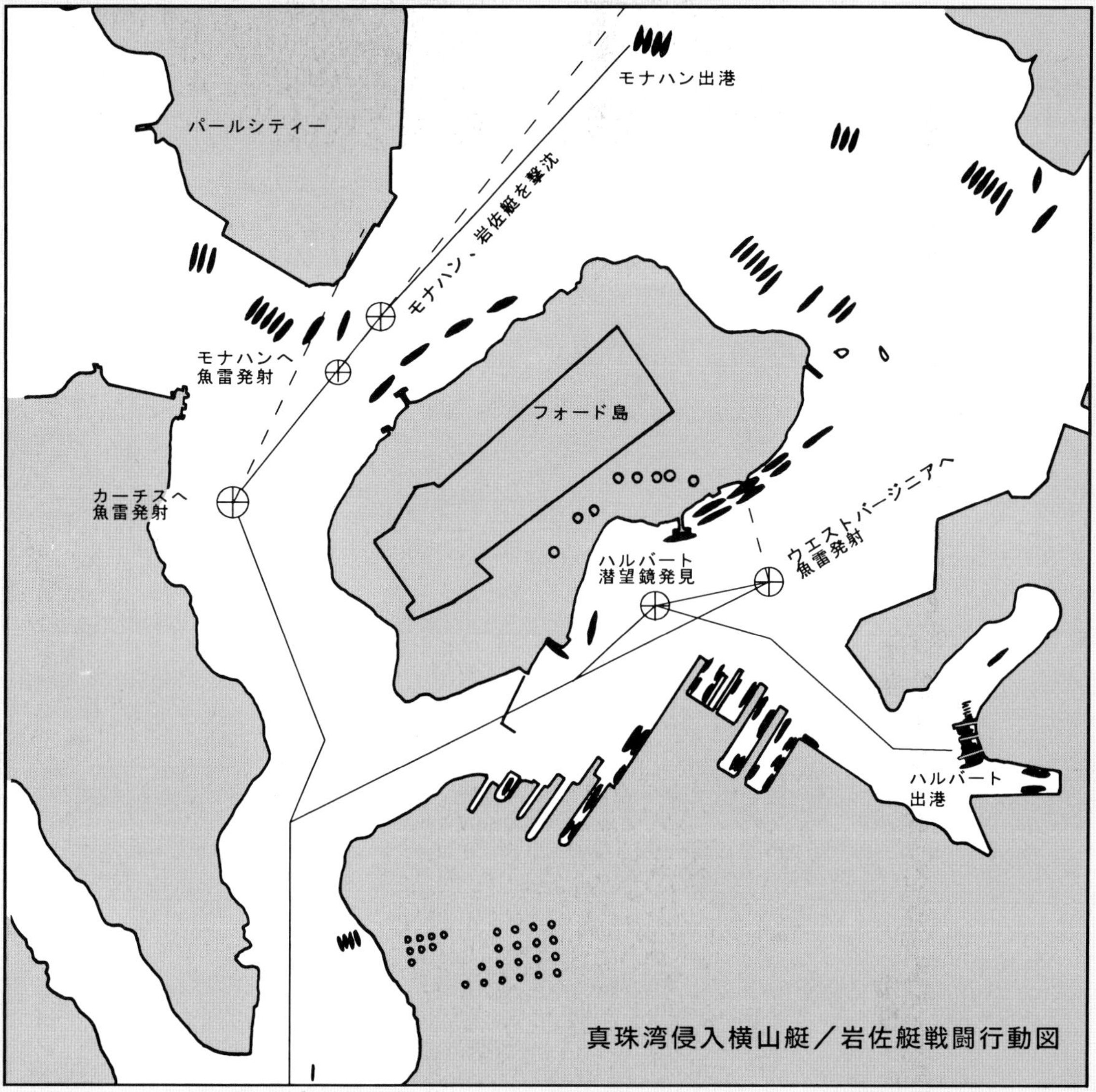

真珠湾侵入横山艇／岩佐艇戦闘行動図

古野艇または広尾艇の最後

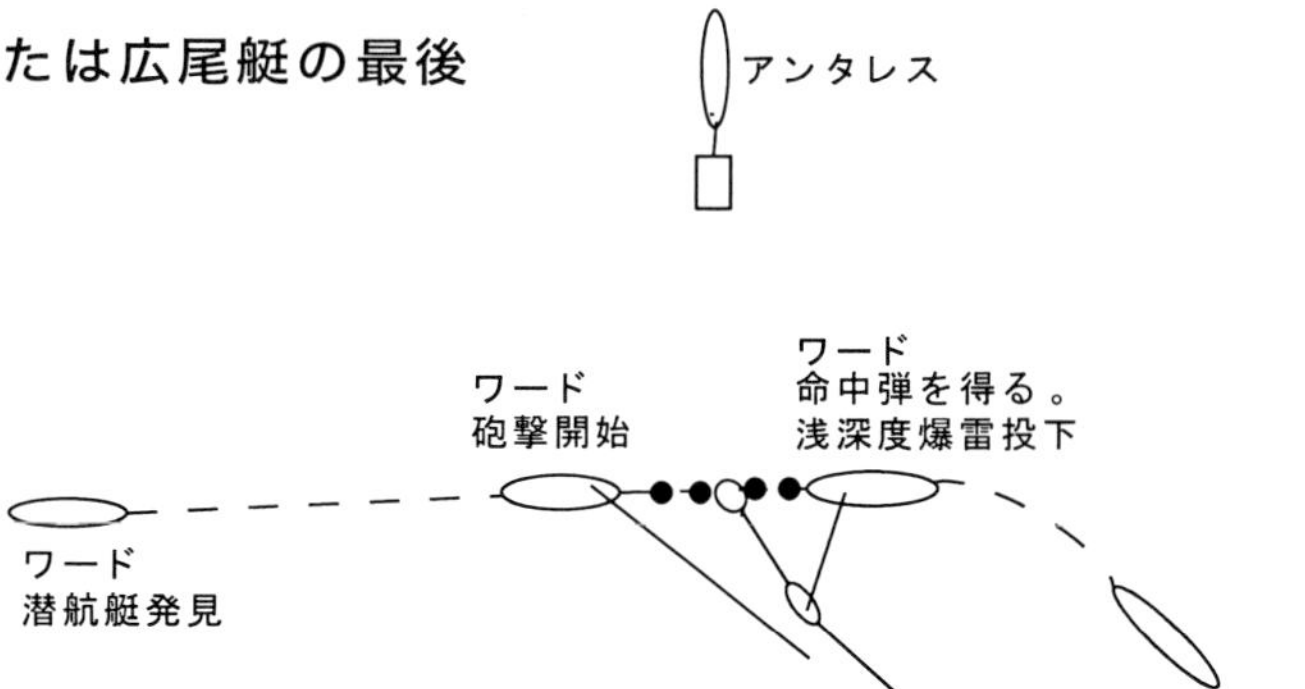

なぜか、浮上状態で貨物船「アンタレス」の後につき真珠湾湾口へ向かっていたため発見され、哨戒任務中の駆逐艦「ワード」によって撃沈されてしまった。
「ワード」は第１弾を発砲後、浅深度爆雷を４発投下した。この直後、３番砲が放った弾がセイルに命中した。

「第二次神亀隊」シドニー湾攻撃

昭和17年5月14日～6月1日

昭和17年（現地日時）

4月24日　第二次神亀隊シドニー攻撃隊、トラックへ進出。

27日　「伊二一、二九」は偵察のためトラック出撃。

5月14日　「伊二九」より発進した偵察機によりシドニー偵察。

17日　〇九三〇　甲標的母艦「千代田」より「伊二七」へ「甲標的」搭載。

「伊二二、二四」も続いて搭載。

18日　夕方　「伊二二、二四、二七」は、シドニーに向け出撃するが、「伊二四」艦上で整備中の「甲標的」が水素ガス爆発を起こし、艇長・八巻悌次中尉が負傷、艇付・松本静一曹が死亡した。この事故により「伊二四」はトラックへ引き返し、至急伴艇と交代させ出撃した。

「伊二二、二四、二七」、第二次神亀隊シドニー攻撃隊を搭載し、未明にトラック出撃。

「伊二二」搭載＝艇長・松尾敬宇大尉
艇付・都竹正雄二曹

「伊二四」搭載＝艇長・伴　勝久中尉
艇付・芦辺　守一曹

「伊二七」搭載＝艇長・中馬兼四大尉
艇付・大森　猛一曹

19日　「伊二一」、スバを搭載機により偵察。

20日　「伊二九」より発進した偵察機によりシドニー偵察。

22日　〇七三〇　「伊二七」、敵機の攻撃により至近弾二発を受けるが、被害なし。

23日　「伊二九」より発進した偵察機によりシドニー偵察。

24日　「伊二一」、オークランドを搭載機により偵察。

24日　「伊二七」、シドニー港偵察電報受信。

29日　「伊二一」、シドニーの北北東約二〇海里より発進した偵察機によりシドニー偵察。戦艦一隻等の停泊を確認、この結果によりシドニー攻撃決定。

30日　「伊二二、伊二四、伊二七」、シドニー港東部の配備点着。

31日　一七三〇　松尾艇、ジャクソン湾口の東、七海里で「伊二二」より発進。

一八〇〇　中馬艇、ジャクソン湾口の北、七海里で「伊二七」より発進。

一八三〇　伴艇、ジャクソン湾口の南、七海里で「伊二四」より発進。

一九〇一　中馬艇、湾口磁気探知機上通過。

二〇一五　防潜網にからまり身動きがとれなくなった中馬艇が、起重機船の見張りに発見される。

二〇四八　松尾艇、湾口磁気探知機上通過。

二〇五四　磁気探知機付近で非武装巡視艇「ローリアナ」が、浮上中の松尾艇発見、駆潜艇「ヤンドラ」急行。

二〇五七　重巡「シカゴ」、ガーデン島のフェリー埠頭から二七四メートル沖に「甲標的」の司令塔を発見し、サーチライトで照らし砲撃する。

二一〇〇　駆潜艇「ヤンドラ」、松尾艇に体当たり敢行。

二一〇四　ボーンバイ灯台近くで、浮上した松尾艇発見される。

二一三五　中馬艇自爆。

二一四八　伴艇、湾口磁気探知機上通過。

二二〇七　駆潜艇「ヤンドラ」、ボーンバイ灯台から真方位一三三度、約六六六メートルの地点で松尾艇に対し爆雷六発投下。

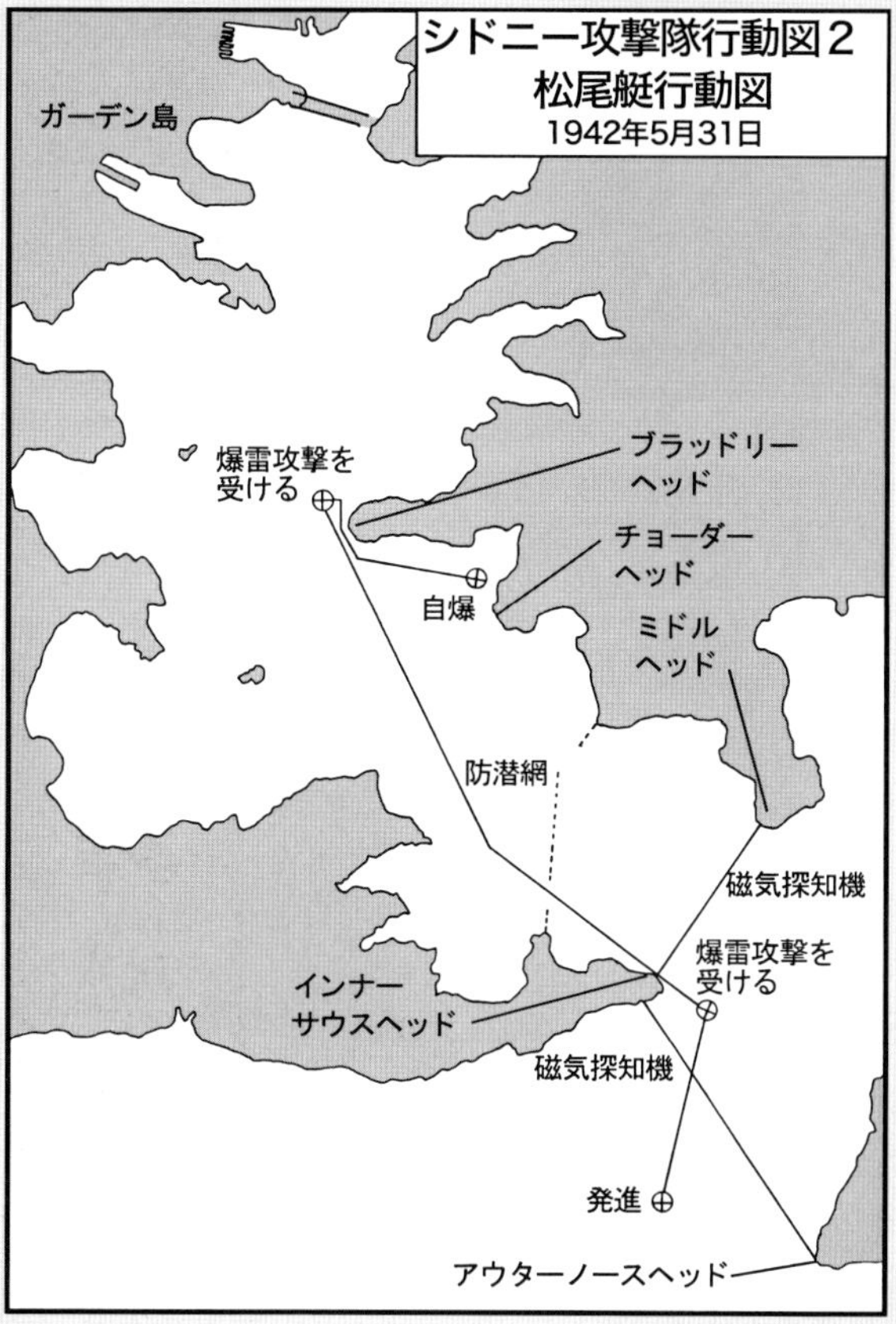

シドニー攻撃隊行動図2
松尾艇行動図
1942年5月31日

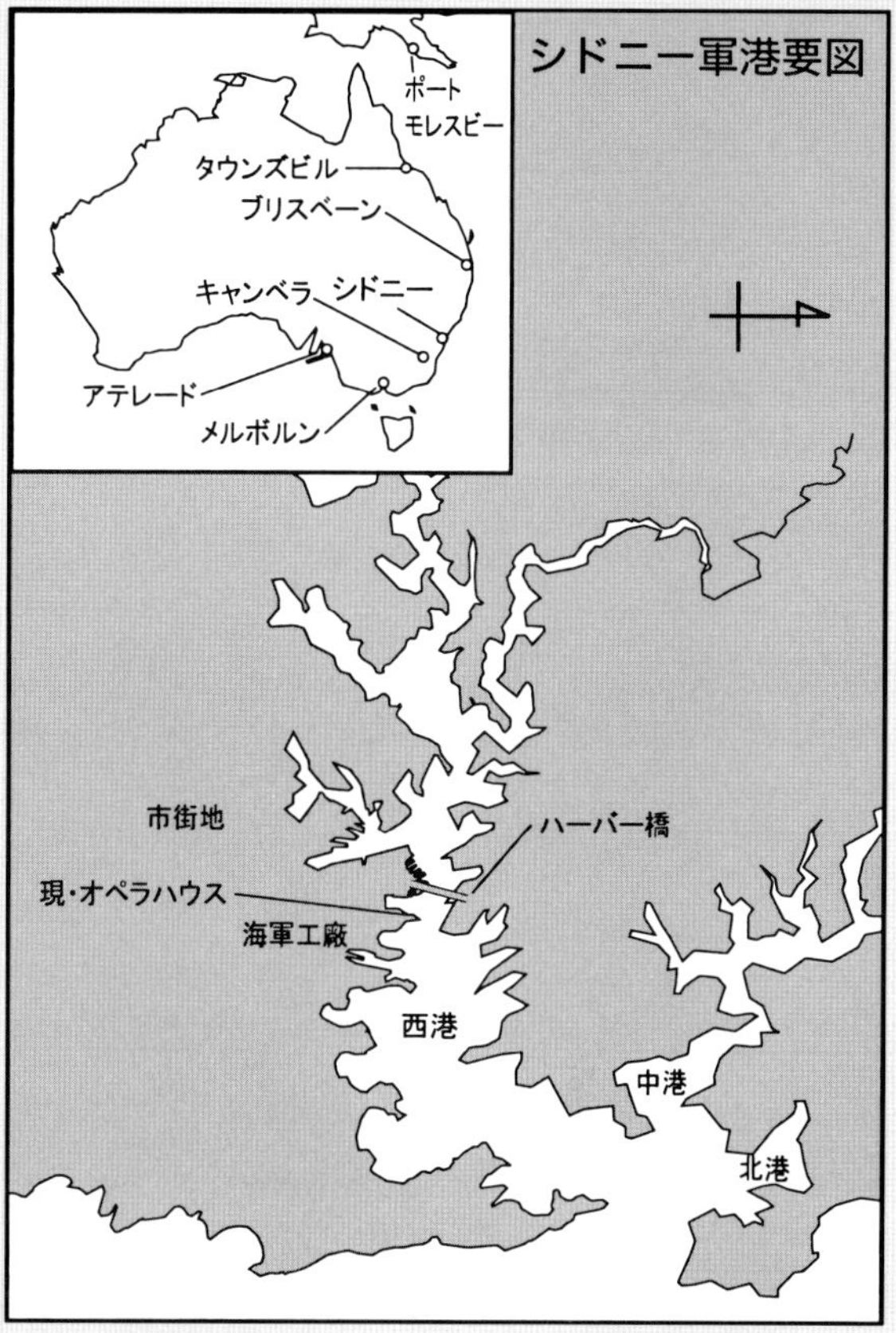

シドニー軍港要図

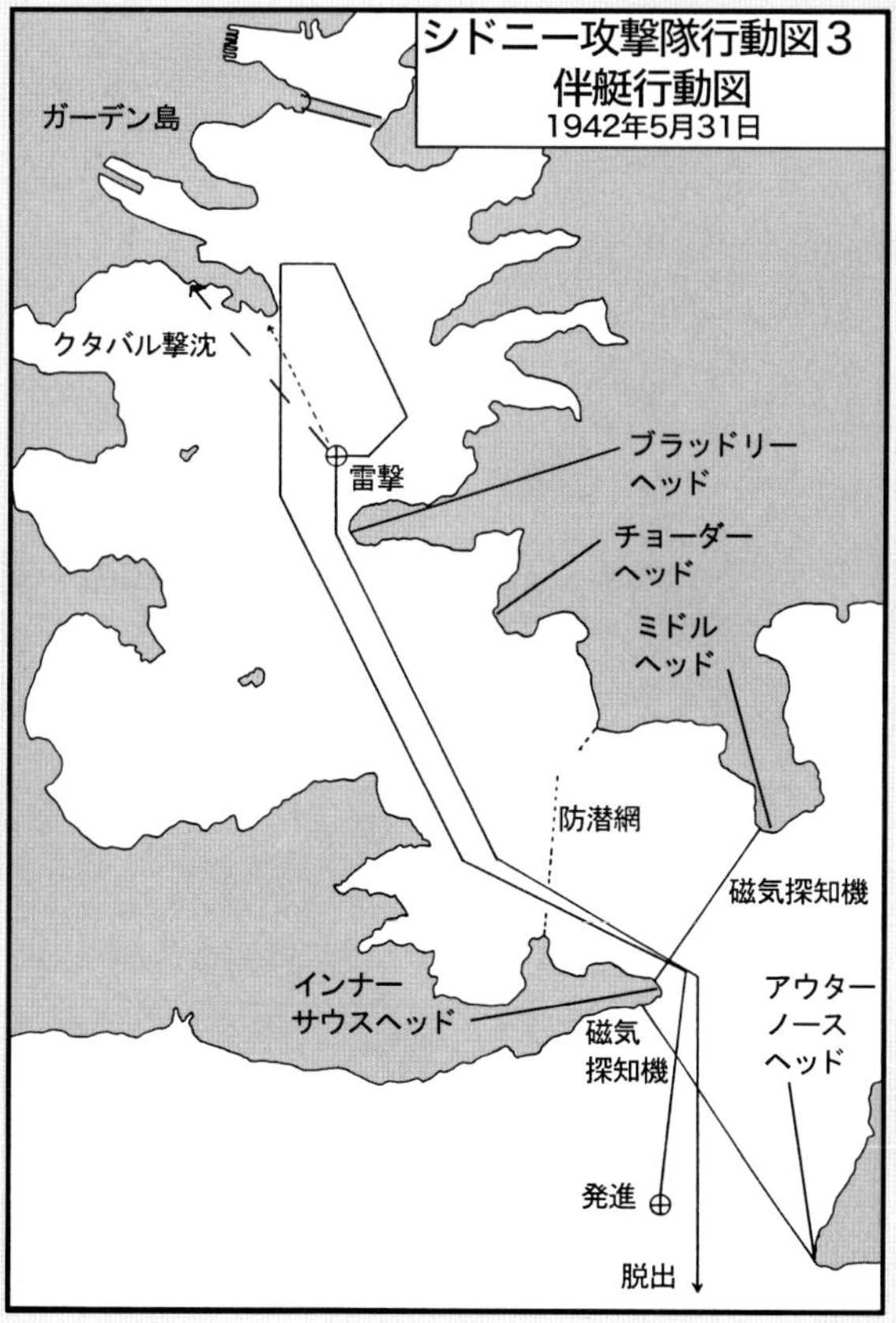

シドニー攻撃隊行動図3
伴艇行動図
1942年5月31日

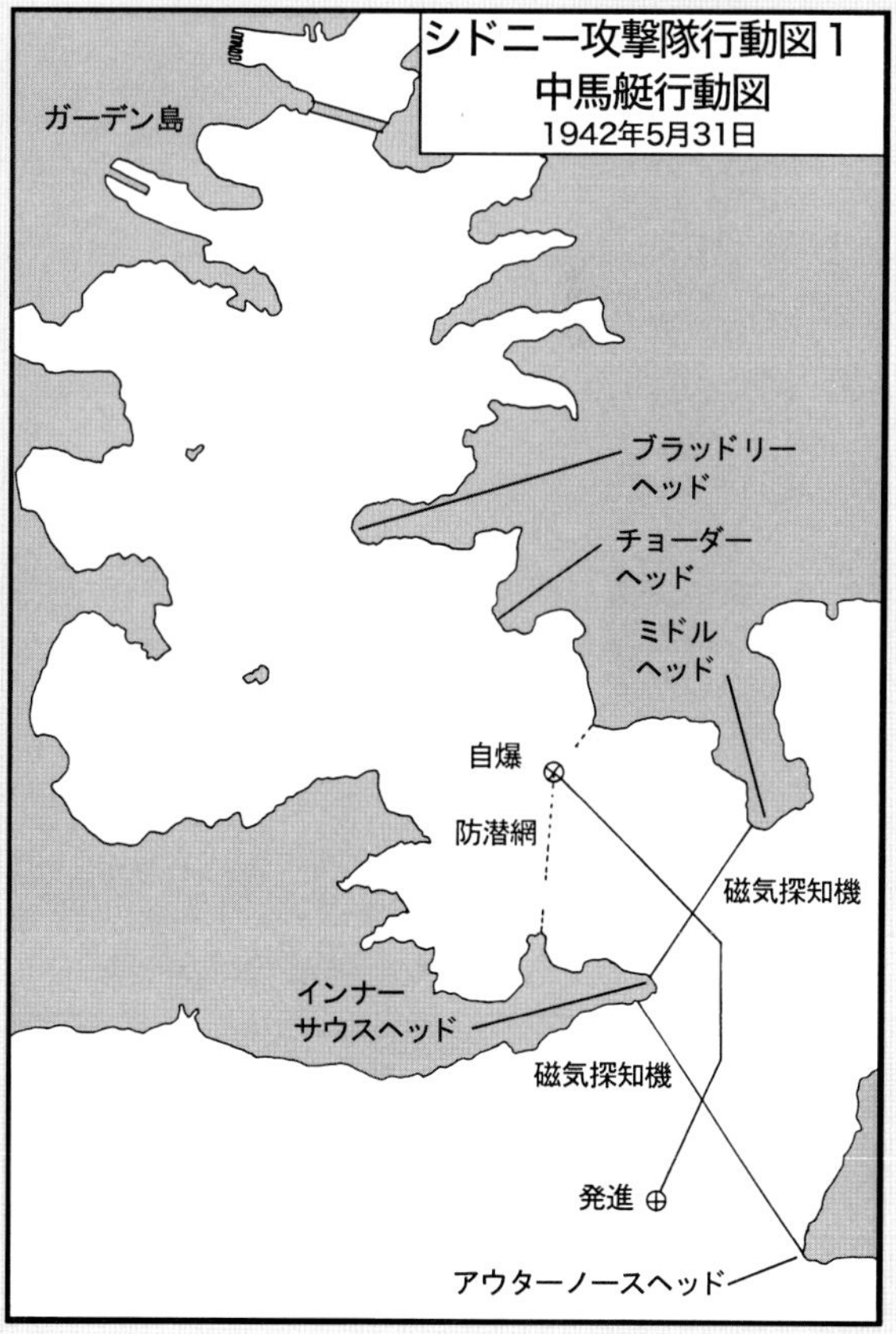

シドニー攻撃隊行動図1
中馬艇行動図
1942年5月31日

31日
二二四三　シドニー港停泊艦に対潜防御を取るようにとの信号あり。
二二五二　松尾艇、湾口進入。
二三三〇　伴艇、重巡「シカゴ」に向け魚雷を発射するが命中せず、一発は岸壁に命中し停泊母艦「クタバル」を撃沈。もう一発は海岸へ突っ込み不発に終わった。

6月1日
〇〇五九　松尾艇、湾口磁気探知機上通過。再突入？
〇一〇〇　大型艦に出港命令。
〇一五〇　米重巡「シカゴ」、緊急出港中、南岬の北方で特潜（松尾艇？）とすれ違う。
〇二〇一　伴艇、湾口磁気探知機上通過。
〇三五〇　武装商船「カニンブラ」、ニュートラル湾で潜望鏡を発見し砲撃、駆潜艇「ビンゲラ」の支援を受け付近を捜索する。
〇四四二　掃海艇がブラッドリーヘッドとチョークヘッドの中間で、松尾艇を発見し爆雷攻撃。
〇六五八　掃海艇「グーナンビー、シーミスト、ロリータ、ステディアワー、ヤロマ」、駆潜艇「ヤンドラ」、松尾艇を爆雷攻撃（〇七二七まで）。

3日
一七一二　甲標的捜索打ち切り。

甲標的戦闘記録③

「第二次神亀隊」ディエゴスアレス湾攻撃

昭和17年5月6日〜6月3日

昭和17年（現地日時）

4月26日　第二次神亀隊ディエゴスアレス攻撃隊、ペナンへ進出。

27日　「伊一六」、ペナン着。

30日　アフリカ東岸要地の艦隊攻撃とインド用方面海上交通破壊戦を任務とする「甲先遣支隊」、ペナンを出撃。

「甲先遣支隊」の編成
　特設巡洋艦「報告丸」「愛国丸」
「伊一〇」（旗艦潜水艦）、「伊三〇」
「伊一六」「伊一八」「伊二〇」

第二次神亀隊
「伊一六」搭載＝艇長・岩瀬勝輔少佐
　　　　　　　艇付・高田高三二曹
「伊一八」搭載＝艇長・太田政治中尉
　　　　　　　艇付・坪倉大盛喜一曹
「伊二〇」搭載＝艇長・秋枝三郎大尉
　　　　　　　艇付・竹本正巳一曹

5月6日　「伊三〇」から発進した搭載機が、イギリス艦隊がダーバンからマダガスカル島に向かっているのを発見。

7日　「伊三〇」、アデンを搭載機により偵察。

8日　「伊三〇」、ジブチを搭載機により偵察。

17日　「伊二〇」、大きな波浪のため荒天通風筒から機関室へ浸水。この被害から立ち直ったとき、再び大きな波浪を受け、主機停止。
「伊一六」、大きな波浪のため左舷主機に浸水。
「伊一八」、大きな波浪のため左舷主機シリンダー内に浸水。ピストン四個が破損。攻撃断念。

19日　「伊三〇」、ザンジバル、ダレサルを搭載機により偵察。

20日　旗艦潜水艦「伊一〇」、ダーバンを搭載機により偵察。
「伊三〇」、モンバサを搭載機により偵察。

5月24日　「伊三〇」、ディエゴスアレスを搭載機により夜間偵察。

30日　「伊一〇」、ディエゴスアレスを搭載機により偵察。

31日　「伊一〇」、ディエゴスアレスを搭載機により偵察。

一七一〇　「伊二〇」、ディエゴスアレス湾口の東、九海里沖で秋枝艇発進。

一七四〇　「伊一六」、ディエゴスアレス湾口の東、一〇海里沖で岩瀬艇発進。

二〇一五　英戦艦「ラミリーズ」に魚雷一本命中。その直後、英国タンカー「ブリテッシュ・ロイヤルティ」が「ラミリーズ」の左舷三〇〇メートルに浮上中の「甲標的」を発見。

二〇三〇　「ブリテッシュ・ロイヤルティ」に魚雷一本命中。

二三一五　ディエゴスアレス上空に敵味方不明機の爆音を聞く。

6月1日　一一〇〇　原住民がアンジャベ村で日本人二人を目撃したと英軍哨所に報告。

1日　英軍捜索隊、アノボンドナ村に到着。

2日　〇四〇〇　英軍捜索隊出発。

〇七〇〇　英軍捜索隊、アノボンドナ地峡で秋枝三郎大尉と竹本正巳一曹を発見。降伏を求めるが拒否されたため射殺する（位置＝南緯一二度〇〇分、東経四九度一二分）。

母潜水艦四隻は昼間、五海里間隔で横陣を組み、「甲標的」を捜索する。夜間、「伊二〇」以外は別の任務を命じられ、「伊二〇」のみで海岸沿いを捜索。

6月3日 〇五〇〇 「伊二〇」、潜航し南下。
一二〇〇 「伊二〇」、東に変針。
一七三五 「伊二〇」、浮上し海岸に接近し一〇分間隔で信号弾を打ち上げ、二～三分間隔で無線で呼びかける。
一八〇〇 「伊二〇」、「甲標的」の捜索を打ち切る。
9日 「伊一八」、太田艇水中処分。

甲標的戦闘記録④

ガダルカナル島ルンガ泊地攻撃

昭和17年11月6日～12月13日

昭和17年（現地日時）

10月7日 ガダルカナル島マルボボに甲標的基地を設置。
15日 甲標的母艦「千代田」、第三次神亀隊を搭載し、ショートランド入港。
11月3日 〇九四〇 「伊二四」、「甲標的一二号艇」搭載。
艇長・迎泰明中尉、艇付・佐野久五郎一兵曹
4日 一〇〇〇 「伊一六」、「甲標的三〇号艇」搭載。
艇長・八巻悌次中尉、艇付・橋本亮一上兵曹
一五〇〇 「伊一六、二四」、ショートランド出港。
5日 午後、「千代田」から「伊二〇」に「甲標的一一号艇」搭載。
艇長・国弘信治中尉、艇付・井上五郎一曹
一六〇〇 「伊二〇」、「千代田」より離れ仮泊。夜出港。
6日 〇一〇〇 夜、「伊二〇潜は甲標的を発進せよ」との電報が入る。
「千代田」、第三次神亀隊を搭載し、トラックへ入港。

7日 〇一三〇 国弘信治中尉と井上五郎一曹、「甲標的一一号艇」に搭乗。
〇一四五 「伊二〇」潜航。「甲標的」に異常がないことを確認。
〇二〇〇 エスペランス岬の北三五二度、四海里で国弘艇（一一号艇）発進。
〇三〇〇 「伊一六」、配備点到着。
〇四三〇 国弘艇（一一号艇）、ルンガ岬視認。
〇六四五 国弘艇（一一号艇）、ルンガ岬の北方五海里に達し、針路を一八〇度に変針。
〇七〇〇 国弘艇（一一号艇）、ルンガ岬の海岸を視認。その後、敵艦発見。
〇七〇五 国弘艇（一一号艇）、深度二〇メートルに潜航、「微速（０）」四ノット、取舵二〇度。
〇七二五 国弘艇（一一号艇）、特眼鏡（潜望鏡）を露頂。駆逐艦二隻が荷揚げをしているのを視認。距離一二〇〇メートル程度。
魚雷一本発射。

○七二七　米駆逐艦「ランズダウン」が右一二〇度、七三一メートルに潜望鏡発見。

○七三〇　国弘艇（一一号艇）、魚雷一本発射直後、深度三〇メートルへ潜航、面舵一杯、針路三五〇度、「半速」（一〇ノット）。深度三〇メートルに達したとき魚雷命中音を聞く。「ランズダウン」が回頭中、魚雷が艦尾すれすれを通過。外れた魚雷一本が米輸送艦「マザマ」に命中。

○七三六　「ランズダウン」、投錨し「甲標的」に艦首を向けるとソナーが前方四五七メートルに「甲標的」を探知。爆雷一一発投下。

○七四一　「ランズダウン」、「甲標的」をソナーで探知。爆雷一一発投下。

○七四八　「ランズダウン」、「甲標的」をソナーで探知。爆雷一一発投下。

○八三一　「ランズダウン」、波紋を発見。爆雷一発投下。

○八五〇　国弘艇（一一号艇）、針路三一五度が勘違いにより三五〇度になっていたことに気づき、針路を修正。

○九三〇　爆雷攻撃がやむ。

一〇四〇　国弘艇（一一号艇）、針路を二七〇度に変針。

一一〇〇　国弘艇（一一号艇）、サボ島の二〇〇〇メートル沖で浮上。深度三〇メートルに潜航、艇首をエスペランス岬に向ける。

一二〇〇　国弘艇（一一号艇）、エスペランス岬の五〇〇〇メートル沖で浮上。海岸沿いにマルボボを目指す。

一二四五　国弘艇（一一号艇）、左前方二〇〇〇メートルに敵機二機を発見し深度三〇メートルに潜航、面舵一杯、針路六〇度。深度二〇メートルに潜航したところで、後方に爆発音あり。

一三四五　国弘艇（一一号艇）、ジャイロコンパスの故障に気づき、浮上航行に移る。

一四三〇　国弘艇（一一号艇）、マルボボ付近の海岸に座礁させ、艇内

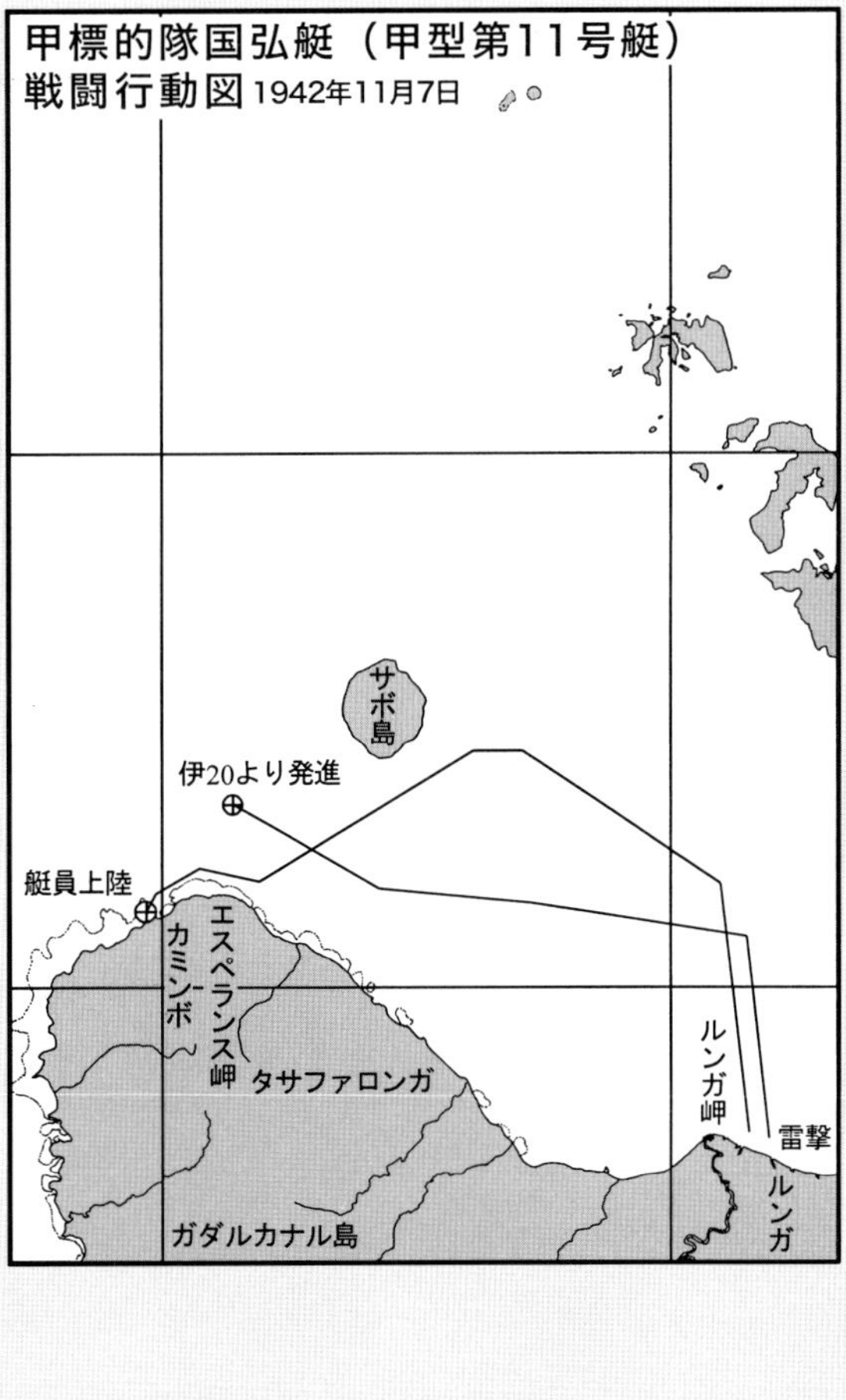

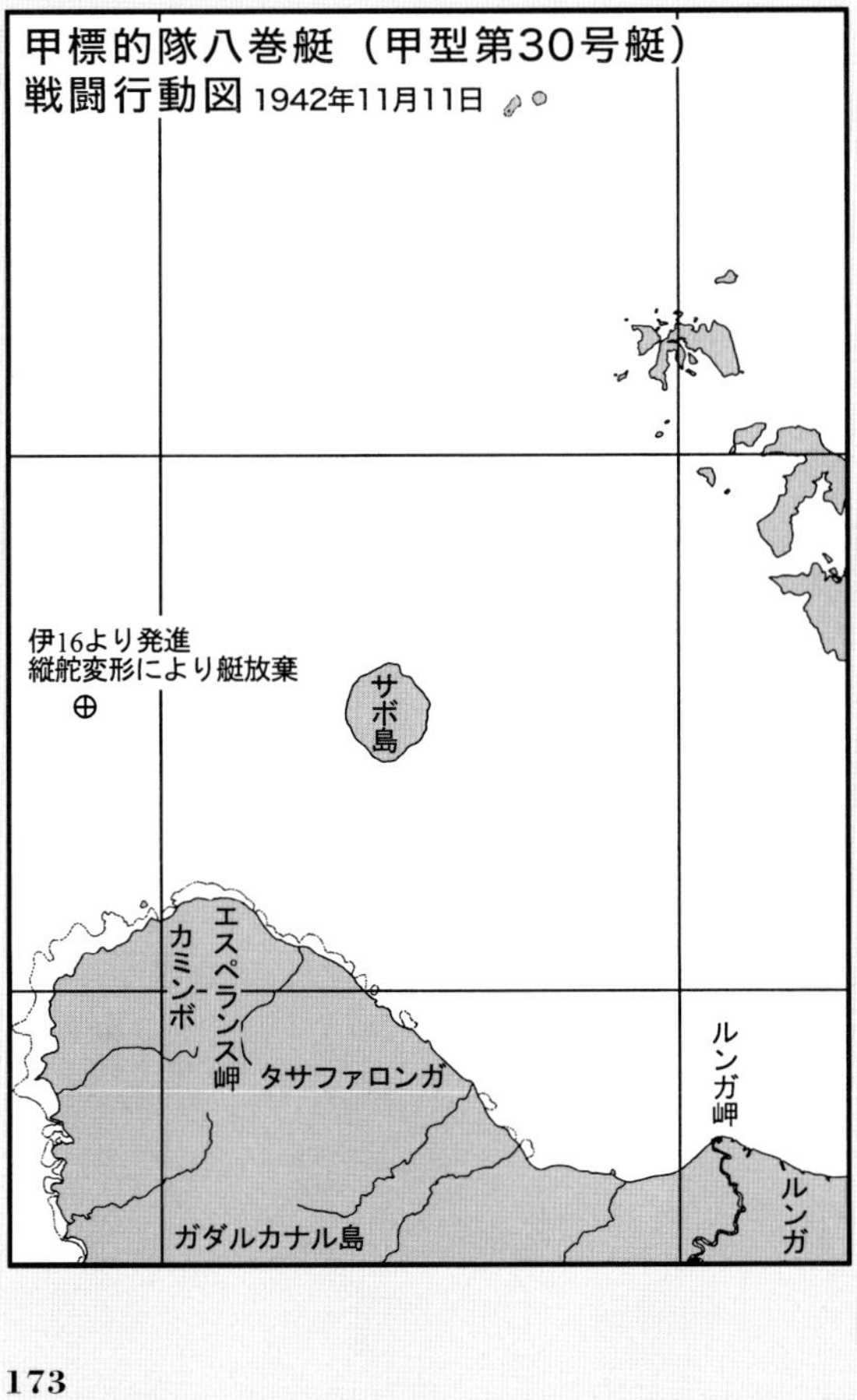

から必要物資を陸揚げし注水処分する。

10日
一六四五　「伊一六」、浮上し第一待機配備点に向かう。
二三〇〇　八巻悌次中尉と橋本亮一上兵曹、「甲標的三〇号艇」に搭乗。

11日
〇〇四九　「伊一六」、魚雷艇を発見し潜航。
〇一一一　「伊一六」、針路を三〇〇度に変針。
〇一二一　エスペランス岬の三二二度、一〇・八海里で八巻艇（三〇号艇）発進するも、架台に下縦舵が激突する。
〇一二四　八巻艇（三〇号艇）、縦舵が取舵一杯で動かず、操舵不能となる。
〇一二六　八巻艇（三〇号艇）、艇内縦舵器点検するが異常なし。
〇一五六　八巻艇（三〇号艇）、浮上する。
〇二一〇　艇外に出て尾部を調べる。
〇二二五　八巻艇（三〇号艇）、縦舵軸が湾曲しているのを発見。攻撃断念。
〇二四〇　八巻艇（三〇号艇）、右舷側に抵抗物を流し、カミンボ方向に直進させようとするが左に旋回してしまう。
〇三〇〇　八巻艇（三〇号艇）、敵機二機発見。発見防止のため注水し自沈処分する。
一六〇〇　八巻悌次中尉と橋本亮一上兵曹、マルボボ付近に泳ぎ着く。

13日
〇八〇〇　「伊二四」、「甲標的」の故障のためトラックへ帰投。「千代田」へ移載し修理。
一四三〇　「伊二〇」に「甲標的三七号艇」搭載。
一六〇〇　「伊二〇」、トラック出港。

15日
一三二〇　「伊二四」、「甲標的一二号艇」を再び搭載。
一六〇〇　「伊二四」、トラックを出港。

18日
〇二四五　「伊二〇」、配備点に着く。
二一〇〇　三好芳明中尉と梅田喜芳一兵曹、「甲標的三七号艇」に搭乗。

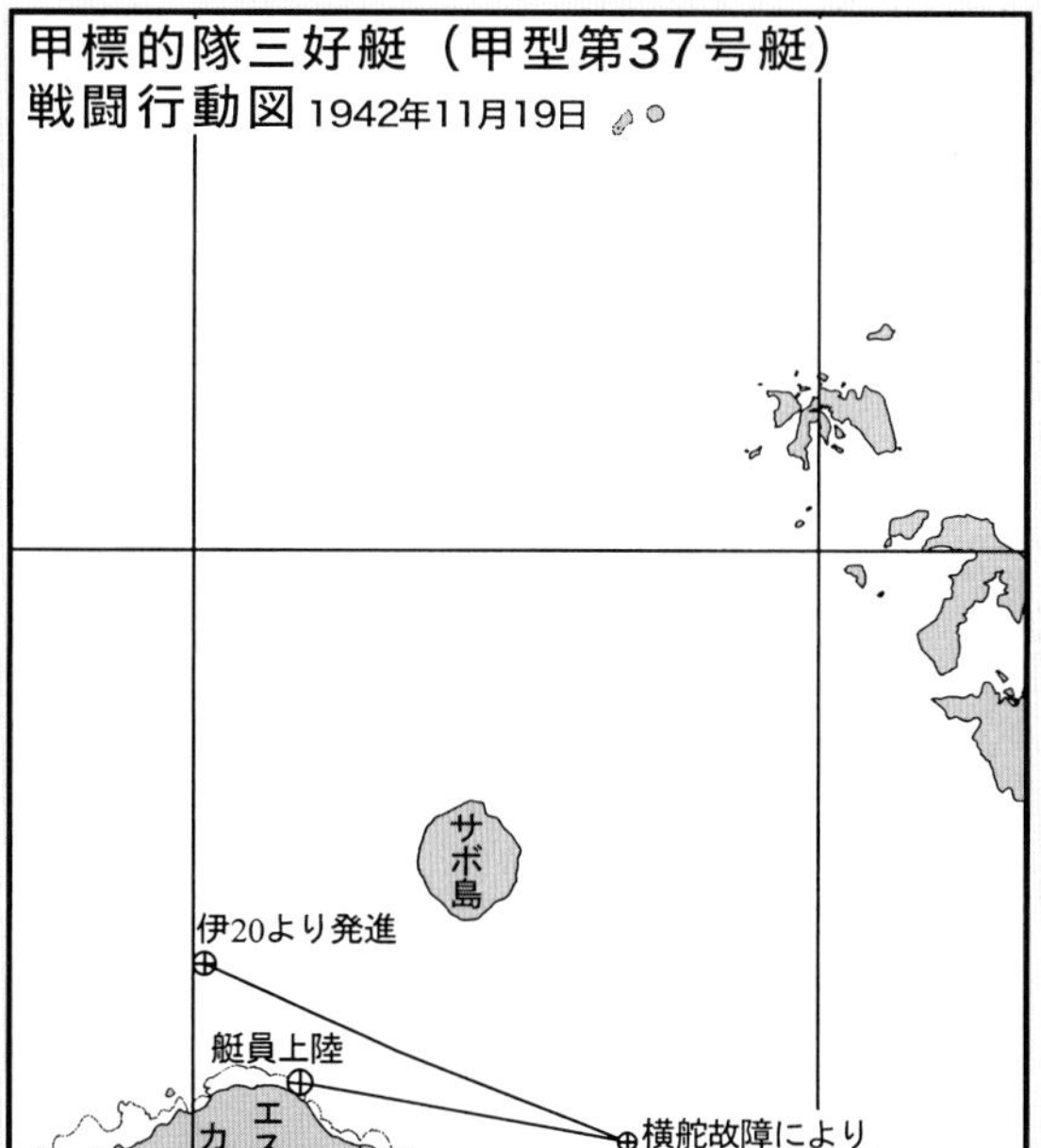

甲標的隊三好艇（甲型第37号艇）
戦闘行動図 1942年11月19日

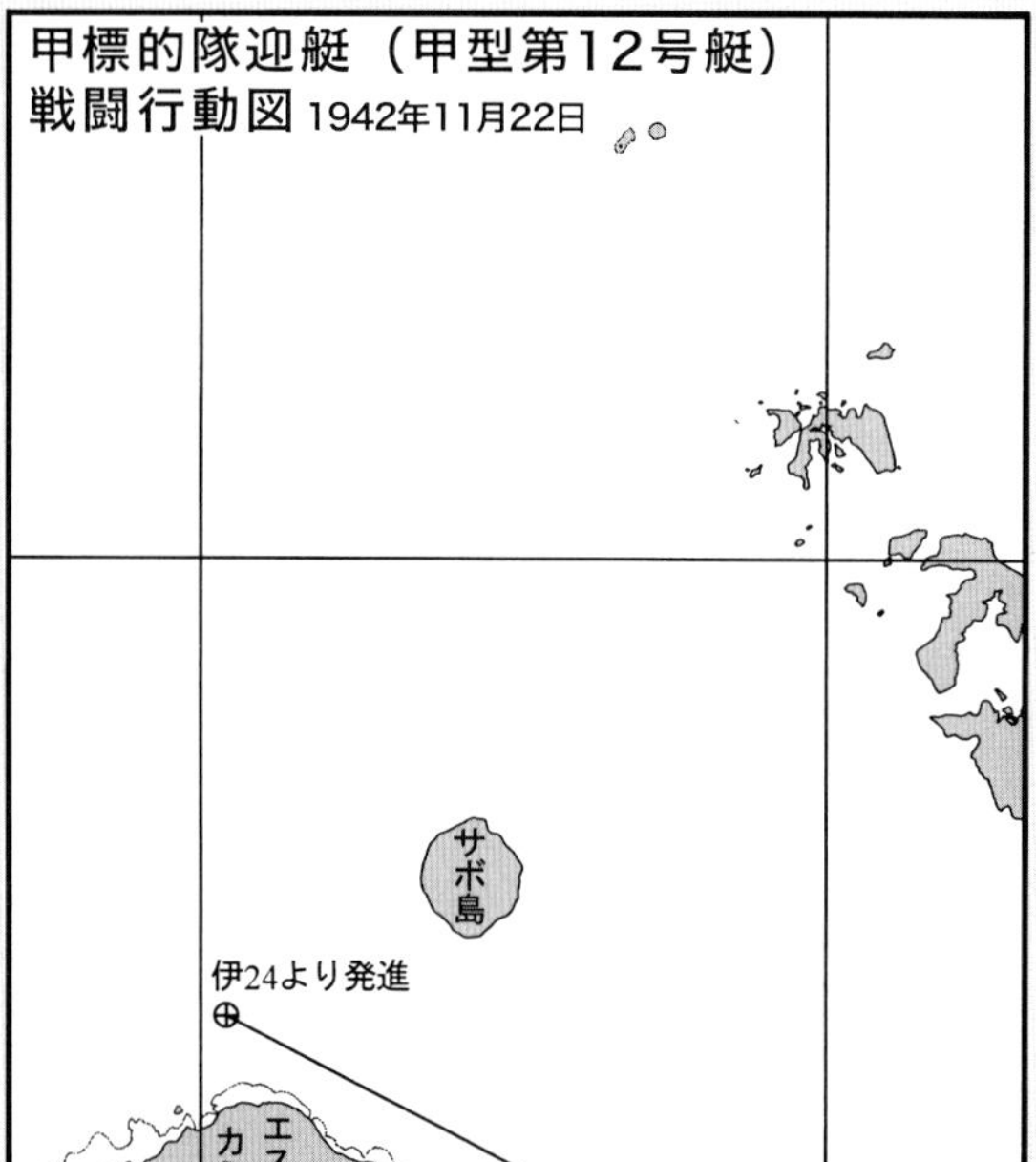

甲標的隊迎艇（甲型第12号艇）
戦闘行動図 1942年11月22日

19日

〇〇〇一　エスペランス岬の三二〇度、六海里で三好艇（三七号艇）発進。

〇〇〇三　三好艇（三七号艇）、横舵下舵一杯で作動せず。管制弁より漏油を発見し停止、浮上する。

〇〇〇五　三好艇（三七号艇）、調整0とし「微速（0）」（四ノット）にするが、横舵作動せず。

〇〇〇八　三好艇（三七号艇）、横舵機故障と判断する。

〇四三三　三好艇（三七号艇）、水上襲撃を決意するが、視界内に敵を発見できず攻撃を断念する。

〇四三七　三好艇（三七号艇）、艦位測定。タサファロンガの三〇度、六海里。

〇四四〇　三好艇（三七号艇）、水上航行で取舵反転し針路九五度、エスペランス岬へ向かう。

〇五四五　エスペランス岬上空に敵機二機視認。

〇六二〇　三好艇（三七号艇）、エスペランス岬上空に敵機一機視認。潜航。

〇六三〇　三好艇（三七号艇）、浮上。

〇六五五　三好艇（三七号艇）、エスペランス岬一五〇メートル沖でいったん沈座。

〇七〇八　三好艇（三七号艇）、浮上し海岸へ接近。

〇七一五　三好艇（三七号艇）、自沈処分を決意。艇の各タンクおよびベント弁半開にし注水開始。

〇七一八　三好艇（三七号艇）、乗員脱出。

〇七三〇　三七号艇自沈。

21日　「伊一六」、「甲標的一〇号艇」搭載。

艇長・外弘志中尉、艇付・井熊新作兵曹

22日　二三〇五　「伊二四」、エスペランス岬の三〇〇度、一四海里で迎艇（一一号艇）発進。以後消息不明。

26日　一二三七　「伊二〇」、「甲標的八号艇」搭載。

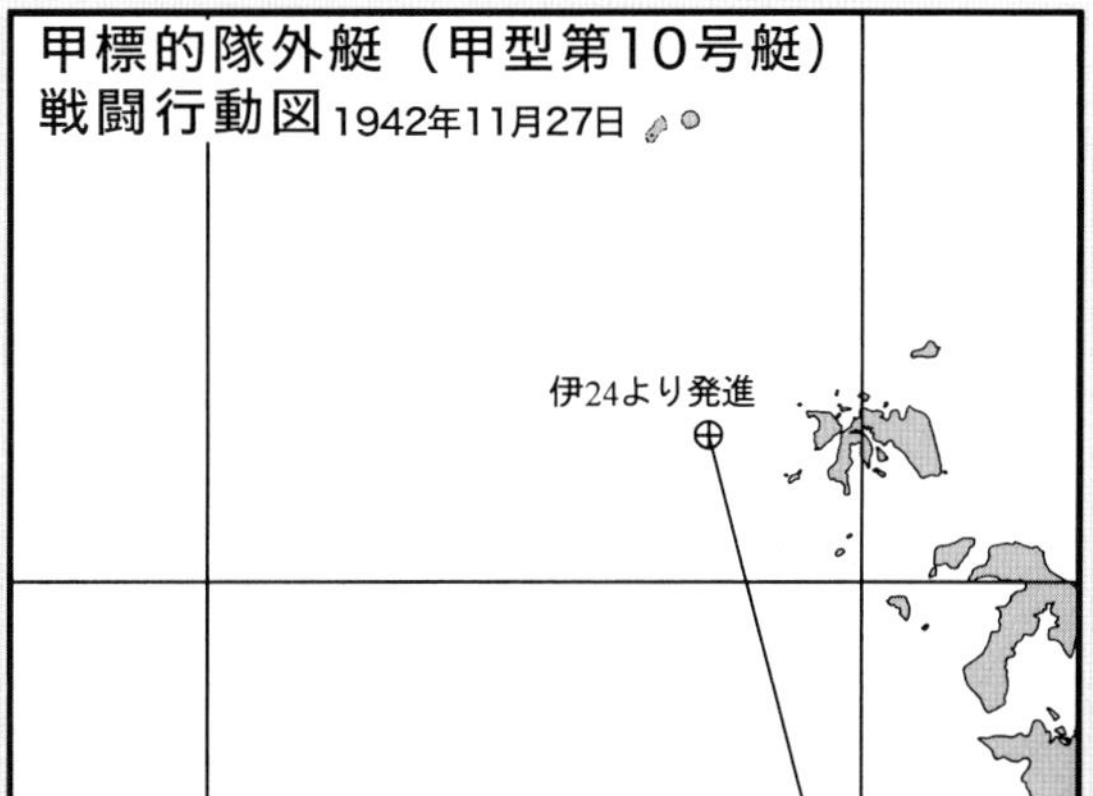

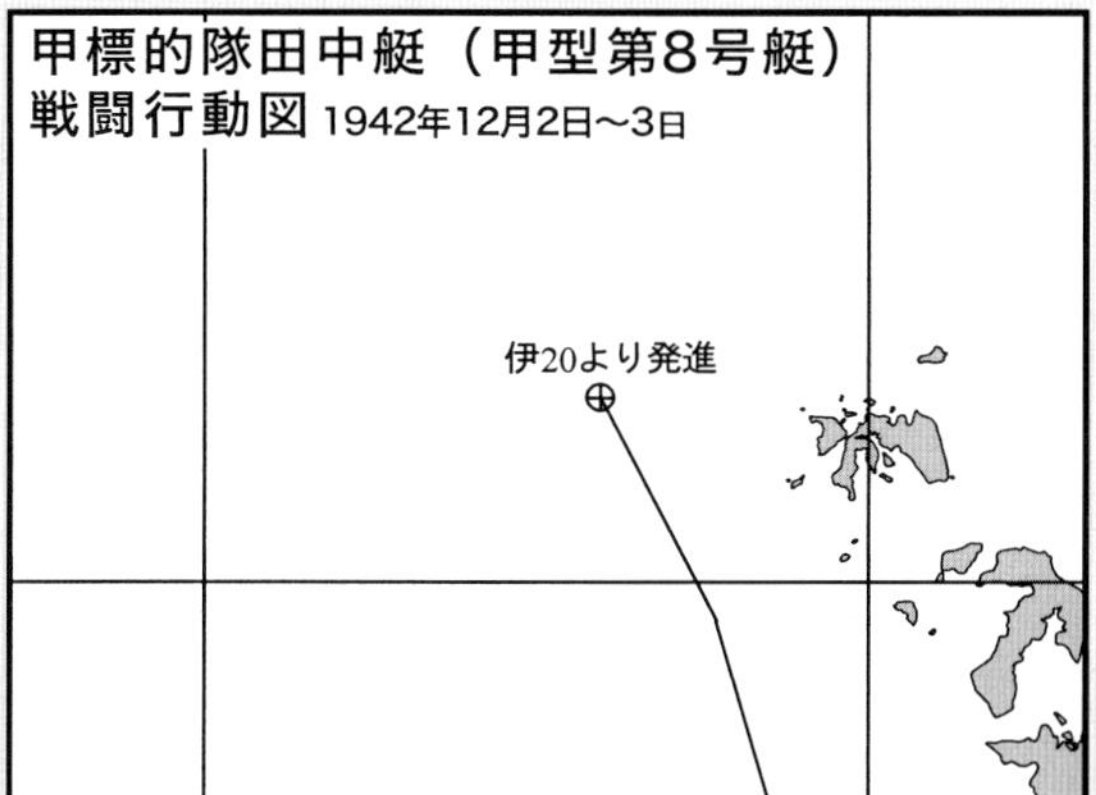

27日 一五〇〇 艇長・田中千秋中尉、艇付・三谷護兵曹「伊二〇」、トラックを出港。

二三五九 「伊一六」から、サボ島の北北東三九キロで外艇（一〇号艇）発進。

28日 〇五一六 外艇（一〇号艇）、米輸送艦「アルバチ」の左舷に魚雷一本を命中させる。以後、外艇消息不明。

12月1日 一八三七 「伊二〇」、配備点に着く。「伊二四」、「甲標的三八号艇」搭載。艇長・辻富雄中尉、艇付・坪倉丈成兵曹

2日 一九四五 田中千秋中尉と三谷護兵曹、「甲標的八号艇」に搭乗。

二二〇八 「伊二〇」、サボ島の二二度、一九海里で田中艇（八号艇）発進。

二二一五 田中艇（八号艇）、針路二〇〇度、深度一〇メートル、「微速（１００）」八ノット。

二三三〇 田中艇（八号艇）、針路一六〇度に変針。

3日 〇〇〇〇 田中艇（八号艇）、特眼鏡露頂。

〇三一五 田中艇（八号艇）、特眼鏡露頂。陸岸を視認。

〇三三〇 田中艇（八号艇）、特眼鏡露頂。右七〇度に輸送船三隻、右一一〇度に駆逐艦一隻、大発一隻視認。

〇四〇〇 田中艇（八号艇）、特眼鏡露頂。左一〇〇度に輸送船二隻を発見し回頭。

〇四一〇 田中艇（八号艇）、座礁、深度一一メートル。

〇四四〇 田中艇（八号艇）、特眼鏡露頂。左四〇度に輸送船二隻、左一〇度に駆逐艦一隻視認。

〇五〇四 田中艇（八号艇）、特眼鏡露頂。

〇五〇五 田中艇（八号艇）、魚雷発射。魚雷一発命中を確認後潜航。その後さらに命中音を聞く。田中艇（八号艇）、針路三〇〇度、「微速（１００）」八ノット。

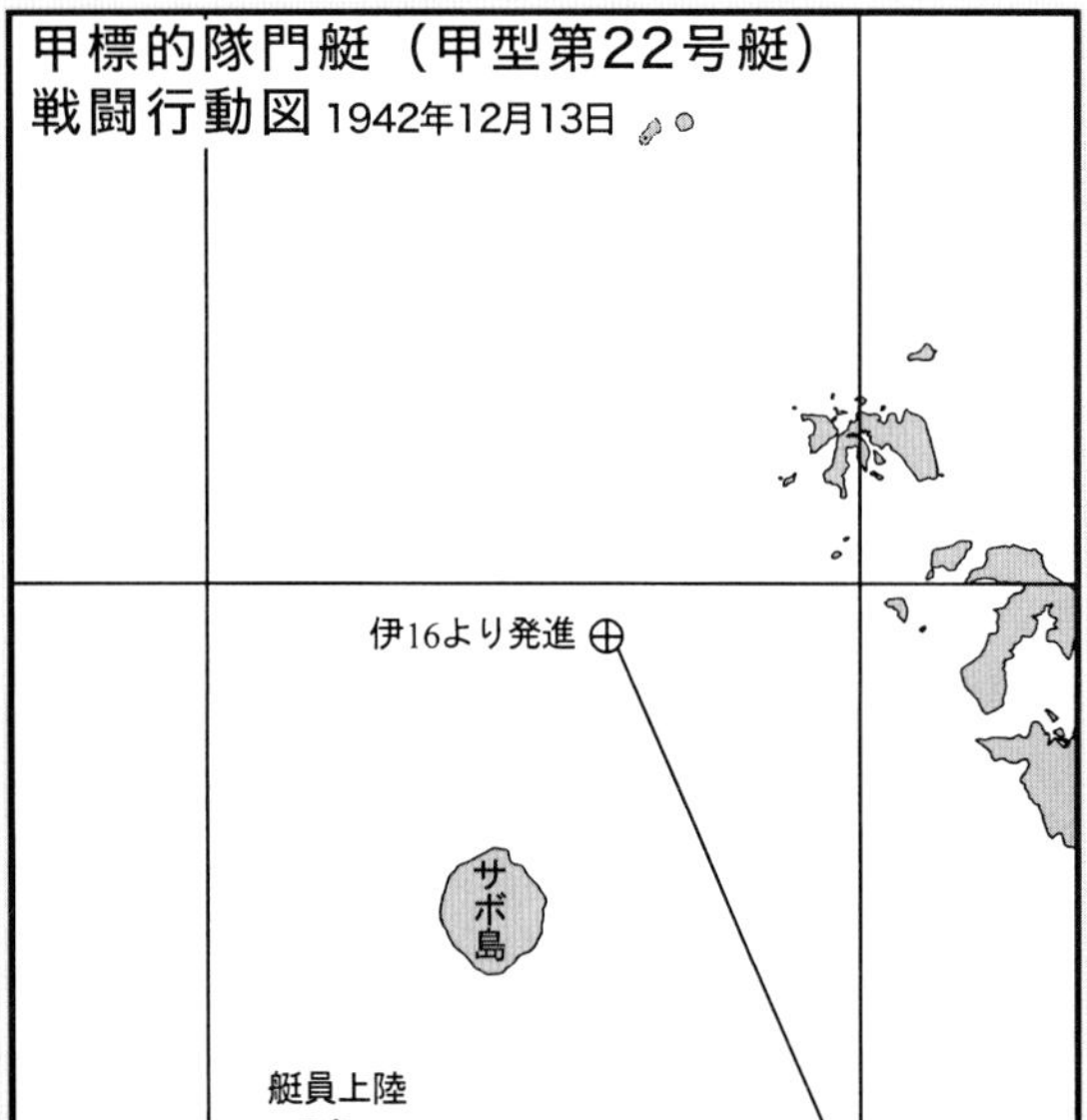

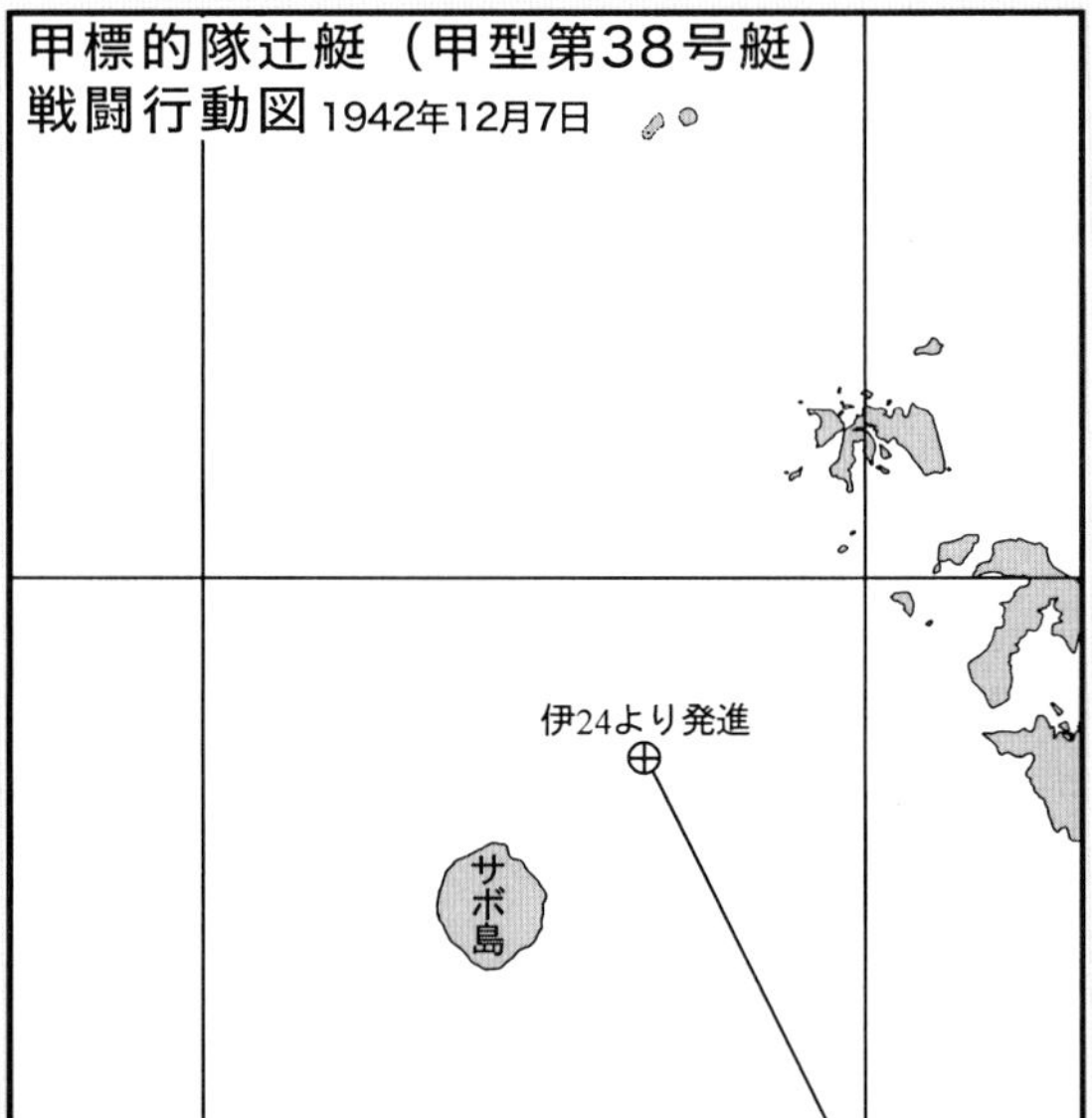

○五一五　田中艇（八号艇）、座礁。針路○度、微速一〇〇。
○五五六　米駆逐艦「ジュセフジール」の艦首をかすめた魚雷が、米輸送艦「アルバチ」の艦尾をかすめる。
○六〇〇　田中艇（八号艇）、針路三〇〇度。
○六三〇　田中艇（八号艇）、遠距離に爆雷音四回聞く。
○八三〇　田中艇（八号艇）、特眼鏡露頂。サボ島南端付近に駆逐艦発見。針路二六〇度。横舵感度不良に気づく。
○九〇〇　田中艇（八号艇）、エスペランス岬付近で特眼鏡露頂。
一三三〇　田中艇（八号艇）、水上航行を停止したとき、ハッチより浸水し沈没。乗員はカミンボに上陸。

7日　○一四二　「伊二四」からサボ島の北東一一キロで辻艇（一二号艇）発進。
○六五九　辻艇（一二号艇）、米輸送艦「アルバチ」の機関室に魚雷一本命中。
○七一六　米駆潜艇477号、辻艇（一二号艇）に爆雷八発投下。
○八一〇　「輸送船一隻と駆逐艦二隻が爆雷を投下しつつツラギへ遁走せり」とガ島見張所より報告あり。以後、辻艇（一二号艇）消息不明。
「伊一六」、「甲標的二二号艇」搭載。
艇長・門義視中尉、艇付・矢萩利夫兵曹。

13日　○一四八　「伊一六」からサボ島の二二・五度、一八・五キロで門艇（二二号艇）発進。

甲標的戦闘記録⑤

ミンダナオ海のゲリラ戦

昭和19年11月～昭和20年3月

昭和19年（現地日時）

9月?日　ザンボアンガに「甲標的丙型」七八号、七九号艇曳航進出。
七八号艇＝艇長・丸山五郎兵曹長
艇付・安藤正治一曹
機関長・福田十郎上機曹
七九号艇＝艇長・市川博大尉
艇付・畑孝太郎一曹
機関長・江口光男機長

10月下旬　セブ島に「甲標的丙型」八一号、八二号、八三号、八四号艇進出。
八一号艇＝艇長・笹川勉大尉
艇付・吉広元美上曹
機関長・瀬川勉一機曹
八二号艇＝艇長・水野相正兵曹長
艇付・村上信一一曹
機関長・島富二機曹
八三号艇＝艇長・柏木公弥兵曹長
艇付・都築寿美雄上曹
機関長・太田貴美雄上機曹
八四号艇＝艇長・松田作一兵曹長
艇付・平松治上曹
機関長・吉川末雄一機曹

11月～　笹川艇（八一号艇）、水野艇（八二号艇）、柏木艇（八三号艇）、松田艇（八四号艇）、カニガオ水道哨戒。

12月～　笹川艇（八一号艇）、水野艇（八二号艇）、松田艇（八四号艇）、カモテス海哨戒および沿岸偵察。

12月8日　笹川艇（八一号艇）、オルモック湾で駆逐艦一隻撃沈。

9日　セブ島に「甲標的丙型」六九号、七六号艇進出。

六九号艇＝艇長・島良光大尉
艇付・川上鉄男上曹
機関長・島山千二上機曹
七六号艇＝艇長・渋田清中尉
艇付・福田行治二曹
機関長・中武巌一機曹

18日 渋田艇（七六号艇）、ボホール島沖で輸送艦二隻撃沈。

？日 柏木艇（八三号艇）、セブ港内で座礁、使用不能となる。

昭和20年1月3日 松田艇（八四号艇）、ミンダナオ海で駆逐艦一隻、輸送艦二隻撃沈。

水野艇（八二号艇）、スリガオ海峡で軽巡洋艦「ボイス」を雷撃するが命中せず。未帰還。

5日 一五二一 駆逐艦「テイラー」、艦尾方向に「甲標的」を発見。

一五二八 直衛機、「甲標的」に爆弾投下。
一五三一 駆逐艦「テイラー」、「甲標的」に体当たりを敢行、爆雷三発投下。

島艇（六九号艇）、ミンダナオ海で駆逐艦一隻、艦種不明一隻撃沈。

笹川艇（八一号艇）、ミンダナオ海で中型輸送艦一隻撃沈。

21日 ザンボアンガの市川隊がセブ島へ自力回航し、セブ隊に合流。

24日 渋田艇（七六号艇）、ミンダナオ海で大型輸送艦一隻撃沈。

笹川艇（八一号艇）、ミンダナオ海で水上機母艦一隻撃沈。

一三三〇 松田艇（八四号艇）、ヅマゲテ（ドゥマゲテ）前進基地発進。進撃針路一九五度。

一五一五 松田艇（八四号艇）、針路二二五度に変針。

一七二五 松田艇（八四号艇）、アポ島二三〇度、九海里で、南九海

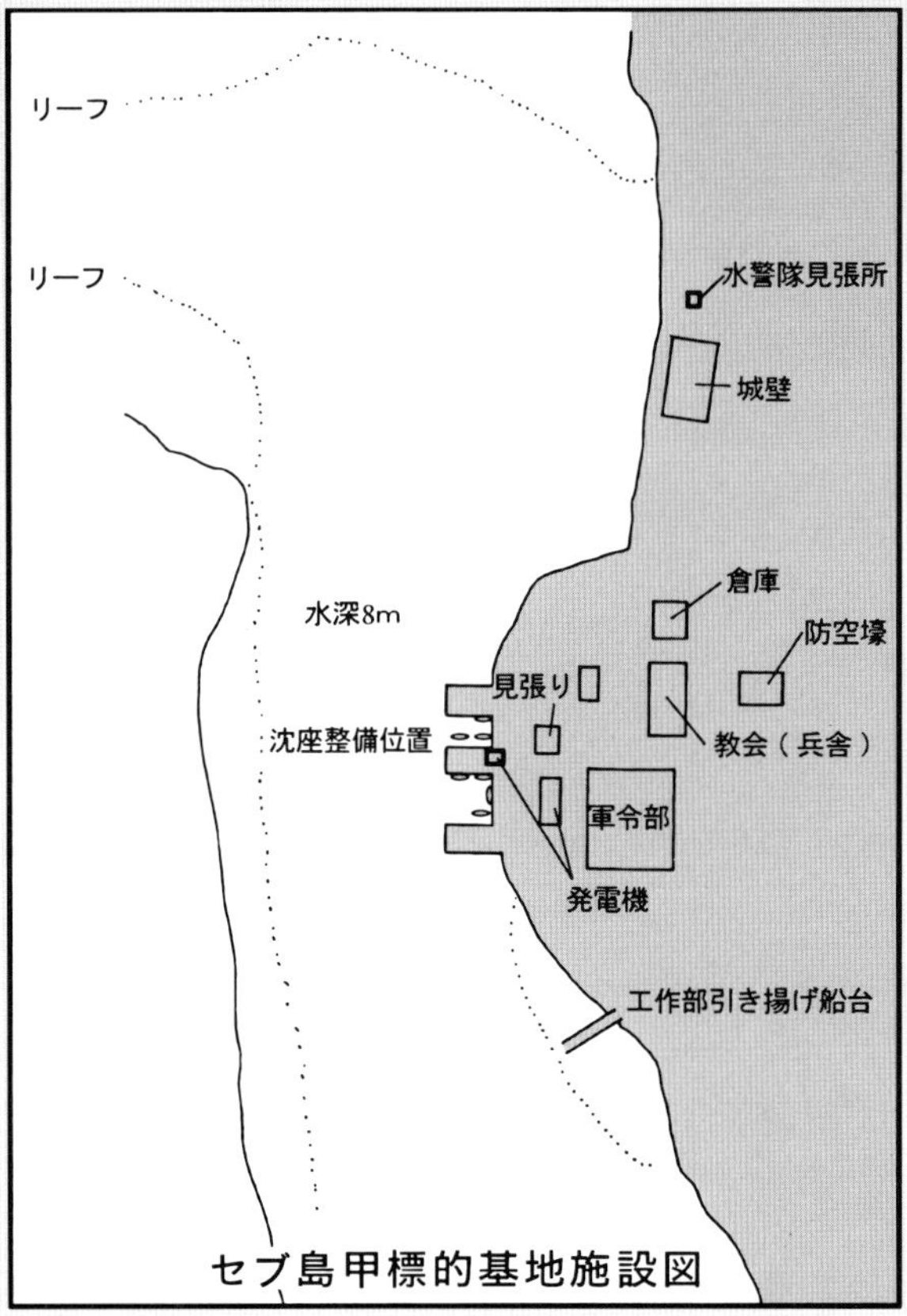

セブ島甲標的基地施設図

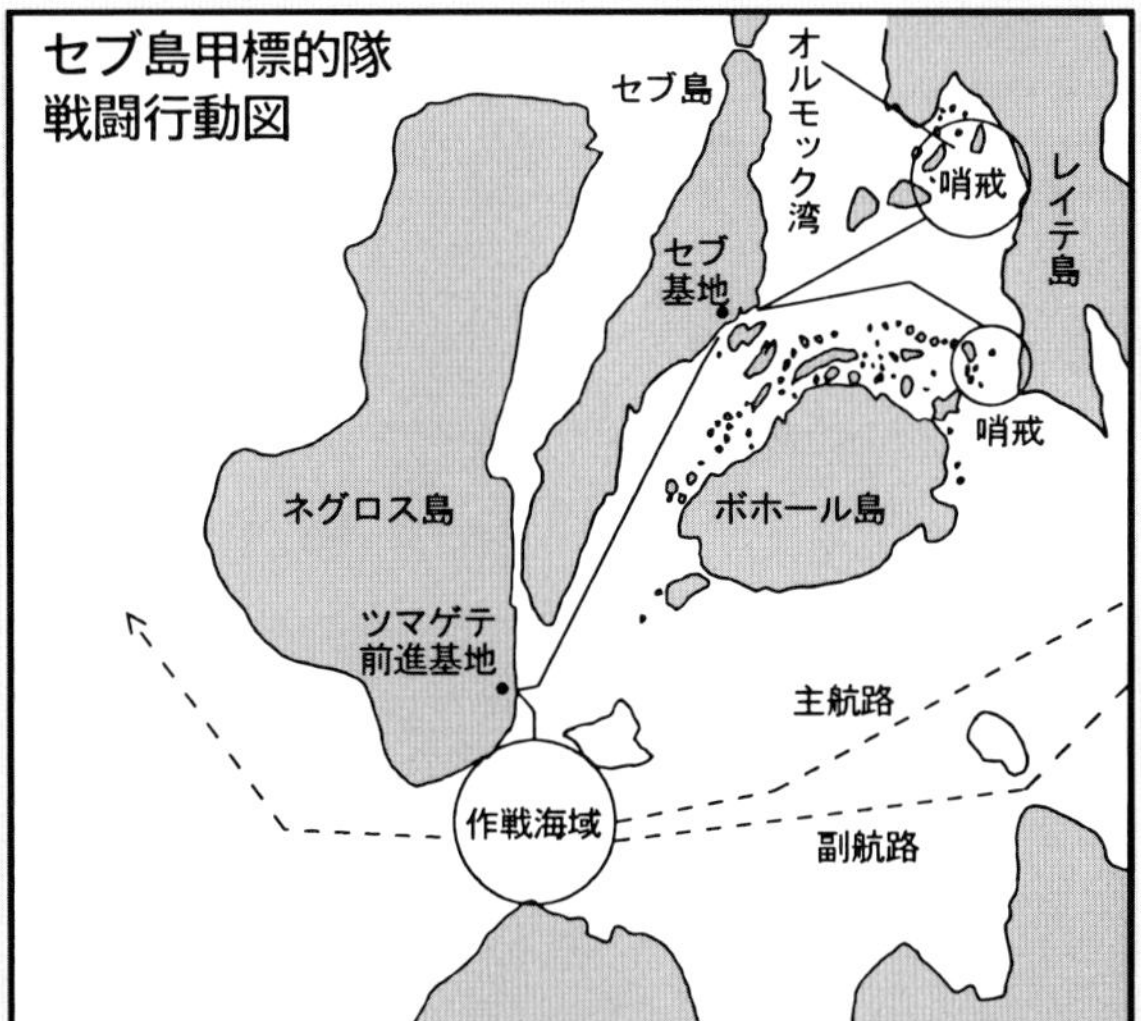

セブ島甲標的隊
戦闘行動図

里に戦艦を中心とする敵艦隊約五〇隻を発見するも、方位角が後落したため襲撃せず。
一七二六 駆逐艦二隻、松田艇（八四号艇）のほうに向く。戦闘魚雷戦。針路二七〇度に変針、敵艦隊と反航する。
一七四五 松田艇（八四号艇）、針路一三〇度に変針し、予定配備点へ向かう。
一九〇〇 松田艇（八四号艇）配備点着、哨戒開始。
渋田艇（七六号艇）、アポ島九〇度、七海里
笹川艇（八一号艇）、アポ島一八〇度、一〇海里
松田艇（八四号艇）、アポ島二七〇度、七海里
二二二〇 松田艇（八四号艇）、敵船団前衛駆逐艦発見（真方位九〇度、距離四〇〇〇メートル）
二二二一 松田艇（八四号艇）、敵船団発見。敵針路二七〇度、速力一二ノットと判断する。輸送船、方位角一二度、月明を利用し襲撃運動開始。
二二三〇 松田艇（八四号艇）、敵大型輸送艦（左列一番艦）に対し魚雷二本発射（方位角左四〇度、距離六〇〇メートル、発射角一一度、発射間隔一二秒）。発射後、潜航退避する。発射三五秒後、命中音一。四七秒後、命中音一（後のものは艇付のみ聴音。艇長は半速起動の雑音により確実に聴音できず）。
二二三二 松田艇（八四号艇）、針路四〇度に変針。敵船団艦底通過中、左舷より激動あり、爆雷防御。
二二三三 松田艇（八四号艇）、駆逐艦の制圧を受ける。爆雷七発。
二三三〇 〔七六号または八一号艇〕「半速（１００）」一一ノット、深度二〇メートル、左右三〇度の之字運動で五五分間北東へ避退。
松田艇（八四号艇）、特眼鏡露頂、左一六〇度に駆逐艦一隻発見、潜航退避運動再開。

25日 〇〇一〇 松田艇（八四号艇）、特眼鏡露頂。発見駆逐艦再び見ず。潜行、帰途につく。
〇八三〇 松田艇（八四号艇）、ヅマゲテ入港。
2月13日 渋田艇（七六号艇）、浸水により使用不能となり、ヅマゲテ沖で自沈。
13日？ 島艇（六九号艇）、ミンダナオ海で大型駆逐艦一隻撃沈。
21日 ネズロス島ヅマゲテに前進基地設営。
21日？ 松田艇（八四号艇）、ミンダナオ海で大型巡洋艦雷撃。
3月17日 松田艇（八四号艇）、ミンダナオ海で大型駆逐艦「レンショー」を雷撃。
一〇五九 「レンショー」、左舷至近に潜望鏡を発見。魚雷回避運動開始。
一一〇〇 「レンショー」に魚雷命中。
駆逐艦「ウォーラー」および「ショー」、松田艇（八四号艇）を発見し機銃掃射。
17日？ 市川艇（七九号艇）、大型輸送艦二隻を雷撃。
20日 島艇（六九号艇）、電池爆発のため使用不能となる。
市川艇（七九号艇）、ミンダナオ海で大型輸送艦一隻撃沈。
セブ島北岸より第三十五軍司令・鈴木宗作中将、参謀一人を特潜でセブ港へ搬送。
21日 松田艇（八四号艇）、ミンダナオ海で大型輸送艦一隻および艦種不明一隻撃沈。
26日 丸山艇（七八号艇）、スリガオ海峡で輸送艦「オリバーケリー」撃沈。
〇三三五 米軍、セブ島へ上陸開始。これに伴い使用不能の島艇（六九号艇）を含む丸山艇（七八号艇）、市川艇（七九号艇）、笹川艇（八一号艇）の四基を自沈処分。
27日 〇〇三八 松田艇（八四号艇）のみセブ基地を出港。残存員は陸戦に移る。

29日　駆逐艦「カニンガム」が「甲標的」の潜望鏡を発見。駆逐艦改造輸送艦「ニューマン」、セブ港から南一三キロで浮上航行中の「甲標的」を発見。

松田艇（八四号艇）、ヅマゲテ港内で電池爆発のため使用不能となり自沈処分。

「丙型・丁型」沖縄防衛戦闘

昭和20年3月25日～4月7日

昭和19年9月?日　沖縄へ鶴田伝大尉指揮の「甲標的丙型」六〇～六八号艇進出。

10月10日　空襲により「甲標的丙型」六一、六二、六三、六五、六六、六八号艇、撃沈される。

昭和20年1月28日　花田隊の「甲標的丁型（20年4月から『蛟龍』と呼称。5月28日正式に命名）」二〇四、二〇七、二〇八号艇、沖縄へ向け自力航行開始。

3月8日　「甲標的丁型」二〇九号艇と二一〇号艇が輸送船に搭載され沖縄に進出。

10日　花田隊の「丁型」二〇八号艇のみ沖縄島北部の運天に到着。

23日　空襲により「丙型」渡辺艇が撃沈される。

25日　特設駆潜艇「富士山丸」、沖縄「蛟龍」基地隊員を輸送中、米潜水艦「タイラント」に北緯三一度〇九分、東経一三〇度三一分で撃沈される。

二三〇〇～二四〇〇　沖縄根拠地隊司令長官より出撃命令があり、「甲標的」隊出撃。

〈第一小隊〉

一番艇＝「丁型」二〇九号艇
艇長・大河信義大尉
艇付・青柳吉朗上曹、藤井正雄上曹、小坂直行上機曹、松下実男上機曹

二番艇＝「丁型」二一〇号艇
艇長・唐司定尚中尉
艇付・柿沼熊雄上曹、永瀬政一一機曹、中野守二飛曹、相馬明二飛曹

三番艇＝「丙型」六七号艇
艇長・河本孟七郎少尉
艇付・日浦正夫上曹
機関長・金近他一二機曹

河本艇（丙型六七号艇）、北緯二六度一〇分、東経一二七度三〇分にて駆逐艦「ハリガン」撃沈。

大河艇（丁型二〇九号艇）、唐司艇（丁型二一〇号艇）、未帰還となる。

3月26日　一七五六～二四〇〇　甲標的隊に全力攻撃発令。

〈第二小隊〉

一番艇＝「丙型」六〇号艇
艇長・川島巌大尉
艇付・鎌形強上曹
機関長・高久満一機曹

二番艇＝「丁型」二〇八号艇
艇長・酒井和夫中尉
艇付・遠藤敬一二曹、福原勇治上機曹、和田

孝之二飛曹、松本績二飛曹

三番艇＝「丙型」六四号艇

艇長・佐藤隆秋兵曹長

艇付・長野重義一曹

機関長・松井成昌上機曹

27日 早朝 酒井艇（丁型二〇八号艇）は、故障により出撃できず、修理中に空襲により撃沈される。

一四〇〇 佐藤艇（丙型六四号艇）が、残波岬の西で大型掃海艇「サクセス」を雷撃するが命中せず。

川島艇（丙型六〇号艇）、残波岬の西、六海里で重巡「ウイチタ」、軽巡「セントルイス」、「ビロキシー」を雷撃するが命中せず。

30日 河本艇（丙型六七号艇）が、発進直後に故障し帰還。

31日 川島艇（丙型六〇号艇）、衝突事故により沈没。

4月5日 佐藤艇（丙型六四号艇）と河本艇（丙型六七号艇）、嘉手納沖の輸送船団攻撃に失敗。

6日 佐藤艇（丙型六四号艇）と河本艇（丙型六七号艇）が帰還。

7日 基地施設、残艇を爆破処理し陸戦に移る。

編集後記

●本誌製作にあたり、ご協力いただいた皆様に厚く御礼申し上げます。本誌の奥本剛氏の『甲標的の開発と変遷』の中に印象深い記述があります。岸本鹿子治大佐から特殊潜航艇に関する計画の説明を受けた軍令部総長伏見宮博恭王元帥が、「ぶつかるのではないだろうね」と念を押されたというくだりです。これに対して岸本大佐は、「本兵器は決死的ではあるが収容法も考えてあり、決して必死隊ではない」と答えています。少なくともこの時点では、必死兵器の採用はしないという日本海軍の伝統が脈々と息づいていたということでしょう。

●前号『帝国陸軍戦車と砲戦車』の読者の皆様より多数のご意見、ご感想をお寄せいただきました。今後の陸軍特集の企画の貴重な資料として活用させていただきます。有難うございました。なお、テレホンカード当選者の発表は、アンケート葉書の締め切りの関係上次号で行います。ご了承下さい。

●次号は、本号に続いて特殊潜航艇特集の第二弾として『海龍と回天』を取り上げます。「決死」ではあっても「必死」ではなかった甲標的に端を発した一四年にわたる日本の特殊潜航艇の歴史が、どういう経緯をたどって終幕を迎えたのか……。刊行は三月下旬を予定しています。ご期待下さい。

2002年4月1日第1刷発行

◎編集長――渡部義之
◎発行人――小池徹郎
◎印刷所――凸版印刷株式会社
◎発行所――株式会社 学習研究社

株式会社 学習研究社
145-8502 東京都大田区上池台4-40-5
振替 00180-6-142930

●お客様へ
○ご購入・ご注文は、お近くの書店様へお願い致します。
○この本についてのご質問・ご要望は次のところへお願い致します。
・編集内容に関することは
→編集部直通 03-5434-1534
・在庫・不良品（落丁・乱丁等）に関することは
→雑誌営業室 03-5496-0637
・それ以外のこの本に関することは
→お客様センターへ
〈学研 お客様センター「甲標的と蛟龍」係〉
文書は、〒146-8502 東京都大田区仲池上1-17-15
電話は、03-3726-8124